Gerhard Henning
Andreas Jahr
Uwe Mrowka

Technische Mechanik mit Mathcad, Matlab und Maple

Gerhard Henning
Andreas Jahr
Uwe Mrowka

Technische Mechanik mit Mathcad, Matlab und Maple

Grundlagen, Beispiele und numerische Lösungen

Mit 69 Abbildungen

Studium Technik

Bibliografische Information Der Deutschen Bibliothek
Die Deutsche Bibliothek verzeichnet diese Publikation in der Deutschen Nationalbibliografie; detaillierte bibliografische Daten sind im Internet über <http://dnb.ddb.de> abrufbar.

1. Auflage März 2004

Ursprünglich erschienen bei Friedr. Vieweg & Sohn Verlag/GWV Fachverlage GmbH, Wiesbaden, 2004
www.vieweg.de

Umschlaggestaltung: Ulrike Weigel, www.CorporateDesignGroup.de

Gedruckt auf säurefreiem und chlorfrei gebleichtem Papier.

ISBN 978-3-528-03966-0 ISBN 978-3-663-12399-6 (eBook)
DOI 10.1007/978-3-663-12399-6

Vorwort

Die Idee zu diesem Buch ergab sich bei der Durchführung der Wahlpflichtveranstaltung „Angewandte Mechanik“ im Fachbereich Maschinenbau und Verfahrenstechnik der Fachhochschule Düsseldorf. Diese Vorlesung richtet sich an Studierende, die mit den Grundlagen der Mechanik durch den Besuch der Grundvorlesung „Technische Mechanik“ vertraut sind.

Immer noch kann man – insbesondere in den Übungsveranstaltungen – beobachten, wie Studierende bei der numerischen Lösung der Aufgaben den vertrauten Taschenrechner einsetzen und bei der Eingabe von Zahlenkolonnen den Eindruck vermitteln, als betrachteten sie dies als eine sinnvolle Tätigkeit. Vor lauter Beschäftigung mit den Daten geht meist der Blick für das Wesentliche verloren. Die Autoren sind der Auffassung, dass diese Art der numerischen Lösungen eigentlich der Vergangenheit angehört.

Im Rahmen der Veranstaltung „Angewandte Mechanik“ werden die zugehörigen Übungen im Rechnerpool des Fachbereichs durchgeführt. Den Studierenden wird demonstriert, wie Aufgaben der Mechanik entweder ganz oder in wesentlichen Teilen mithilfe moderner Programme gelöst werden können. Dabei werden die Studierenden insbesondere dazu angeleitet, den Weg zur Lösung der Aufgaben zu strukturieren und erst danach die Programme zur numerischen Lösung und ggf. zur deren grafischen Darstellung einzusetzen.

Das vorliegende Buch will kein weiteres Lehrbuch der Technischen Mechanik sein, Lehrbücher dieser Art sind in ausreichender Zahl auf dem Markt vorhanden. Anliegen dieses Buches ist die exemplarische Lösung von Aufgaben aus verschiedenen Gebieten der Mechanik unter Einsatz geeigneter Software. Diese Beispiele sind als Anregung für den Leser gedacht, beim Lösen eigener Aufgaben aus dem Bereich der Mechanik ebenfalls nach Möglichkeiten des Einsatzes moderner Programme wie Mathcad[1], Matlab[2] oder Maple[3] zu suchen. Wenn dies auch kein Lehrbuch der Mechanik ist, so werden doch am Anfang eines jeden Kapitels die Grundlagen übersichtlich zusammengestellt, zur ausführlichen Herleitung wird auf die im Literaturverzeichnis angegebene Fachliteratur verwiesen.

Jedes der behandelten Beispiele wird mit den drei Softwareprodukten Mathcad (Prof. Dr. Henning), Matlab (Prof. Dr. Jahr) und Maple (Dipl.-Phys. Ing. Mrowka) durchgerechnet, die zu den wichtigen aktuellen Programmen auf dem Markt gehören. Die Behandlung der Aufgaben mit den drei unterschiedlichen Programmen stellt ein Angebot an den Leser dar, der möglicherweise schon Erfahrung im Umgang mit einem der Programme besitzt und sich damit begnügt, alleine diesen Teil der Lösungen zu studieren. Darüber hinaus gibt es dem interessierten

[1] Mathcad ist eine geschützte Marke von Mathsoft Engineering & Education, Inc. Vertrieb: Softline AG Lange Str. 51 D-77652 Offenburg.

[2] Matlab ist eine geschützte Marke von The Mathworks, Vertrieb: The Mathworks GmbH Friedlandstraße 18 D-52064 Aachen.

[3] MapleT ist eine geschützte Marke von Maplesoft, a division of Waterloo Maple Inc. Vertrieb: Scientific Computers GmbH Friedlandstraße 18 D-52064 Aachen

Leser die Möglichkeit die Unterschiede zu studieren, die sich beim Einsatz der drei Programme ergeben. Aus Gründen der Platzersparnis wurde – von einführenden Beispielen abgesehen – bei den Lösungen mit Matlab und Maple darauf verzichtet, alle Diagramme, die in den Mathcad-Lösungen enthalten sind, nochmals mit Matlab und Maple zu erstellen. Dasselbe gilt für die Ausgabe von Zwischenergebnissen und Endergebnissen, sofern sie umfangreich sind.

Die Autoren legen dabei Wert auf die Strukturierung des für alle Programme gemeinsamen Lösungsweges. Damit ist auch die Erweiterungen auf den Einsatz weiterer existierender Programme ohne Schwierigkeit möglich.

Sicher lassen sich auch die im Buch behandelten Aufgaben noch umfassender mithilfe der Programme lösen, worauf hier aus didaktischen Gründen verzichtet wurde. Der Leser möge bei Interesse den weiterführenden Weg der Lösung mit Mathcad, Matlab und Maple beschreiten.

Das Buch bietet schließlich für den Anfänger jeweils eine kurze Einführung in die drei Programme, wobei die Elemente erklärt werden, die für die Lösung der Aufgaben benötigt werden. Im Übrigen sprechen die Musterlösungen meist eine deutliche Sprache und sind nahezu selbsterklärend. Wie oft, so gilt auch hier, dass man das Programmieren an Beispielen erlernen kann. Darüber hinaus wird auf die Handbücher der Programm-Hersteller verwiesen. Wo es den Autoren sinnvoll erschien, sind hilfreiche Kommentare und Anmerkungen eingefügt.

Die Vorlesung „Angewandte Mechanik“ wurde von den Studierenden mit viel Interesse aufgenommen, sie waren angetan vom Einsatz moderner Verfahren in der Lehre und wünschten sich eine Ausweitung auch auf andere Veranstaltungen. Vielleicht kann das vorliegende Buch dazu eine Anregung geben. Im Fachbereich Maschinenbau und Verfahrenstechnik unserer Hochschule soll der aufgezeigte Weg nach der positiven Pilotphase in einer Wahlpflicht-Veranstaltung künftig auch in den Grundvorlesungen der Technischen Mechanik beschritten werden. Die zugehörigen Übungen werden dann in Gruppen im Rechnerpool durchgeführt.

Das Buch enthält zusätzliche Übungsaufgaben, wobei die Lösungsstrategien nicht mehr aufgeführt werden. Hier ist die Eigeninitiative der Studierenden angesprochen. Die Lösungen dieser Übungsaufgaben mithilfe des Einsatzes von Mathcad, Matlab und Maple sind jedoch im Internet verfügbar über www.vieweg.de, dann auf "Service für Privatkunden",→Downloads, Bereich Technik.

Schließlich möchten die Autoren dem Vieweg Verlag danken, besonders Herrn Thomas Zipsner, der unsere Idee zu diesem unkonventionellen Mechanik-Buch sofort positiv aufgenommen und die Realisierung des Buches tatkräftig unterstützt hat.

Düsseldorf, im November 2003

G. Henning
A. Jahr
U. Mrowka

Zum Gedenken an
Prof. Dr. Theodosis Papatheodosiou

Στη μνήμη του
Καθ. Δρ. Θεοδόση Παπαθεοδοσίου

Inhaltsverzeichnis

1 Gleichgewicht starrer Körper ... 1
Grundlagen ... 1
Aufgabe 1.1 ... 2
Lösungsweg zu Aufgabe 1.1 ... 2
Lösung der Aufgabe 1.1 mithilfe von Mathcad ... 4
Lösung der Aufgabe 1.1 mithilfe von Matlab ... 6
Lösung der Aufgabe 1.1 mithilfe von Maple ... 8
Aufgabe 1.2 ... 11
Lösungsweg zu Aufgabe 1.2 ... 11
Lösung der Aufgabe 1.2 mithilfe von Mathcad ... 12
Lösung der Aufgabe 1.2 mithilfe von Matlab ... 13
Lösung der Aufgabe 1.2 mithilfe von Maple ... 15
Aufgabe 1.3 ... 17
Lösungsweg zu Aufgabe 1.3 ... 18
Lösung der Aufgabe 1.3 mithilfe von Mathcad ... 19
Lösung der Aufgabe 1.3 mithilfe von Matlab ... 20
Lösung der Aufgabe 1.3 mithilfe von Maple ... 23
2 Ermittlung von Querkraft und Momentenlinien ... 26
2.1 Q- und M-Linien für den geraden Balken in der Ebene ... 26
Grundlagen ... 26
Aufgabe 2.1 ... 27
Lösungsweg zu Aufgabe 2.1 ... 27
Lösung der Aufgabe 2.1 mithilfe von Mathcad ... 28
Lösung der Aufgabe 2.1 mithilfe von Matlab ... 31
Lösung der Aufgabe 2.1 mithilfe von Maple ... 34
Aufgabe 2.2 ... 37
Lösungsweg zu Aufgabe 2.2 ... 38
Lösung der Aufgabe 2.2 mithilfe von Mathcad ... 38
Lösung der Aufgabe 2.2 mithilfe von Matlab ... 39
Lösung der Aufgabe 2.2 mithilfe von Maple ... 41
2.2 Schnittgrößen für den Kreisbogen ... 43
2.2.1 Kreisbogen in der Ebene mit radiale Belastung ... 43
Grundlagen ... 43

Aufgabe 2.3 ... 44
Lösungsweg zu Aufgabe 2.3 ... 44
Lösung der Aufgabe 2.3 mithilfe von Mathcad ... 45
Lösung der Aufgabe 2.3 mithilfe von Matlab ... 47
Lösung der Aufgabe 2.3 mithilfe von Maple ... 48
2.2.2 Kreisbogen in der Ebene mit Belastung senkrecht zur Ebene ... 51
Grundlagen ... 51
Aufgabe 2.4 ... 53
Lösungsweg zu Aufgabe 2.4 ... 53
Lösung der Aufgabe 2.4 mithilfe von Mathcad ... 53
Lösung der Aufgabe 2.4 mithilfe von Matlab ... 56
Lösung der Aufgabe 2.4 mithilfe von Maple ... 58
3 Ermittlung von Spannungen ... 61
3.1 Biegspannungen im Balken ... 61
Grundlagen ... 61
Aufgabe 3.1 ... 62
Lösungsweg zu Aufgabe 3.1 ... 63
Lösung der Aufgabe 3.1 mithilfe von Mathcad ... 65
Lösung der Aufgabe 3.1 mithilfe von Matlab ... 69
Lösung der Aufgabe 3.1 mithilfe von Maple ... 71
Aufgabe 3.2 ... 74
Lösungsweg zu Aufgabe 3.2 ... 75
Lösung der Aufgabe 3.2 mithilfe von Mathcad ... 75
Lösung der Aufgabe 3.2 mithilfe von Matlab ... 77
Lösung der Aufgabe 3.2 mithilfe von Maple ... 78
3.2 Spannungstransformation ... 78
Grundlagen ... 78
Aufgabe 3.3 ... 81
Lösungsweg zu Aufgabe 3.3 ... 81
Lösung der Aufgabe 3.3 mithilfe von Mathcad ... 81
Lösung der Aufgabe 3.3 mithilfe von Matlab ... 83
Lösung der Aufgabe 3.3 mithilfe von Maple ... 84
Aufgabe 3.4 ... 86
Lösungsweg zu Aufgabe 3.4 ... 86
Lösung der Aufgabe 3.4 mithilfe von Mathcad ... 87
Lösung der Aufgabe 3.4 mithilfe von Matlab ... 88

Lösung der Aufgabe 3.4 mithilfe von Maple 90

4 Haftung und Reibung 92

Grundlagen 92

Aufgabe 4.1 94

Lösungsweg zu Aufgabe 4.1 94

Lösung der Aufgabe 4.1 mithilfe von Mathcad 95

Lösung der Aufgabe 4.1 mithilfe von Matlab 97

Lösung der Aufgabe 4.1 mithilfe von Maple 98

Aufgabe 4.2 99

Lösungsweg zu Aufgabe 4.2 100

Lösung der Aufgabe 4.2 mithilfe von Mathcad 101

Lösung der Aufgabe 4.2 mithilfe von Matlab 103

Lösung der Aufgabe 4.2 mithilfe von Maple 105

5 Elastomechanik des Balkens/Stabes 107

5.1 Ermittlung von Verschiebungen und Verdrehungen 107

Grundlagen 107

Aufgabe 5.1 108

Lösungsweg zu Aufgabe 5.1 108

Lösung der Aufgabe 5.1 mithilfe von Mathcad 109

Lösung der Aufgabe 5.1 mithilfe von Matlab 110

Lösung der Aufgabe 5.1 mithilfe von Maple 111

Aufgabe 5.2 114

Lösungsweg zu Aufgabe 5.2 114

Lösung der Aufgabe 5.2 mithilfe von Mathcad 116

Lösung der Aufgabe 5.2 mithilfe von Matlab 118

Lösung der Aufgabe 5.2 mithilfe von Maple 120

Aufgabe 5.3 123

Lösungsweg zu Aufgabe 5.3 123

Lösung der Aufgabe 5.3 mithilfe von Mathcad 124

Lösung der Aufgabe 5.3 mithilfe von Matlab 125

Lösung der Aufgabe 5.3 mithilfe von Maple 127

5.2 Statisch unbestimmte Systeme 129

Grundlagen 129

Aufgabe 5.4 131

Lösungsweg zu Aufgabe 5.4 132

Lösung der Aufgabe 5.4 mithilfe von Mathcad 133

Lösung der Aufgabe 5.4 mithilfe von Matlab....136
Lösung der Aufgabe 5.4 mithilfe von Maple....138

6 Kinematik....141

6.1 Kinematik des Massepunktes in der Ebene....141
Grundlagen....141
Aufgabe 6.1....143
Lösungsweg zu Aufgabe 6.1....143
Lösung der Aufgabe 6.1 mithilfe von Mathcad....143
Lösung der Aufgabe 6.1 mithilfe von Matlab....146
Lösung der Aufgabe 6.1 mithilfe von Maple....148
Aufgabe 6.2....151
Lösungsweg zu Aufgabe 6.2....152
Lösung der Aufgabe 6.2 mithilfe von Mathcad....153
Lösung der Aufgabe 6.2 mithilfe von Matlab....156
Lösung der Aufgabe 6.2 mithilfe von Maple....158
6.2 Kinematik des starren Körpers in der Ebene....162
Grundlagen....162
Aufgabe 6.3....162
Lösungsweg zu Aufgabe 6.3....163
Lösung der Aufgabe 6.3 mithilfe von Mathcad....164
Lösung der Aufgabe 6.3 mithilfe von Matlab....166
Lösung der Aufgabe 6.3 mithilfe von Maple....167

7 Kinetik....169

7.1 Kinetik des Massepunktes in der Ebene....169
Grundlagen....169
Aufgabe 7.1....170
Lösungsweg zu Aufgabe 7.1....171
Lösung der Aufgabe 7.1 mithilfe von Mathcad....172
Lösung der Aufgabe 7.1 mithilfe von Matlab....173
Lösung der Aufgabe 7.1 mithilfe von Maple....174
Aufgabe 7.2....175
Lösungsweg zu Aufgabe 7.2....176
Lösung der Aufgabe 7.2 mithilfe von Mathcad....178
Lösung der Aufgabe 7.2 mithilfe von Matlab....180
Lösung der Aufgabe 7.2 mithilfe von Maple....182
7.2 Kinetik des starren Körpers in der Ebene....185

Grundlagen ... 185
Aufgabe 7.3 ... 186
Lösungsweg zu Aufgabe 7.3 ... 187
Lösung der Aufgabe 7.3 mithilfe von Mathcad ... 189
Lösung der Aufgabe 7.3 mithilfe von Matlab ... 190
Lösung der Aufgabe 7.3 mithilfe von Maple ... 191
Aufgabe 7.4 ... 193
Lösungsweg zu Aufgabe 7.4 ... 193
Lösung der Aufgabe 7.4 mithilfe von Mathcad ... 196
Lösung der Aufgabe 7.4 mithilfe von Matlab ... 197
Lösung der Aufgabe 7.4 mithilfe von Maple ... 198
Aufgabe 7.5 ... 200
Lösungsweg zu Aufgabe 7.5 ... 201
Lösung der Aufgabe 7.5 mithilfe von Mathcad ... 204
Lösung der Aufgabe 7.5 mithilfe von Matlab ... 207
Lösung der Aufgabe 7.5 mithilfe von Maple ... 209
8 Übungsaufgaben ... 212
8.1 Übungsaufgaben zu Kapitel 1 ... 212
Übungsaufgabe 1.1 ... 212
Übungsaufgabe 1.2 ... 212
8.2 Übungsaufgaben zu Kapitel 2 ... 213
Übungsaufgabe 2.1 ... 213
Übungsaufgabe 2.2 ... 214
Übungsaufgabe 2.3 ... 214
8.3 Übungsaufgaben zu Kapitel 3 ... 215
Übungsaufgabe 3.1 ... 215
Übungsaufgabe 3.2 ... 216
8.4 Übungsaufgaben zu Kapitel 4 ... 216
Übungsaufgabe 4.1 ... 216
Übungsaufgabe 4.2 ... 217
8.5 Übungsaufgaben zu Kapitel 5 ... 218
Übungsaufgabe 5.1 ... 218
Übungsaufgabe 5.2 ... 218
8.6 Übungsaufgaben zu Kapitel 6 ... 219
Übungsaufgabe 6.1 ... 219
Übungsaufgabe 6.2 ... 219

8.7 Übungsaufgaben zu Kapitel 7 ... 220
Übungsaufgabe 7.1 ... 220
Übungsaufgabe 7.2 ... 220
9 Einführung in Mathcad ... 222
Einfügen von erläuternden Kommentaren ... 222
Definitionen/Zuweisungen ... 222
Berücksichtigung von Dimensionen und Kommentaren ... 223
Symbolleisten ... 223
Indizes ... 224
Felder ... 224
Verwendung von vordefinierten Funktionen, Prozeduren ... 225
Programmierung ... 226
Diagramme ... 229
Abschließende Bemerkungen ... 229
10 Einführung in Matlab ... 230
11 Einführung in Maple ... 234
Benutzeroberfläche ... 234
Hilfe in Maple ... 235
Funktionen und Symbole ... 236
Datentypen ... 237
Arbeiten mit Maple ... 238
Literaturverzeichnis ... 240
Sachwortverzeichnis ... 242

1 Gleichgewicht starrer Körper

Grundlagen:

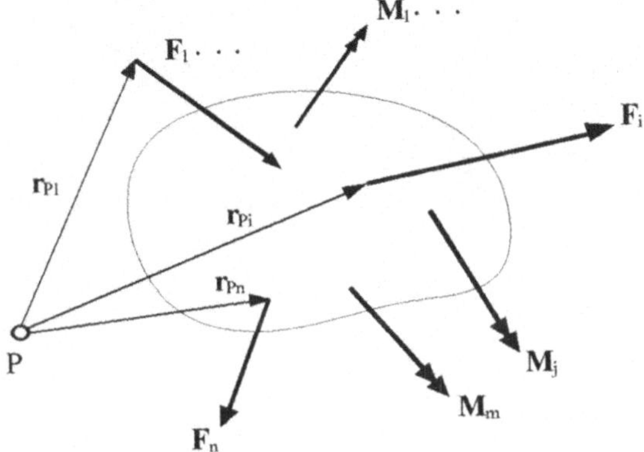

Bild 1.1 Starrer Körper unter Kraft- und Momentenbelastung

Das Gleichgewicht eines starren Körpers im Raum (siehe Bild 1.1) wird durch die Gleichgewichtsbedingung für alle am Körper angreifenden Kräfte formuliert:

$$\sum_{i=1}^{n} \mathbf{F}_i = \mathbf{0} \tag{1.1}$$

und

$$\sum_{i=1}^{n} \mathbf{r}_{Pi} \times \mathbf{F}_i + \sum_{j=1}^{m} \mathbf{M}_j = \mathbf{0} \tag{1.2}$$

Jede dieser beiden Vektorgleichungen enthält drei Komponenten, so dass damit im Raume sechs Gleichungen zur Ermittlung unbekannter Kräfte zur Verfügung stehen. Diese Gleichungen können genutzt werden, um Auflagerreaktionen zu ermitteln, wie in den folgenden Beispielen (Aufgaben 1.1 und 1.2) gezeigt werden soll. Voraussetzung ist dabei, dass die Systemmatrix nicht singulär, d. h. das System nicht kinematisch ist.

Sofern mehr als sechs unbekannte Auflagerreaktionen vorhanden sind, können diese (ohne weitergehende statisch unbestimmte Rechnung) nur dann ermittelt werden, wenn in der Struktur Mechanismen (z.B. Gelenke) vorhanden sind, durch die eine entsprechende Anzahl innerer Kräfte entfallen. Die Struktur ist dann an der Stelle der Mechanismen zu zerlegen, die entsprechenden Schnittkräfte einzutragen und für jeden der n-Teilkörper die jeweils sechs Gleichgewichtsbedingungen für die dann n x 6 unbekannten äußeren und inneren Kräfte zu formulieren (siehe Aufgabe 1.3).

Aufgabe 1.1

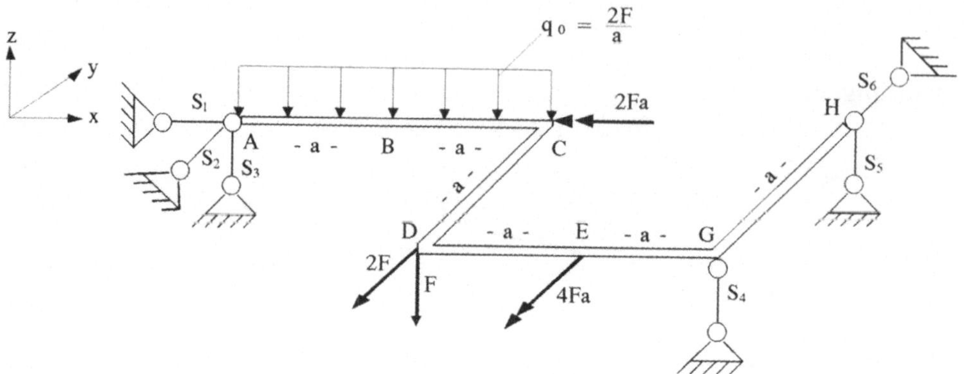

Bild 1.2 Räumliche Balken-Stab-Struktur mit Belastung

Ermitteln Sie für die in Bild 1.2 dargestellte durch Einzellasten, Streckenlast und Momente belastete Struktur die sechs Auflagerkräfte S_1 bis S_6.

Zahlenwerte: F = 1N, a = 1m

Lösungsweg zu Aufgabe 1.1

- Zeichnen des Freikörperbildes (siehe Bild 1.3):

  Darin sind die vorgegebenen Kräfte und Momente sowie die sechs unbekannten Stabkräfte eingetragen, durch die die Struktur gelagert ist. Die Streckenlast ist zur Resultierenden im Schwerpunkt des Lastpaketes zusammengefasst.

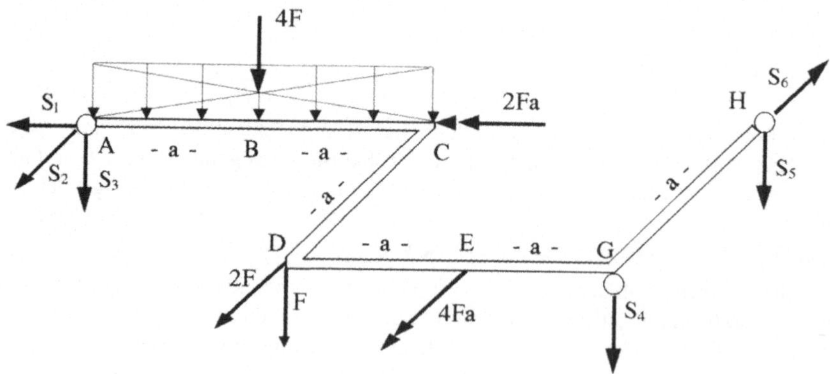

Bild 1.3 Freikörperbild

- Strategie zur Ermittlung der unbekannten Stabkräfte:

  Es bietet sich an, zunächst die drei Stabkräfte S_4, S_5, S_6 aus dem Momentengleichgewicht um den Punkt A zu ermitteln. Die restlichen drei Auflagerkräfte S_1, S_2, S_3, die den Komponenten der Auflagerkraft A entsprechen, lassen sich sehr einfach aus dem Gleichgewicht aller an der Struktur angreifenden Kräfte ermitteln.

- Definition von Kräften, Momenten und Abständen als Vektoren:

  Die vorgegebenen Kräfte und Momente werden als Vektoren definiert, für die Stabkräfte S_4, S_5, S_6 deren Einheitsvektoren S_{4E}, S_{5E}, S_{6E} und schließlich die Abstände aller Kräfte in Bezug auf A als Ortsvektoren. Kräfte und Momente sind entsprechend ihrem Angriffspunkt indiziert, die Ortsvektoren entsprechend Anfangs- und Endpunkt.

  Beispiele: Kraft in D: $F_D = \begin{bmatrix} 0 \\ -2 \cdot F \\ -F \end{bmatrix}$ Ortsvektor von A nach D: $r_{AD} = \begin{bmatrix} 2 \cdot a \\ -a \\ 0 \end{bmatrix}$

  Einheitsvektor für die Kraft S_4: $S_{4E} = \begin{bmatrix} 0 \\ 0 \\ -1 \end{bmatrix}$

- Ermittlung der „rechten Seite“ (rs) des Gleichungssystems zur Bestimmung von S_4, S_5, S_6:

  Die „rechte Seite“ ergibt sich aus der Summe der Kreuzprodukte Ortsvektor $\times$ Kraft plus der Summe der eingeprägten Momente:

  $$rs = -(r_{AB} \times F_B + r_{AD} \times F_D + M_C + M_E)$$

- Ermittlung der Systemmatrix (Smatr), die die Koeffizienten des Gleichungssystems enthält:

  Wenn die unbekannten Stabkräfte S_4, S_5, S_6 in dieser Reihenfolge mit den Komponenten des Vektors x der Unbekannten des Gleichungssystems übereinstimmen, so ergibt sich die Systemmatrix zu:

  $$Smatr = (r_{AG} \times S_{4E}, r_{AH} \times S_{5E}, r_{AH} \times S_{6E}),$$

  d.h., die Spalten der Matrix entsprechen den aufgeführten Kreuzprodukten.

- Lösen des Gleichungssystems:

  Die Stabkräfte S_4, S_5, S_6 sind die Komponenten des Lösungsvektors x, für den die Matrixgleichung
  $Smatr \cdot x = rs$

  gilt. Für die Lösung dieses Gleichungssystems bieten die Programme Mathcad, Matlab und Maple entsprechende Lösungsroutinen an. Bei bekanntem Lösungsvektor x ergeben sich die Stabkräfte als Vektoren zu:

  $$S_4 = x_1 \cdot S_{4E}, \; S_5 = x_2 \cdot S_{5E}, \; S_6 = x_3 \cdot S_{6E}.$$

- Berechnung der Stabkräfte S_1, S_2, S_3:

  Die Stabkräfte sind die Komponenten des Vektors A, die aus dem Gleichgewicht aller Kräfte bestimmt werden können.

$A = -(F_B + F_D + S_4 + S_5 + S_6)$.

Anmerkung: Die vorliegende Aufgabe lässt sich wegen der Rechtwinkligkeit der Struktur, der vorgegebenen Kräfte und der Lagerstäbe sicherlich schneller auf „herkömmlichem" Wege lösen, da die Momente um A unmittelbar anschaulich ermittelt werden können. Auch das Lösen der Gleichungen kann hier ohne den Einsatz von Programmen erfolgen. Gerade darum erscheint dieses Beispiel für den Einstieg geeignet zu sein, da man leicht die Kontrolle durchführen kann. Bei der darauf folgenden Aufgabe 1.2 ist diese Rechtwinkligkeit nicht mehr gegeben, so dass der Vorzug der Anwendung formaler Vektorrechnung zum Tragen kommt. Außerdem ist die Systemmatrix in diesem Fall voll besetzt, was erheblichen numerischen Aufwand beim Lösen des Gleichungssystems „von Hand" bedeutet. Hier zeigt sich der Vorteil des Einsatzes der Lösungsroutinen, die die Programme zur Verfügung stellen.

Lösung der Aufgabe 1.1 mithilfe von Mathcad

Anmerkung: Kommentare werden durch Verwendung kursiver Schrift optisch deutlich von den Mathcad-Anweisungen unterschieden.
Leser ohne Mathcad-Erfahrung werden auf die Mathcad-Einführung in Kapitel 9 hingewiesen.

ORIGIN:= 1 *Die Indizierung von Feldern soll mit 1 beginnen.*

$F := 1N \qquad a := 1m$

Berechnung der Lagerkräfte S_4, S_5, S_6:

Definition der vorgegebenen Kräfte und Momente als Vektoren:

Resultierende der Streckenlast: $F_B := \begin{pmatrix} 0 \\ 0 \\ -4 \cdot F \end{pmatrix}$ *Kraft in D:* $F_D := \begin{pmatrix} 0 \\ -2 \cdot F \\ -F \end{pmatrix}$

Momente in C und E: $M_C := \begin{pmatrix} -2 \cdot F \cdot a \\ 0 \\ 0 \end{pmatrix}$ $M_E := \begin{pmatrix} 0 \\ -4 \cdot F \cdot a \\ 0 \end{pmatrix}$

Anmerkung: Die Indizes zur Kennzeichnung der Angriffspunkte sind nur optisch tiefgestellt. Die "optische" Indizierung erfolgt durch vorheriges Drücken der Taste "."! Indizes, die Komponenten von Feldern bezeichnen, werden nach vorherigem Anklicken von "x_n" im Untermenü "Matrix" eingegeben (siehe auch Einführung in Mathcad).

Ortsvektoren von A zu den Angriffspunkten der bekannten Kräfte: $r_{AB} := \begin{pmatrix} a \\ 0 \\ 0 \end{pmatrix}$ $r_{AD} := \begin{pmatrix} 2 \cdot a \\ -a \\ 0 \end{pmatrix}$

Die unbekannten Kräfte sollen in der Reihenfolge S_4, S_5, S_6 im Vektor x angeordnet sein.

Einheitsvektoren: $S_{4E} := \begin{pmatrix} 0 \\ 0 \\ -1 \end{pmatrix}$ $S_{5E} := \begin{pmatrix} 0 \\ 0 \\ -1 \end{pmatrix}$ $S_{6E} := \begin{pmatrix} 0 \\ 1 \\ 0 \end{pmatrix}$

Ortsvekoren zu den Angriffspunkten: $r_{AG} := \begin{pmatrix} 4 \cdot a \\ -a \\ 0 \end{pmatrix}$ $r_{AH} := \begin{pmatrix} 4 \cdot a \\ 0 \\ 0 \end{pmatrix}$

Ermittlung der Kreuzprodukte zur Formulierung der "rechten Seite" des Gleichungssystems:

$$rs := -(r_{AB} \times F_B + r_{AD} \times F_D + M_C + M_E)$$

$$rs = \begin{pmatrix} 1 \\ -2 \\ 4 \end{pmatrix} N \cdot m$$

Anmerkung: Es wird zunächst als Einheit vom Programm "Joule" angezeigt. Dies kann durch Anklicken des Platzhalters für die Dimension mit "N·m" überschrieben werden.

Kreuzprodukte der Ortsvektoren mit den unbekannten Kräften, die den jeweiligen Spalten des Gleichungssystems (der Systemmatrix) entsprechen: ·

$Spalte1 := r_{AG} \times S_{4E}$ $Spalte2 := r_{AH} \times S_{5E}$ $Spalte3 := r_{AH} \times S_{6E}$

Zuordnung der Spalten zur Systemmatrix Smatr :

$i := 1..3$ $j := 1$ $Smatr_{i,j} := Spalte1_i$

$j := 2$ $Smatr_{i,j} := Spalte2_i$

$j := 3$ $Smatr_{i,j} := Spalte3_i$

Anmerkung: i und j sind hier keine "optischen" Indizes, sie bezeichnen Komponenten von Matrizen.

Die Systemmatrix kann aber auch direkt über

$Smatr := erweitern(r_{AG} \times S_{4E}, r_{AH} \times S_{5E}, r_{AH} \times S_{6E})$ *gebildet werden.* $Smatr = \begin{pmatrix} 1 & 0 & 0 \\ 4 & 4 & 0 \\ 0 & 0 & 4 \end{pmatrix} m$

Lösen des Gleichungssystems: $x := llösen(Smatr, rs)$ $x = \begin{pmatrix} 1 \\ -1.5 \\ 1 \end{pmatrix} N$

Der Lösungsvektor x enthält die Beträge der Stabkräfte S_4, S_5, S_6, die Stabkräfte als Vektoren erhält man durch Multiplizieren der Beträge mit den Einheitsvektoren:

$S_4 := x_1 \cdot S_{4E}$ $S_5 := x_2 \cdot S_{5E}$ $S_6 := x_3 \cdot S_{6E}$

$$S_4 = \begin{pmatrix} 0 \\ 0 \\ -1 \end{pmatrix} N \qquad S_5 = \begin{pmatrix} 0 \\ 0 \\ 1.5 \end{pmatrix} N \qquad S_6 = \begin{pmatrix} 0 \\ 1 \\ 0 \end{pmatrix} N$$

Berechnung der Auflagerkraft A aus dem Gleichgewicht aller Kräfte:

$$A := -\left(F_B + F_D + \sum_{i=4}^{6} S_i \right) \qquad A = \begin{pmatrix} 0 \\ 1 \\ 4.5 \end{pmatrix} N$$

Mithilfe der im Freikörperbild eingezeichneten Richtungen ergeben sich die Stabkräfte S_1, S_2, S_3 aus den Komponenten der Auflagerkraft zu:

$$S_1 := A_1 \cdot \begin{pmatrix} -1 \\ 0 \\ 0 \end{pmatrix} \qquad S_2 := A_2 \cdot \begin{pmatrix} 0 \\ -1 \\ 0 \end{pmatrix} \qquad S_3 := A_3 \cdot \begin{pmatrix} 0 \\ 0 \\ -1 \end{pmatrix}$$

$$S_1 = \begin{pmatrix} 0 \\ 0 \\ 0 \end{pmatrix} N \qquad S_2 = \begin{pmatrix} 0 \\ -1 \\ 0 \end{pmatrix} N \qquad S_3 = \begin{pmatrix} 0 \\ 0 \\ -4.5 \end{pmatrix} N$$

Lösung der Aufgabe 1.1 mithilfe von Matlab

Anmerkung: Die in diesem Buch angegebenen Matlab-Lösungen sind als Textdateien mit der Endung .m geschrieben (m-Files). Damit können Sie in einen eigenen Arbeitsbereich geladen und ausgeführt werden. Die Berechnungen erfolgen ohne physikalische Einheiten. Die Einheiten werden als Kommentar „%.....“ hinter der eigentlichen Berechnung in der gleichen Zeile angegeben. Der Berechnungsablauf wird aus Gründen der Platzersparnis ohne Leerzeilen dokumentiert. Bei Anweisungszeilen, die mit einem Semikolon abgeschlossen werden, erfolgt keine Ausgabe. Auf diese Weise wurde auf die zusätzliche Ausgabe der Eingabedaten verzichtet.

Leser ohne Erfahrung in der Anwendung von Matlab werden auf die Einführung in diese Programmiersprache hingewiesen, die sich in Kapitel 10 befindet.

Matlab m-File für Aufgabe 1.1

```
% Aufgabe_1_1
% Ermittlung der Auflagerreaktionen eines statisch
% bestimmten räumlichen Systems
F=1       %N, skalare Größe der Kraft F
```

```
a=1        %m, Länge
% Eingabe der Kraftvektoren im x,y,z-System
F_B=[0;0;-4*F]    % N,Resultierende der Streckenlast,
% wirkt im Punkt B
M_C=[-2*F*a;0;0]  % Nm,Moment, das im Punkt C angreift
F_D=[0;-2*F;-F]   % N,Kraft im Punkt D
M_E=[0;-4*F*a;0]  % Nm,Moment, das im Punkt E angreift
% Eingabe der Einheitsvektoren der angenommenen Richtungen der
% unbekannten Stabkräfte
s_4=[0;0;-1]      % Richtung der Stabkraft S_4
s_5=[0;0;-1]      % Richtung der Stabkraft S_5
s_6=[0;1;0]       % Richtung der Stabkraft S_6
% Eingabe der Ortsvektoren der Angriffspunkte
r_AB=[a;0;0]      % m,Orstvektor des Punktes B
% im x,y,z-Koordinatensystem
r_AD=[2*a;-a;0]   % m,Orstvektor des Punktes D
r_AG=[4*a;-a;0]   % m,Orstvektor des Punktes G
r_AH=[4*a;0;0] % Orstvektor des Punktes H
% Momentengleichgewicht um den Punkt A
% die Momentenwirkungen der bekannten Kräfte und die bekannten
% Momente werden auf die rechte Gleichungsseite gebracht:
Rechte_Seite=-(cross(r_AB,F_B)+cross(r_AD,F_D)+M_C+M_E)  % Nm
% Die Koeffizientenmatrix für die unbekannten Stabkräfte
% S_4, S_5 und S_6 wird spaltenweise durch die Kreuzprodukte
% der Ortsvektoren mit den Richtungs-Einheitsvektoren
% der Stabkräfte gebildet
S_Mat=[cross(r_AG,s_4),cross(r_AH,s_5),cross(r_AH,s_6)]  % m
% Ermittlung der unbekannten Stabkräfte in Form einer
% Spaltenmatrix S =transponiert(S4,S5,S6)
% durch Lösen des Gleichungssystems S_Mat*S=Rechte_Seite
S=S_Mat\Rechte_Seite    % N
% Stabkräfte als Vektoren
S_4=S(1)*s_4    % N
S_5=S(2)*s_5    % N
S_6=S(3)*s_6    % N
% Ermittlung der Auflagerkraft im Punkt A aus dem Kräftegleich-
gewicht
A=-(F_B+F_D+S_4+S_5+S_6)    % N
% Ermittlung der Stabkräfte im Punkt A als Zugkräfte
S_1=[-1;0;0]'*A    % N
S_2=[0;-1;0]'*A    % N
```

```
S_3=[0;0;-1]'*A    % N
% Ende Aufgabe_1_1
```

Ausgaben im Matlab „Command Window" ohne Leerzeilen

```
Rechte_Seite =      1
                   -2
                    4
S_Mat =     1      0      0
            4      4      0
            0      0      4
S =     1.0000
       -1.5000
        1.0000
S_4 =      0
           0
          -1
S_5 =          0
               0
          1.5000
S_6 =      0
           1
           0
A =            0
        1.0000
        4.5000
S_1 =      0
S_2 =     -1
S_3 =    -4.5000
```

Lösung der Aufgabe 1.1 mithilfe von Maple

Leser ohne Erfahrung in der Anwendung von Maple werden auf Kapitel 11 verwiesen.

```
> restart;
```

Laden der Programmbibliotheken für Lineare Algebra und das Rechnen mit Einheiten

```
> with(linalg):
  with(Units[Standard]):
  #F:=1*Unit(N);
  #a:=1*Unit(m(radius));
```

Anmerkung: Die Einheit für das Drehmoment in Maple ist Nm(radius). Daher die Längenangabe in m(radius) und nicht in m, andernfalls würde Joule und nicht Nm angezeigt. Die entsprechenden Einheiten werden aus Gründen der Übersicht erst am Ende zugewiesen.

Definition der vorgegebenen Kräfte und Momente als Vektoren:

```
> FB:=<0,0,-4*F>;      #Resultierende der Streckenlast
  FD:=<0,-2*F,-F>;     #Kraft in D
  MC:=<-2*F*a,0,0>; #Moment in C
  ME:=<0,-4*F*a,0>; #Moment in E
```

$$FB := \begin{bmatrix} 0 \\ 0 \\ -4\,F \end{bmatrix} \quad FD := \begin{bmatrix} 0 \\ -2\,F \\ -F \end{bmatrix} \quad MC := \begin{bmatrix} -2\,F\,a \\ 0 \\ 0 \end{bmatrix} \quad ME := \begin{bmatrix} 0 \\ -4\,F\,a \\ 0 \end{bmatrix}$$

Anmerkung: Die Ausgabe erfolgt in Maple untereinander. In den folgenden Maple-Worksheets wird die Ausgabe aus Platzgründen nebeneinander dargestellt.

Ortsvektoren von A zu den Angriffspunkten der bekannten Kräfte:

```
> rAB:=<a,0,0>;
  rAD:=<2*a,-a,0>;
```

$$rAB := \begin{bmatrix} a \\ 0 \\ 0 \end{bmatrix} \quad rAD := \begin{bmatrix} 2\,a \\ -a \\ 0 \end{bmatrix}$$

Die unbekannten Kräfte sollen in der Reihenfolge S4, S5, S6 im Vektor x angeordnet sein.
Einheitsvektoren:

```
> S4E:=<0,0,-1>; S5E:=<0,0,-1>;S6E:=<0,1,0>;
```

$$S4E := \begin{bmatrix} 0 \\ 0 \\ -1 \end{bmatrix} \quad S5E := \begin{bmatrix} 0 \\ 0 \\ -1 \end{bmatrix} \quad S6E := \begin{bmatrix} 0 \\ 1 \\ 0 \end{bmatrix}$$

Ortsvektoren zu den Angriffspunkten:

```
> rAG:=<4*a,-a,0>;
  rAH:=<4*a,0,0>;
```

$$rAG := \begin{bmatrix} 4\,a \\ -a \\ 0 \end{bmatrix} \quad rAH := \begin{bmatrix} 4\,a \\ 0 \\ 0 \end{bmatrix}$$

Ermittlung der Kreuzprodukte zur Formulierung der "rechten Seite" des Gleichungssystems:

```
> rs:=-(crossprod(rAB,FB) + crossprod(rAD,FD) + MC + ME);
  evalm(rs);
```

$$rs := -coeffx - coeffy - \begin{bmatrix} -2\,F\,a \\ 0 \\ 0 \end{bmatrix} - \begin{bmatrix} 0 \\ -4\,F\,a \\ 0 \end{bmatrix}$$

$$[\,F\,a,\ -2\,F\,a,\ 4\,F\,a\,]$$

Die jeweiligen Spalten der Systemmatrix werden über die Kreuzprodukte berechnet:

```
> Smatr1:=crossprod(rAG,S4E);
  Smatr2:=crossprod(rAH,S5E);
```

```
Smatr3:=crossprod(rAH,S6E);
```

$$Smatr1 := [a, 4a, 0]$$

$$Smatr2 := [0, 4a, 0]$$

$$Smatr3 := [0, 0, 4a]$$

Die Funktion augment( ) verbindet Matrizen bzw. Vektoren zu einer neuen Matrix:

```
> Smatr:=evalm(augment(Smatr1,Smatr2,Smatr3));
```

$$Smatr := \begin{bmatrix} a & 0 & 0 \\ 4a & 4a & 0 \\ 0 & 0 & 4a \end{bmatrix}$$

Lösen des Gleichungssystems:

```
> x:=linsolve(Smatr,rs);
```

$$x := \left[F, -\frac{3}{2} F, F \right]$$

```
> F:=1*Unit(N);
  a:=1*Unit(m(radius));
```

$$F := [N]$$

$$a := [\mathrm{m}(radius)]$$

```
> S4:=evalm(x[1]*S4E);
  S5:=evalm(x[2]*S5E);
  S6:=evalm(x[3]*S6E);
```

$$S4 := [0, 0, -[N]]$$

$$S5 := \left[0, 0, \frac{3}{2} [N] \right]$$

$$S6 := [0, [N], 0]$$

Berechnung der Auflagerkräfte A aus dem Gleichgewicht aller Kräfte:

```
> A:=evalm(-(FB + FD + S4 + S5 + S6));
```

$$A := \left[0, [N], \frac{9}{2} [N] \right]$$

Die Stabkräfte S1, S2, S3 ergeben sich aus den Komponenten der Auflagerkraft:

```
> S1:=A[1] * <-1,0,0>;
  S2:=A[2] * <0,-1,0>;
  S3:=A[3] * <0,0,-1>;
```

$$S1 := \begin{bmatrix} 0 \\ 0 \\ 0 \end{bmatrix} \quad S2 := [N] \begin{bmatrix} 0 \\ -1 \\ 0 \end{bmatrix} \quad S3 := [N] \begin{bmatrix} 0 \\ 0 \\ \frac{-9}{2} \end{bmatrix}$$

Aufgabe 1.2

Für die in A durch ein Kugelgelenk gelagerte und durch drei weitere Stäbe gestützte Platte vom Gewicht G_{Pl} = 10 kN (siehe Bild 1.4) ermittle man die Stabkräfte S_1, S_2, S_3 und die Auflagerreaktionen in A.

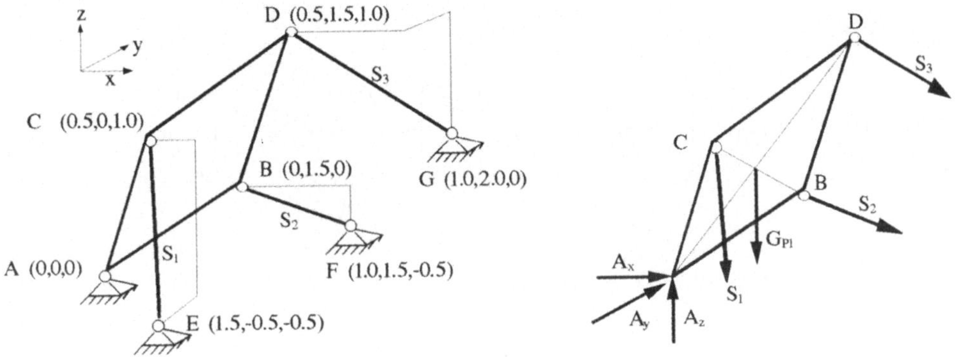

Bild 1.4 Platte mit Lagerung

Bild 1.5 Freikörperbild

Lösungsweg zu Aufgabe 1.2

Der Lösungsweg ist nahezu identisch mit dem zu Aufgabe 1.1. Auch hier lassen sich drei Auflagerkräfte (die Stabkräfte S_1, S_2, S_3) aus dem Momentengleichgewicht um A ermitteln. Es werden deshalb lediglich die beiden folgenden Punkte als weitere Hilfestellung angegeben.

- Ermittlung der Einheitsvektoren der Stabkräfte:

  Sie werden aus den entsprechenden Ortsvektoren abgeleitet. Als Beispiel sei die Ermittlung des Einheitsvektors für Stab S_1 angeführt.

$$r_{CE} = r_{AE} - r_{AC} \qquad S_{1E} = \frac{r_{CE}}{|r_{CE}|}$$

- Ermittlung der „rechten Seite" des Gleichungssystems:

  Die „rechte Seite" ergibt sich zu

$$rs = -r_G \times G \,,$$

worin r_G der Ortsvektor von A zum Schwerpunkt der rechteckigen Platte ist, mit

$$r_G = \frac{r_{AD}}{2} \,. \quad \text{G ist der Vektor des Plattengewichts:} \quad G = \begin{bmatrix} 0 \\ 0 \\ -G_{Pl} \end{bmatrix}$$

Lösung der Aufgabe 1.2 mithilfe von Mathcad

ORIGIN:= 1 kN := 1000 N

Berechnung der Stabkräfte infolge des Plattengewichtes:

$G_{Pl} := 10kN$

Ortsvektoren:
$r_{AB} := \begin{pmatrix} 0 \\ 1.5 \\ 0 \end{pmatrix} m \qquad r_{AC} := \begin{pmatrix} 0.5 \\ 0 \\ 1.0 \end{pmatrix} m \qquad r_{AD} := \begin{pmatrix} 0.5 \\ 1.5 \\ 1.0 \end{pmatrix} m$

$r_{AE} := \begin{pmatrix} 1.5 \\ -0.5 \\ -0.5 \end{pmatrix} m \qquad r_{AF} := \begin{pmatrix} 1.0 \\ 1.5 \\ -0.5 \end{pmatrix} m \qquad r_{AG} := \begin{pmatrix} 1.0 \\ 2.0 \\ 0 \end{pmatrix} m$

Ortsvektor zum Schwerpunkt (Angriffspunkt des Plattengewichts): $r_G := \frac{r_{AD}}{2}$

Gewichtskraft der Platte als Vektor: $G := \begin{pmatrix} 0 \\ 0 \\ -G_{Pl} \end{pmatrix}$

Ermittlung der Einheitsvektoren in Richtung der drei Stäbe:

$r_{CE} := r_{AE} - r_{AC} \qquad S_{1E} := \frac{r_{CE}}{|r_{CE}|} \qquad S_{1E} = \begin{pmatrix} 0.535 \\ -0.267 \\ -0.802 \end{pmatrix}$

$r_{BF} := r_{AF} - r_{AB} \qquad S_{2E} := \frac{r_{BF}}{|r_{BF}|} \qquad S_{2E} = \begin{pmatrix} 0.894 \\ 0 \\ -0.447 \end{pmatrix}$

$r_{DG} := r_{AG} - r_{AD} \qquad S_{3E} := \frac{r_{DG}}{|r_{DG}|} \qquad S_{3E} = \begin{pmatrix} 0.408 \\ 0.408 \\ -0.816 \end{pmatrix}$

Ermittlung der Systemmatrix durch Summe der Momente um A:

$Smatr := erweitern(r_{AC} \times S_{1E}, r_{AB} \times S_{2E}, r_{AD} \times S_{3E})$

$$Smatr = \begin{pmatrix} 0.267 & -0.671 & -1.633 \\ 0.935 & 0 & 0.816 \\ -0.134 & -1.342 & -0.408 \end{pmatrix} m \quad \textit{"rechte Seite":} \quad rs := -r_G \times G \quad rs = \begin{pmatrix} 7.5 \\ -2.5 \\ 0 \end{pmatrix} kN \cdot m$$

Lösungsvektor x der unbekannten Stabkräfte: $x := llösen(Smatr, rs)$ $x = \begin{pmatrix} 1.585 \\ 1.326 \\ -4.878 \end{pmatrix} kN$

Damit ergeben sich für Stab1 = 1.585 kN (Zug), Stab2 = 1.326 kN (Zug) und Stab3 = -4.878 kN (Druck).

Stabkräfte als Vektoren:

$S_1 := x_1 \cdot S_{1E}$ $\quad S_2 := x_2 \cdot S_{2E}$ $\quad S_3 := x_3 \cdot S_{3E}$

Ermittlung der Auflagerkraft A aus dem Gleichgewicht der Kräfte:

$$A := -\left(G + \sum_{i=1}^{3} S_i \right) \qquad A = \begin{pmatrix} -0.042 \\ 2.415 \\ 7.881 \end{pmatrix} kN$$

Damit sind die Komponenten der Auflagerkraft A:

$A_x := A_1$ $\quad A_y := A_2$ $\quad A_z := A_3$ $\quad A_x = -0.042kN$ $\quad A_y = 2.415kN$ $\quad A_z = 7.881kN$

Lösung der Aufgabe 1.2 mithilfe von Matlab

Matlab m-File für Aufgabe 1.2

```
% Aufgabe 1.2
% Ermittlung der Auflagerreaktionen eines statisch bestimmten
% räumlichen Systems
G=[0;0;-10];                          % kN, Gewichtskraft G
% Eingabe der Ortsvektoren
r_AA=[0.0;0;0]; r_AB=[0;1.5;0]; r_AC=[0.5;0;1.0];  % m
r_AD=[0.5;1.5;1.0]; r_AE=[1.5;-0.5;-0.5];          % m
r_AF=[1.0;1.5;-0.5]; r_AG=[1.0;2.0;0.0];           % m
% Eingabe des Orstvektors zur Plattenmitte,
% in der die Gewichtskraft G angreift
r_G=r_AD/2.0;                                  % m
% Ermittlung der Einheitsvektoren der Stabkräfte, als
```

```
% Zugkräfte auf die Platte wirkend:
s_1=(r_AE-r_AC)/norm(r_AE-r_AC);  % m
s_2=(r_AF-r_AB)/norm(r_AF-r_AB);  % m
s_3=(r_AG-r_AD)/norm(r_AG-r_AD);  % m
% Momentengleichgewicht um den Punkt A. Die Momentenwirkungen
% der bekannten Kräfte und die bekannten Momente werden auf
% die rechte Gleichungsseite gebracht:
Rechte_Seite=-cross(r_G,G)      % kNm
% Die Koeffizientenmatrix für die unbekannten Stabkräfte
% S_1, S_2 und S_3 wird spaltenweise durch die Kreuzprodukte
% der Ortsvektoren mit den Richtungs-Einheitsvektoren der
% Stabkräfte gebildet
S_Mat=[cross(r_AC,s_1),cross(r_AB,s_2),cross(r_AD,s_3)]    % m
% Ermittlung der unbekannten Stabkräfte in Form einer
% Spaltenmatrix S =transponiert(S1,S2,S3)
% durch Lösen des Gleichungssystems S_Mat*S=Rechte_Seite
S=S_Mat\Rechte_Seite    % kN
% Stabkräfte als Vektoren
S_1=S(1)*s_1;               % kN
S_2=S(2)*s_2;               % kN
S_3=S(3)*s_3;               % kN
% Stabkräfte als Skalare durch Skalarprodukt mit dem Einheits-
vektor der
% angenommenen Stabkraft (positiv: Zug-, negativ: Druckstab)
S_1s=s_1'*S_1               % kN
S_2s=s_2'*S_2               % kN
S_3s=s_3'*S_3               % kN
% Ermittlung der Auflagerkraft im Punkt A aus dem Kräftegleich-
gewicht
A=-(G+S_1+S_2+S_3)          % kN
% Ende Aufgabe 1.2
```

Ausgaben im Matlab „Command Window" ohne Leerzeilen

```
Rechte_Seite =    7.5000
                 -2.5000
                       0
S_Mat =    0.2673   -0.6708   -1.6330
           0.9354         0    0.8165
S =    1.5854
       1.3265
      -4.8782
```

```
s_1s =    1.5854
s_2s =    1.3265
s_3s =   -4.8782
A =   -0.0424
        2.4153
        7.8814
```

Lösung der Aufgabe 1.2 mithilfe von Maple

```
> restart;
  with(linalg):
  with(Units[Standard]):
```

Berechnung der Stabkräfte infolge des Plattengewichts:

```
>G_Pl:=10*Unit(kN);
  rAB:=<0,1.5,0>*Unit(m);
  rAC:=<.5 ,0, 1>*Unit(m);
  rAD:=<.5,1.5,1>*Unit(m);
  rAE:=<1.5,-.5,-.5>*Unit(m);
  rAF:=<1,1.5,-.5>*Unit(m);
  rAG:=<1,2,0>*Unit(m);
```

$$G\_Pl := 10\,[kN] \qquad rAB := [m]\begin{bmatrix} 0 \\ 1.5 \\ 0 \end{bmatrix} \qquad rAC{:=}[m]\begin{bmatrix} .5 \\ 0 \\ 1 \end{bmatrix} \qquad rAD := [m]\begin{bmatrix} .5 \\ 1.5 \\ 1 \end{bmatrix}$$

$$rAE := [m]\begin{bmatrix} 1.5 \\ -.5 \\ -.5 \end{bmatrix} \qquad rAF := [m]\begin{bmatrix} 1 \\ 1.5 \\ -.5 \end{bmatrix} \qquad rAG := [m]\begin{bmatrix} 1 \\ 2 \\ 0 \end{bmatrix}$$

Ortsvektor zum Schwerpunkt:

```
> rG:=rAD/2;
```

$$rG := [m]\begin{bmatrix} .250000000000000000 \\ .750000000000000000 \\ .500000000000000000 \end{bmatrix}$$

Gewichtskraft der Platte:

```
> G:=<0, 0, -G_Pl>;
```

$$G := \begin{bmatrix} 0 \\ 0 \\ -10\,[kN] \end{bmatrix}$$

Die Einheitsvektoren in Richtung der drei Stäbe:

```
> rCE:=evalm(rAE - rAC);
  rBF:=evalm(rAF - rAB);
  rDG:=evalm(rAG - rAD);
```

```
S1E:=evalm(combine(normalize(rCE),units));
S2E:=evalm(combine(normalize(rBF),units));
S3E:=evalm(combine(normalize(rDG),units));
```

$$rCE := [\,1.0\,[m], -.5\,[m], -1.5\,[m]\,] \quad rBF := [\,[m], 0., -.5\,[m]\,]$$

$$rDG := [\,.5\,[m], .5\,[m], -[m]\,]$$

$$S1E := [\,.5345224839, -.2672612420, -.8017837259\,]$$

$$S2E := [\,.8944271908, 0., -.4472135954\,]$$

$$S3E := [\,.4082482906, .4082482906, -.8164965812\,]$$

Ermittlung der Systemmatrix durch die Summe der Monente um A:

```
> Smatr:=evalm(augment(crossprod(rAC,S1E),crossprod(rAB,S2E),crossprod(rAD,S3E)));
```

$$Smatr := \begin{bmatrix} .2672612420\,[m] & -.6708203931\,[m] & -1.632993163\,[m] \\ .9354143469\,[m] & 0. & .8164965812\,[m] \\ -.1336306210\,[m] & -1.341640786\,[m] & -.4082482906\,[m] \end{bmatrix}$$

Bestimmung der "rechten Seite":

```
> rs:=crossprod(-rG,G);
```

$$rs := [\,7.500000000\,[m]\,[kN], -2.500000000\,[m]\,[kN], 0.\,]$$

Lösen des Gleichungssystems:

```
x:=linsolve(Smatr,rs);
```

Damit ergeben sich folgende Stabkräfte (positiv = Zugstab, negativ = Druckstab)

```
Stabkraft1:=x[1];
Stabkraft2:=x[2];
Stabkraft3:=x[3];
```

$$x := [\,1.585448043\,[kN], 1.326481004\,[kN], -4.878221095\,[kN]\,]$$

$$Stabkraft1 := 1.585448043\,[kN] \quad Stabkraft2 := 1.326481004\,[kN]$$

$$Stabkraft3 := -4.878221095\,[kN]$$

Stabkräfte als Vektoren:

```
> S1:=evalm(x[1]*S1E);
  S2:=evalm(x[2]*S2E);
  S3:=evalm(x[3]*S3E);
```

$$S1 := [\,.8474576260\,[kN], -.4237288131\,[kN], -1.271186439\,[kN]\,]$$

$$S2 := [\,1.186440678\,[kN], 0., -.5932203390\,[kN]\,]$$

$$S3 := [\,-1.991525423\,[kN], -1.991525423\,[kN], 3.983050846\,[kN]\,]$$

Berechnung der Auflagerkräfte A aus dem Gleichgewicht aller Kräfte:

```
> A:=evalm(-(G + S1 + S2 + S3));
```

$$A := [\,-.042372881\,[kN], 2.415254236\,[kN], 7.881355934\,[kN]\,]$$

Die Komponenten der Auflagerkraft A:

```
> Ax:=A[1];
  Ay:=A[2];
  Az:=A[3];
```

$$Ax := -.042372881\ [kN]$$

$$Ay := 2.415254236\ [kN]$$

$$Az := 7.881355934\ [kN]$$

Aufgabe 1.3

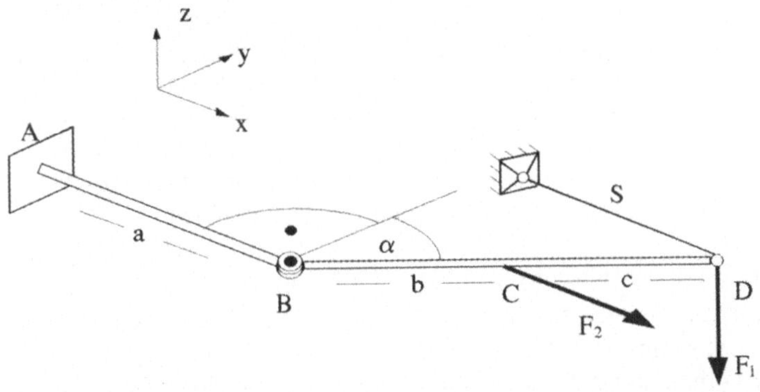

Bild 1.6 Balken-Stab-Struktur mit Mechanismus

Die Struktur ABD liegt in der x-y-Ebene. Sie ist in A eingespannt gelagert und in D durch einen Stab gestützt, der in x-Richtung verläuft. Kraft F_1 wirkt in z-Richtung, Kraft F_2 in x-Richtung. Die beiden Teile sind in B so miteinander verbunden, dass kein Moment um die z-Achse von einem auf den anderen Teil übertragen werden kann.

Ermitteln Sie in der angegebenen Reihenfolge:

a) die Stabkraft S und die Schnittmomente in B,

b) die Schnittkräfte in B,

c) die Auflagerreaktionen in A.

Zahlenwerte:

$F_1 = 500$ N, $F_2 = 800$ N,

$a = 0.5$ m, $b = 0.4$ m,

$c = 0.2$ m, $\alpha = 30^{\circ}$

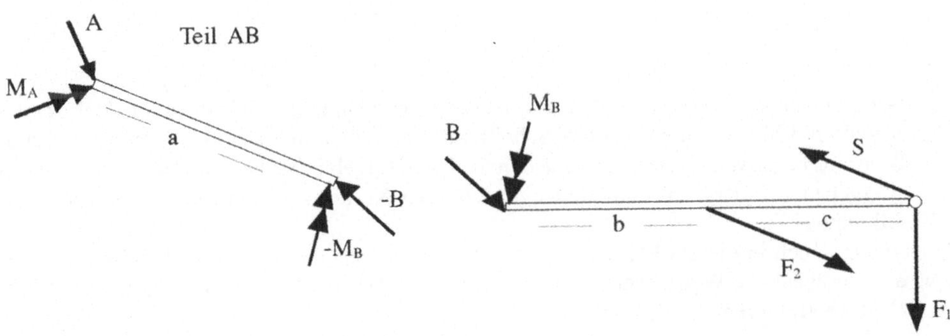

Bild 1.7 Freikörperbild

Lösungsweg zu Aufgabe 1.3

- Bilanz zwischen Anzahl der Gleichungen und Anzahl der unbekannten Kräfte und Momente:

  Das Freikörperbild (Bild 1.7) zeigt die beiden in B voneinander getrennten Teile AB und BD der Struktur. Der Teil BD enthält als Unbekannte die Stabkraft S, die drei Komponenten der

  Schnittkraft $B = \begin{bmatrix} B_x \\ B_y \\ B_z \end{bmatrix}$ und des Momentes $M_B = \begin{bmatrix} M_{Bx} \\ M_{By} \\ 0 \end{bmatrix}$ im Punkt B.

  Durch den Mechanismus in B verschwindet die z-Komponente des Momentes. Damit sind am Teil BD die sechs Kraftgrößen S, B_x, B_y, B_z, M_{Bx}, M_{By} unbekannt, denen sechs Gleichgewichtsbedingungen zur Berechnung gegenüber stehen. Am Teil AB kommen sechs weitere Auflagerreaktionen in A als Unbekannte hinzu, für die wiederum sechs Gleichgewichtsbedingungen zur Verfügung stehen. Die Struktur ist damit statisch bestimmt gelagert, alle Kräfte und Momente können mithilfe der Gleichungen der Statik ermittelt werden.
- Reihenfolge der Ermittlung der unbekannten Kräfte und Momente:

  Zunächst wird der Teil BD betrachtet. Aus dem Momentengleichgewicht um B lassen sich die Stabkraft S und die Momente M_{Bx}, M_{By} ermitteln (siehe auch Lösungsweg zu Aufgaben 1.1 und 1.2). Zur Formulierung des Momentengleichgewichts sind die Ortsvektoren r_{BC} und r_{BD} aufzustellen. Hierzu wird die Draufsicht für Teil BD betrachtet:

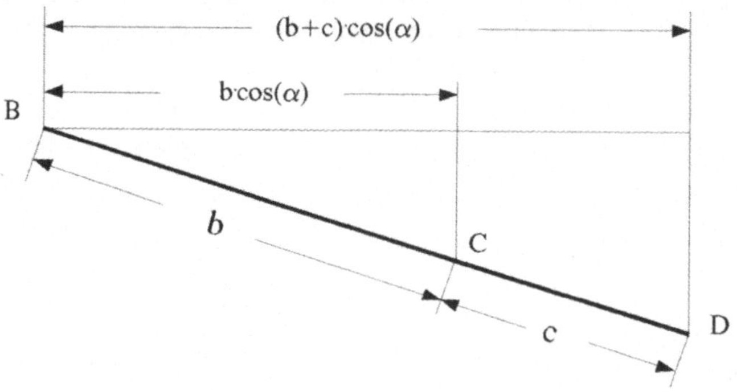

Bild 1.8 Abstände am Teil BD

  Nach Berechnung von S und M_{Bx}, M_{By} kann aus dem Kräftegleichgewicht am Teil BD die Schnittkraft in B ermittelt werden. Schnittkraft und Schnittmoment in B werden anschließend mit negativem Vorzeichen auf den Teil AB aufgebracht. Die Auflagerrekationen in A ergeben sich dann aus dem Gleichgewicht aller Kräfte und Momente, die auf den Teil AB wirken.

Anmerkung: Auch in diesem Fall ist wegen der einfachen geometrischen Verhältnisse die Lösung auf anschauliche Weise sehr schnell zu gewinnen. Der Leser möge das Ergebnis auf diesem Wege kontrollieren.

Lösung der Aufgabe 1.3 mithilfe von Mathcad

ORIGIN:= 1 $\quad$ kN := 1000N

$F_1 := 500N \quad F_2 := 800N \quad a := 0.5m \quad b := 0.4m \quad c := 0.2m \quad \alpha := 30Grad$

Zunächst werden die auf den Teil AB wirkenden Kräfte und Momente ermittelt:

$$F_{1Vekt} := \begin{pmatrix} 0 \\ 0 \\ -F_1 \end{pmatrix} \qquad F_{2Vekt} := \begin{pmatrix} F_2 \\ 0 \\ 0 \end{pmatrix}$$

Einheitsvektoren der unbekannten Kräfte und Momente:

$$S_E := \begin{pmatrix} -1 \\ 0 \\ 0 \end{pmatrix} \quad B_{xE} := \begin{pmatrix} 1 \\ 0 \\ 0 \end{pmatrix} \quad B_{yE} := \begin{pmatrix} 0 \\ 1 \\ 0 \end{pmatrix} \quad B_{zE} := \begin{pmatrix} 0 \\ 0 \\ 1 \end{pmatrix} \quad M_{BxE} := \begin{pmatrix} 1 \\ 0 \\ 0 \end{pmatrix} \quad M_{ByE} := \begin{pmatrix} 0 \\ 1 \\ 0 \end{pmatrix}$$

Ortsvektoren für Teil B:

$$r_{BC} := \begin{pmatrix} b\cdot\sin(\alpha) \\ b\cdot\cos(\alpha) \\ 0 \end{pmatrix} \qquad r_{BD} := \begin{bmatrix} (b+c)\cdot\sin(\alpha) \\ (b+c)\cdot\cos(\alpha) \\ 0 \end{bmatrix}$$

Ermittlung der Spalten der Systemmatrix durch Summe der Momente um B. Dabei ist die Reihenfolge der unbekannten im Lösungsvektor x: S sowie x- und y-Komponente des Momentes in B:

$$Smatr := erweitern(r_{BD} \times S_E, M_{BxE}m, M_{ByE}\cdot m)$$

Anmerkung: Die Spalten 2 und 3 werden durch Multiplikation mit "m" (Meter) dimensionsgleich mit Spalte 1 gemacht, da Mathcad verlangt, dass alle Elemente einer Matrix gleiche Dimension haben. Das von Mathcad gelieferte Ergebnis für die Momente muss damit später wieder durch Multiplizieren mit "m" korrigiert werden.

Ermittlung der "rechten Seite" des Gleichungssystems: $\quad rs := -(r_{BD} \times F_{1Vekt} + r_{BC} \times F_{2Vekt})$

$$Smatr = \begin{pmatrix} 0 & 1 & 0 \\ 0 & 0 & 1 \\ 0.52 & 0 & 0 \end{pmatrix} m \qquad rs = \begin{pmatrix} 259.808 \\ -150 \\ 277.128 \end{pmatrix} N\cdot m$$

Lösungsvektor x: $\quad x := llösen(Smatr, rs) \qquad x = \begin{pmatrix} 533.333 \\ 259.808 \\ -150 \end{pmatrix} N$

Stabkraft und Momente in B: $S := x_1$ $M_{Bx} := x_2 \cdot m$ $M_{By} := x_3 \cdot m$

$S = 533.333N$ $M_{Bx} = 259.808N \cdot m$ $M_{By} = -150N \cdot m$

Vektordarstellung von S und Moment in B

$S_{Vekt} := S \cdot S_E$ $M_B := \begin{pmatrix} M_{Bx} \\ M_{By} \\ 0 \end{pmatrix}$ $S_{Vekt} = \begin{pmatrix} -533.333 \\ 0 \\ 0 \end{pmatrix} N$ $M_B = \begin{pmatrix} 259.808 \\ -150 \\ 0 \end{pmatrix} N \cdot m$

Ermittlung der Schnittkraft in B: $B := -(F_{1Vekt} + F_{2Vekt} + S_{Vekt})$ $B = \begin{pmatrix} -266.667 \\ 0 \\ 500 \end{pmatrix} N$

Nachdem die Schnittgrößen in B bekannt sind, werden die noch unbekannten Auflagerreaktionen in A berechnet.

Ermittlung der Auflagerkraft A aus dem Gleichgewicht der Kräfte am Teil AB:

$A := -(-B)$ $A = \begin{pmatrix} -266.667 \\ 0 \\ 500 \end{pmatrix} N$

$A_x := A_1$ $A_y := A_2$ $A_z := A_3$ $A_x = -266.667N$ $A_y = 0N$ $A_z = 500N$

Das Einspannmoment in A wird durch das Momentengleichgewicht um A ermittelt.

$r_{AB} := \begin{pmatrix} a \\ 0 \\ 0 \end{pmatrix}$ $M_A := -[r_{AB} \times (-B) + (-M_B)]$ $M_A = \begin{pmatrix} 259.808 \\ -400 \\ 0 \end{pmatrix} N \cdot m$

$M_{Ax} := M_{A_1}$ $M_{Ay} := M_{A_2}$ $M_{Az} := M_{A_3}$

$M_{Ax} = 259.808N \cdot m$ $M_{Ay} = -400N \cdot m$ $M_{Az} = 0N \cdot m$

Lösung der Aufgabe 1.3 mithilfe von Matlab

Matlab m-File für Aufgabe 1.3

```
% Aufgabe 1.3
% Ermittlung der Auflagerreaktionen eines räumlichen
% statisch bestimmten Systems Eingabe der skalaren Variablen
```

```
F1=500;F2=800;                                    % N
a=0.5; b=0.4; c=0.2;                               % m
alpha_deg=30;                                      % Grad
alpha=alpha_deg*pi/180;                        % 1 (Radiant)
% Ermittlung der vektoriellen Kräfte
F_1=[0;0;-F1];F_2=[F2;0;0];                       % N
% Eingabe der Ortsvektoren
r_AA=[0;0;0]; r_AB=[0.5;0;0];                                % m
r_AC=[a+b*sin(alpha);b*cos(alpha);0];                     % m
r_AD=[a+(b+c)*sin(alpha);(b+c)*cos(alpha);0];                % m
% Ermittlung der Ortsvektoren vom Ursprung B aus
r_BC=r_AC-r_AB;                                              % m
r_BD=r_AD-r_AB;                                              % m
% Eingabe des Einheitsvektors der Stabkraft, als Zugkraft
% wirkend
s_S=[-1.0;0;0];
% Einheitsvektoren der unbekannten Komponenten des in B
% auf Teil BD wirkenden Momentes M_B (z-Komponente ist
% wegen des Gelenkes Null)
m_Bx=[1;0;0];
m_By=[0;1;0];
m_Bz=[0;0;1];
% Momentengleichgewicht um den Punkt B:
% die Momentenwirkungen der bekannten Kräfte und die bekannten
% Momente werden auf die rechte Gleichungsseite gebracht:
Rechte_Seite=-(cross(r_BD,F_1)+cross(r_BC,F_2))   % Nm
% Die Koeffizientenmatrix für die unbekannten Größen S, M_B
% wird spaltenweise durch das Kreuzprodukt des Ortsvektors
% mit dem Richtungs-Einheitsvektor der Stabkraft sowie den
% Einheitsvektoren des Momentenvektors gebildet
S_Mat=[cross(r_BD,s_S),m_Bx,m_By]                  % m bzw. 1
% Ermittlung der unbekannten Kräfte und Momente in Form einer
% Spaltenmatrix S =transponiert(S1,S2,S3)
% durch Lösen des Gleichungssystems S_Mat*Y=Rechte_Seite
Y=S_Mat\Rechte_Seite                                         % N
% Stabkräfte als Vektoren
S=Y(1)*s_S                                                       % N
M_B_BD=[Y(2); Y(3); 0.0]                                         % Nm
% In B auf Teil BD wirkende Gelenkkraft B aus dem
% Gleichgewicht der Kräfte
B_BD= -(F_1+F_2+S)                                               % N
```

```
% Für die Gleichgewichtsbetrachtung am Teil AB werden das
% Gegenmoment zu M_B_BD und die Gegenkraft zu B_BD benötigt
M_B_AB=-M_B_BD                                          % Nm
B_AB=-B_BD                                              % N
% Kräfte-Gleichgewicht in A:
A_AD=-B_AB                                              % N
% Momentengleichgewicht in A:
M_A_AD=-(cross(r_AB,B_AB)+M_B_AB)                       % Nm
% Ende Prozedur: Aufgabe_1_3
```

Matlab-Berechnungsablauf für Aufgabe 1.3:

```
Rechte_Seite =      259.8076
                   -150.0000
                    277.1281
S_Mat =          0    1.0000         0
                 0         0    1.0000
            0.5196         0         0
Y =       533.3333
          259.8076
         -150.0000
S =      -533.3333
                 0
                 0
M_B_BD =  259.8076
         -150.0000
                 0
B_BD =   -266.6667
                 0
          500.0000
M_B_AB = -259.8076
          150.0000
                 0
B_AB =    266.6667
                 0
         -500.0000
A_AD =   -266.6667
                 0
          500.0000
M_A_AD =  259.8076
         -400.0000
                 0
```

Lösung der Aufgabe 1.3 mithilfe von Maple

```
> restart;
> with(linalg):
  with(Units[Standard]):

  F1:=500*Unit(N);
  F2:=800*Unit(N);
  a:=0.5*Unit(m(radius));
  b:=0.4*Unit(m(radius));
  c:=0.2*Unit(m(radius));
  alpha:=convert(30*degrees,radians)*Unit(rad);
```

Die Argumente für alle trigonometrischen Funktionen müssen in Radiant angegeben werden.

$F1 := 500\ [N] \quad F2 := 800\ [N]$

$a := .5\ [\mathrm{m}(radius)] \quad b := .4\ [\mathrm{m}(radius)] \quad c := .2\ [\mathrm{m}(radius)] \quad \alpha := \frac{1}{6}\pi\ [rad]$

Definition der vorgegebenen Kräfte und Momente als Vektoren:

```
> F1:=<0,0,-F1>;
  F2:=<F2,0,0>;
```

$$F1 := \begin{bmatrix} 0 \\ 0 \\ -500\ [N] \end{bmatrix} \quad F2 := \begin{bmatrix} 800\ [N] \\ 0 \\ 0 \end{bmatrix}$$

Einheitsvektoren der unbekannten Kräfte und Momente:

```
> SE:=<-1,0,0>;
  BxE:=<1,0,0>;
  ByE:=<0,1,0>;
  BzE:=<0,0,1>;
  MBxE:=<1,0,0>;
  MByE:=<0,1,0>;
```

$$SE := \begin{bmatrix} -1 \\ 0 \\ 0 \end{bmatrix} \quad BxE := \begin{bmatrix} 1 \\ 0 \\ 0 \end{bmatrix} \quad ByE := \begin{bmatrix} 0 \\ 1 \\ 0 \end{bmatrix} \quad BzE := \begin{bmatrix} 0 \\ 0 \\ 1 \end{bmatrix} \quad MBxE := \begin{bmatrix} 1 \\ 0 \\ 0 \end{bmatrix} \quad MByE := \begin{bmatrix} 0 \\ 1 \\ 0 \end{bmatrix}$$

Ortsvektoren für Teil B:

```
> rBC:=<b*sin(alpha),b*cos(alpha),0>;
  rBD:=<(b+c)*sin(alpha),(b+c)*cos(alpha),0>;
```

$$rBC := \begin{bmatrix} .2000000000\ [\mathrm{m}(\mathit{radius})] \\ .2000000000\ \sqrt{3}\ [\mathrm{m}(\mathit{radius})] \\ 0 \end{bmatrix} \quad rBD := \begin{bmatrix} .3000000000\ [\mathrm{m}(\mathit{radius})] \\ .3000000000\ \sqrt{3}\ [\mathrm{m}(\mathit{radius})] \\ 0 \end{bmatrix}$$

Ermittlung der "rechten Seite" des Gleichungssystems:

```
> rs:=evalm(-(crossprod(rBD,F1) + crossprod(rBC,F2)));
```

$$rs := [\,150.0000000\ \sqrt{3}\ [\mathrm{m}(\mathit{radius})]\ [N], -150.0000000\ [\mathrm{m}(\mathit{radius})]\ [N], 160.0000000\ \sqrt{3}\ [\mathrm{m}(\mathit{radius})]\ [N]\,]$$

```
Smatr:=evalm(augment(crossprod(rBD,SE),MBxE,MByE));
```

$$Smatr := \begin{bmatrix} 0. & 1 & 0 \\ 0. & 0 & 1 \\ .3000000000\ \sqrt{3}\ [\mathrm{m}(\mathit{radius})] & 0 & 0 \end{bmatrix}$$

Lösen des Gleichungssystems:

```
> x:=linsolve(Smatr,rs);
```

$$x := [\,533.3333334\ [N], 259.8076212\ [\mathrm{m}(\mathit{radius})]\ [N], -150.\ [\mathrm{m}(\mathit{radius})]\ [N]\,]$$

Stabkräfte S und Monente in B:

```
> S:=x[1];
  MBx:=combine(x[2],units);
  MBy:=combine(x[3],units);
```

$$S := 533.3333334\ [N] \quad MBx := 259.8076212\ [\mathrm{m}(\mathit{radius})\ N] \quad MBy := -150.\ [\mathrm{m}(\mathit{radius})\ N]$$

Ermittlung der Schnittkraft in B:

```
> Sv:=evalm(combine(S * SE,units));
  MB:=<MBx, MBy,0>;
  B:=evalm(-(F1 + F2 + Sv));
```

$$Sv := [-533.3333334\ [N], 0., 0.\,] \quad B := [-266.6666666\ [N], \text{-}0., 500\ [N]\,]$$

$$MB := \begin{bmatrix} 259.8076212\ [\mathrm{m}(\mathit{radius})\ N] \\ -150.\ [\mathrm{m}(\mathit{radius})\ N] \\ 0 \end{bmatrix}$$

Berechnung der Auflagerkräfte A aus dem Gleichgewicht aller Kräfte:

```
> A:=evalm(-(-B));
```

```
Ax:=A[1] ;
Ay:=A[2] ;
Az:=A[3] ;
```

$A := [-266.6666666\ [N], -0., 500\ [N]]$ $\quad Ax := -266.6666666\ [N]$

$Ay := -0.$ $\quad Az := 500\ [N]$

Das Einspannmoment in A wird durch das Momentengleichgewicht um A ermittelt:

```
> rAB:=<a, 0,0>;
  MA:=evalm(combine(-(crossprod(rAB,-B) + (-MB)),units));
  MAx:=MA[1];
  MAy:=MA[2];
  MAz:=MA[3];
```

$$rAB := \begin{bmatrix} .5\ [\mathrm{m}(\mathit{radius})] \\ 0 \\ 0 \end{bmatrix}$$

$MA := [259.8076212\ [\mathrm{m}(\mathit{radius})\ N], -400.0\ [\mathrm{m}(\mathit{radius})\ N], -0.]$

$MAx := 259.8076212\ [\mathrm{m}(\mathit{radius})\ N]$ $\quad MAy := -400.0\ [\mathrm{m}(\mathit{radius})\ N]$ $\quad MAz := -0.$

2 Ermittlung von Querkraft- und Momentenlinien

2.1 Q- und M-Linien für den geraden Balken in der Ebene

Grundlagen:

Querkraft Q(x) und Biegemoment M(x) werden am geraden Balken in der Ebene bei vorgegebenen Werten Q(0) und M(0) an der Stelle x = 0 und bei vorgegebener Streckenlast aus den Gleichgewichtsbedingungen für den freigeschnittenen Balken ermittelt (siehe Bild 2.1).

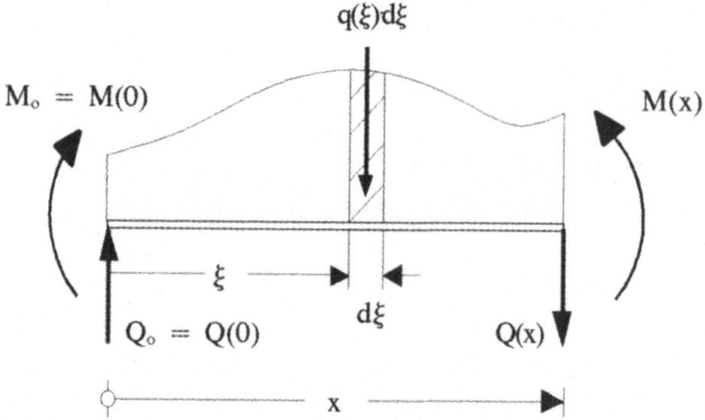

Bild 2.1 Balken mit Belastung und Schnittgrößen

Die Querkraft ergibt sich aus dem Gleichgewicht der Kräfte in vertikaler Richtung zu:

$$Q(x) = Q_0 - \int_0^x q(\xi)\,d\xi\,, \tag{2.1}$$

das Biegemoment aus der Summe der Momente bezüglich der Schnittstelle zu:

$$M(x) = M_0 + Q_0 \cdot x - \int_0^x q(\xi)\cdot(x-\xi)\,d\xi\,. \tag{2.2}$$

Das Biegemoment kann jedoch auch direkt aus der Integration über die Querkraft gewonnen werden:

$$M(x) = M_0 + \int_0^x Q(\xi)\,d\xi\,. \tag{2.3}$$

Die Integration nach (2.3) ist eleganter als die Integration nach (2.2), es sei aber darauf hingewiesen, dass in diesem Fall mehr Rechenzeit zur Ermittlung des Momentes benötig wird.

Aufgabe 2.1

Für den beidseitig gelenkig gelagerten Balken sind Q- und M-Linie für die im Folgenden angegebenen Lastfälle zu ermitteln.

a) konstante Streckenlast

b) linear veränderliche Streckenlast

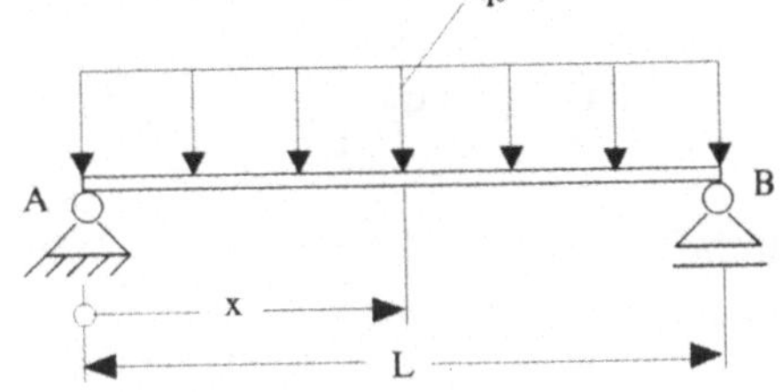

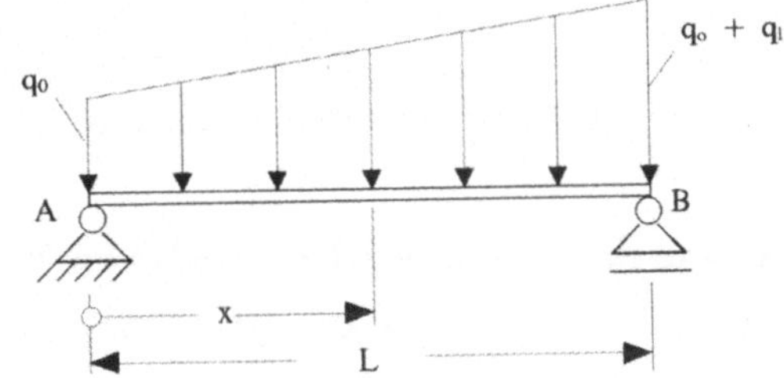

b) parabolisch veränderliche Streckenlast

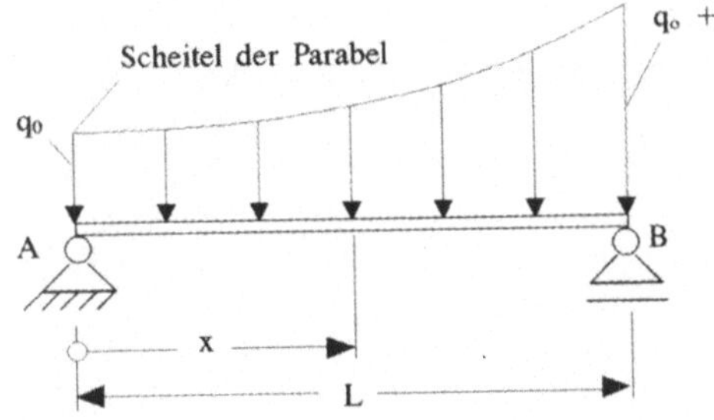

Zahlenwerte:
$q_o = 2000$ N/m,
$q_1 = 3000$ N/m,
$L = 2$ m

Bild 2.2 Gelenkig gelagerter Balken mit unterschiedlichen Belastungen

Lösungsweg zu Aufgabe 2.1

- Zunächst wird die Auflagerkraft A aus dem Momentengleichgewicht um B für den freigeschnittenen Balken ermittelt.

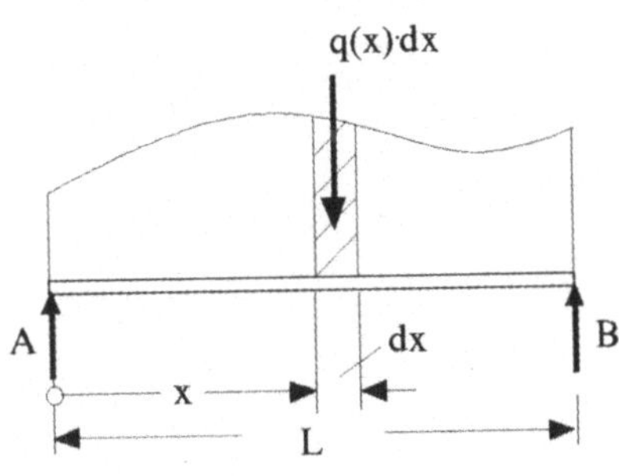

Für die Auflagerkraft A ergibt sich:

$$A = \frac{1}{L} \cdot \int_0^L (L - x) \cdot q(x)\,dx\,.$$

A entspricht Q(0), wegen gelenkiger Lagerung ist M(0) = 0.

Bild 2.3 Freikörperbild

- Querkraft- und Momentenlinie lassen sich mit den Formeln (2.1) bis (2.3) berechnen und grafisch darzustellen. Für die Fälle a), b) und c) ist dazu der Verlauf der Streckenlast wie folgt zu definieren:

  a) konstante Streckenlast: $q(x) = q_o$,

  b) linear veränderliche Streckenlast: $q(x) = q_o + q_1 \cdot \frac{x}{L}$,

  c) quadratisch veränderliche Streckenlast: $q(x) = q_o + q_1 \cdot \frac{x^2}{L^2}$

Lösung der Aufgabe 2.1 mithilfe von Mathcad

$L := 2m$ $kN := 1000N$ $x := 0m, 0.01m .. L$

a) konstante Streckenlast: $q_o := 2000\frac{N}{m}$ $q(x) := q_o$

Berechnung der Auflagerkraft A: $A := \frac{1}{L} \cdot \int_0^L (L - x) \cdot q(x)\, dx$ $A = 2\,kN$

Querkraft: $Q(x) := A - \int_0^x q(\xi)\, d\xi$

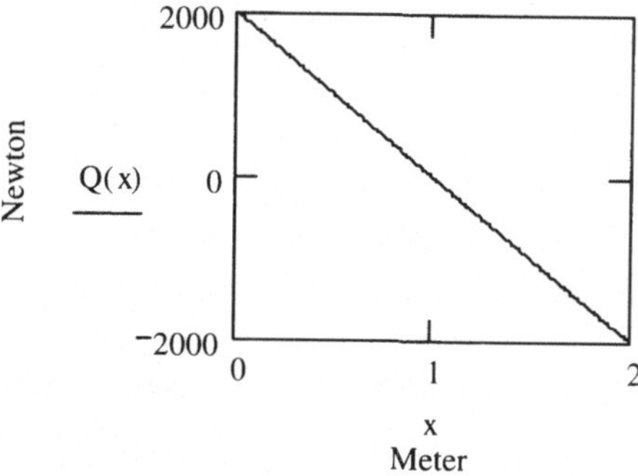

Auflagerkraft B: $B := -Q(L)$ $B = 2\,kN$

Biegemoment: $M(x) := A \cdot x - \int_0^x (x - \xi) \cdot q(\xi)\, d\xi$

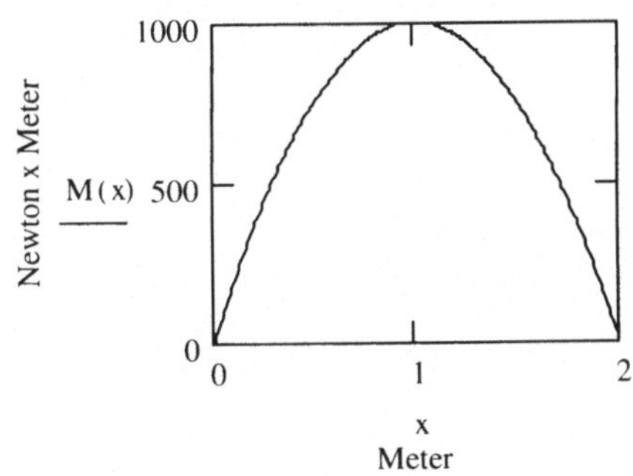

Anmerkung: Das Biegemoment kann auch direkt durch Integration der Querkraft gewonnen werden (mit M(0) = 0):

$$M(x) := \int_0^x Q(\xi)\,d\xi$$

b) linear ansteigende Streckenlast: $q_o := 2000\frac{N}{m}$ $\quad q_1 := 3000\frac{N}{m}$ $\quad q(x) := q_o + q_1\cdot\frac{x}{L}$

Berechnung der Auflagerkraft A: $A := \frac{1}{L}\cdot\int_0^L (L - x)\cdot q(x)\,dx \quad A = 3\,kN$

Querkraft: $Q(x) := A - \int_0^x q(\xi)\,d\xi$

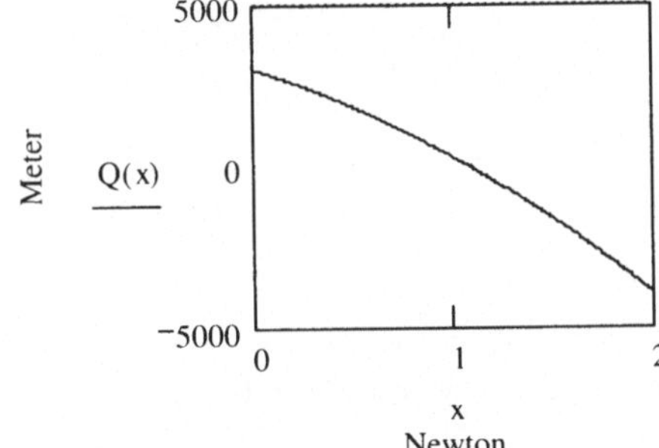

Auflagerkraft B:

$B := -Q(L) \qquad B = 4\,kN$

Biegemoment:

$$M(x) := A\cdot x - \int_0^x (x - \xi)\cdot q(\xi)\,d\xi$$

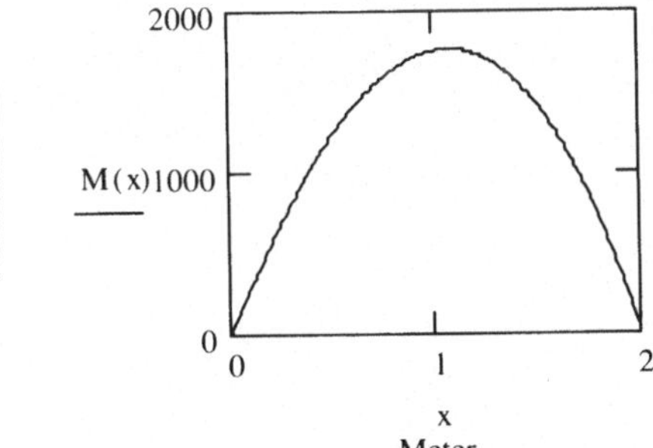

In der Regel interessiert das maximale Moment. Es liegt an der Stelle vor, an der die Querkraftline ein Nullstelle hat. Diese Stelle kann mithilfe der Prozedur "wurzel" gefunden werden, die Mathcad bereitstellt.

$x_{Mmax} := \text{wurzel}(Q(x), x, 0m, 2m)$

Es wird die Nullstelle der Funktion Q(x) bestimmt, x ist die Veränderliche, danach sind zwei Werte von x anzugeben, von denen der eine links und der andere rechts von der Nullstelle liegen muss.

Die Nullstelle liegt bei: $x_{Mmax} = 1.0704\text{m}$

Das maximale Moment beträgt: $M_{max} := M(x_{Mmax})$ $M_{max} = 1.759\text{kN}\cdot\text{m}$

c) quadratisch veränderliche Streckenlast: $q_o := 2000\frac{N}{m}$ $q_1 := 3000\frac{N}{m}$ $q(x) := q_o + q_1\cdot\frac{x^2}{L^2}$

Berechnung der Auflagerkraft A: $A := \frac{1}{L}\cdot\int_0^L (L-x)\cdot q(x)\,dx$ $A = 2.5\text{kN}$

Querkraft: $Q(x) := A - \int_0^x q(\xi)\,d\xi$

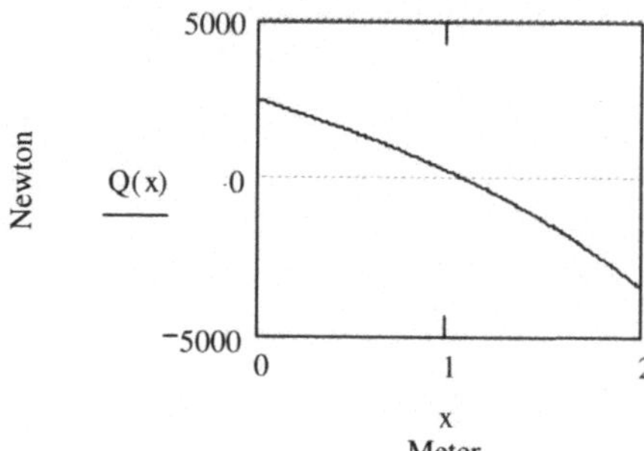

Auflagerkraft B:

$B := -Q(L)$ $B = 3.5\text{kN}$

Biegemoment:

$M(x) := A\cdot x - \int_0^x (x-\xi)\cdot q(\xi)\,d\xi$

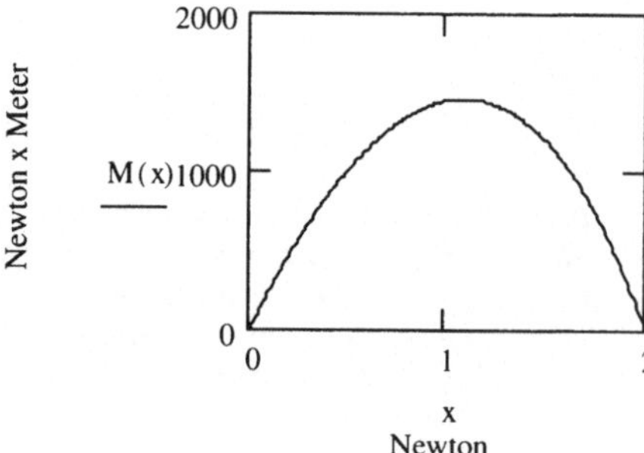

$x_{Mmax} :=$ wurzel(Q(x), x, 0m, 2m)

$x_{Mmax} = 1.089\text{m}$

$M_{max} := M(x_{Mmax})$

$M_{max} = 1.449\text{kN}\cdot\text{m}$

Lösung der Aufgabe 2.1 mithilfe von Matlab

Matlab m-File für Aufgabe 2.1

```
% Aufgabe 2.1
% Ermittlung der Querkraft- und Momentenlinien für konstant
% (m=1), linear ansteigende (m=2) und quadratisch ansteigende
% (m=3) Streckenlast.
% Eingabe der Konstanten
l = 2;                        % m
q0=2000; q1=3000;             % N/m
delta_x=20; x=0:l/delta_x:l; % Schrittweite für Funktionsplots
for m=1:3
  % Die Auflagerkraft A wird durch numerische Integration,
  % der Funktion integrand2=(l-x)*q(x) in den Grenzen 0 bis l
  % ermittelt
  A=(1/l).*quad('integrand2',0,l,'','',q0,q1,l,l,m)    % N
  % Der Querkraftverlauf Q(x) wird durch numerische
  % Integration der Streckenlastfunktion q_x in den Grenzen 0
  % bis x ermittelt und als Funktionsgraf geplottet
  Qx=zeros(1,delta_x+1);
  for k=1:delta_x+1
      Qx(k)=A-quad('q_x',0,x(k),'','',q0,q1,l,m);
  end
  subplot(3,2,2*m-1)
  plot(x,Qx)
  if m==1 title('Q(x)/N'); end
  if m==3  xlabel('Balkenkoordinate x/m'); end
  % Auflagerkraft = Querkraft bei x=l
  B=-(A-quad('q_x',0,l,'','',q0,q1,l,m))
  % Monentenverlauf durch numerische Integration der Funktion
  % integrand2=(x-xi)*qxi in den Grenzen 0 bis x ermittelt
  Mx=zeros(1,delta_x+1);
  for k=1:delta_x+1
      Mx(k)=A*x(k)- ...
          quad('integrand2',0,x(k),'','',q0,q1,x(k),l,m);
  end
  subplot(3,2,2*m)
  plot(x,Mx)
  if m==1 title('M(x)/Nm'); end
  if m==3  xlabel('Balkenkoordinate x/m'); end
```

```
  % Größe und Ort des maximales Biegemomentes Mmax bei x(Mmax)
  Zeile1=' Das maximale Biegemoment Mmax beträgt %g Nm \n';
  Zeile2=' und liegt bei x=xMmax = %g m';
  sprintf(strcat(Zeile1,Zeile2),max(Mx),x(find(Mx==max(Mx))))
end
% Ende Aufgabe 2.1
```

Matlab m-File für die Funktion q_x

```
% Streckenlastfunktion q_x für konstante (1), linear
% steigende (2) und quadratisch steigende (3) Streckenlasten
function qx=q_x(xi,q0,q1,l,n)
switch n
    case 1
        qx=q0+0.*xi;
    case 2
        if l~= 0
            qx=q0+q1.*(xi./l);
        else
            qx=q0;
        end
    case 3
        if l~= 0
            qx=q0+q1.*(xi.^2)./(l.^2);
        else
            qx=q0;
        end
    otherwise
        error('n muss 1,2 oder 3 betragen')
end
```

Matlab m-File für die Funktion q_x

```
% Funktion des Integranden (x-xi)*q(xi)
function in2=integrand2(xi,q0,q1,x,l,n)
in2=(x-xi).*q_x(xi,q0,q1,l,n);
```

Ausgaben im Matlab „Command Window“ ohne Leerzeilen
(Hinweis: „ans“ bedeutet Antwort für Ausgaben von Größen ohne eigenem Variablennamen)

```
A =        2000
```

```
B =         2000
ans =
  Das maximale Biegemoment Mmax beträgt 1000 Nm
  und liegt bei x=xMmax = 1 m
A =         3000
B =   4.0000e+003
ans =
  Das maximale Biegemoment Mmax beträgt 1757.25 Nm
  und liegt bei x=xMmax = 1.1 m

A =         2500
B =         3500
ans =
  Das maximale Biegemoment Mmax beträgt 1448.49 Nm
  und liegt bei x=xMmax = 1.1 m
```

Ausgaben im Matlab „Figure Window" (Fälle a,b,c in dieser Reihenfolge untereinander dargestellt)

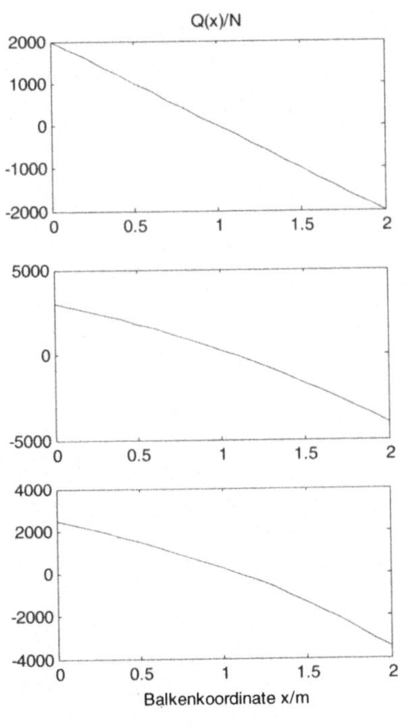

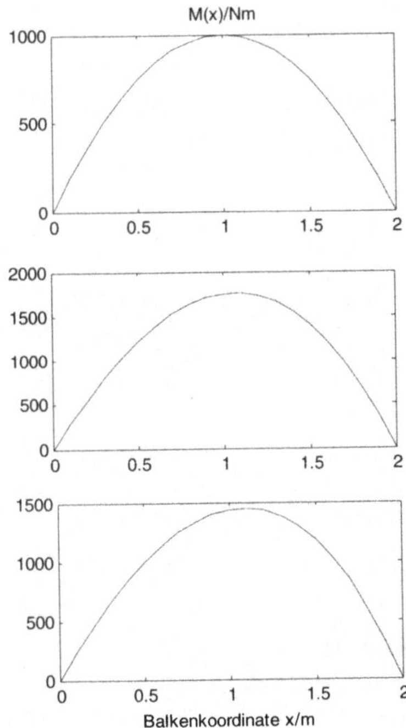

Lösung der Aufgabe 2.1 mithilfe von Maple

Anmerkung:In den folgenden Worksheets wird aus Übersichtsgründen nicht mehr mit Einheiten gerechnet, da teilweise sehr viele Anweisungen nur für das Rechnen mit Größen und Einheiten benötigt werden.

```
> restart;
> L:=2;
```

$$L := 2$$

a) konstante Streckenlast:

```
q0:=2000;
q:=x->q0;
q(x);
```

$$q0 := 2000 \quad q := x \to q0 \quad 2000$$

Berechnung der Auflagerkraft A:

```
> A:=(1/L)*int((L-x)*q(x),x=0..L);
```

$$A := 2000$$

Querkraft Q:

```
> Q:=x->A-int(q(xi),xi=0..x);
  plot(Q(x),x=0..2,-2000..2000,labels=["x","Q(x)"]);
```

$$Q := x \to A - \int_0^x q(\xi)\, d\xi$$

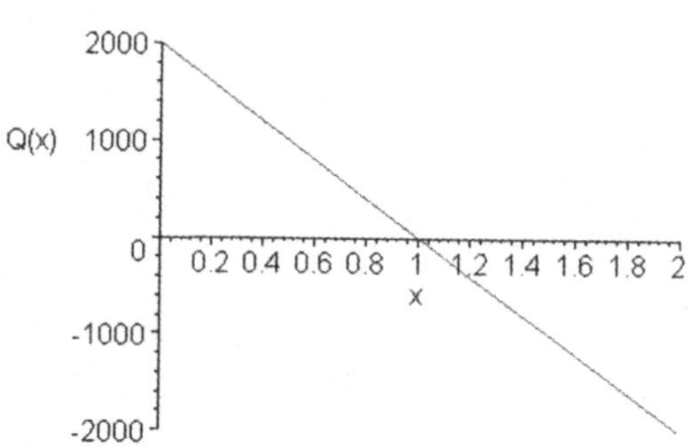

Auflagerkraft B:

```
> B:=-Q(L);
```

$$B := 2000$$

Biegemoment M:

```
> M:= x->int(Q(xi),xi=0..x);
  plot(M(x),x=0..2,0..1000,labels=["x","M(x)"]);
```

$$M := x \to \int_0^x Q(\xi)\, d\xi$$

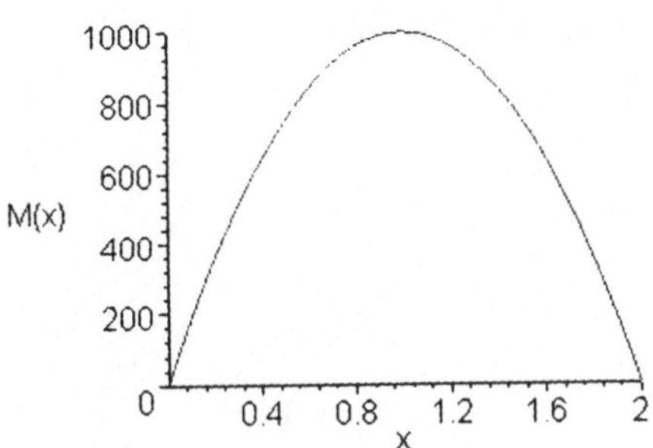

b)linear ansteigende Streckenlast:

```
> q0:=2000; q1:=3000; q:=x->q0 + q1*(x/L);
  q(x);
```

$$q0 := 2000 \qquad q1 := 3000 \qquad q := x \to q0 + \frac{q1\,x}{L} \qquad 2000 + 1500\,x$$

Berechnug der Auflagerkraft A:

```
> A:=(1/L)*int((L-x)*q(x),x=0..L);
```

$$A := 3000$$

Querkraft Q:

```
> Q:=x->A - int(q(xi),xi=0..x);
  plot(Q(x),x=0..2,-4000..4000,labels=["x","Q(x)"]);
```

$$Q := x \to A - \int_0^x \mathrm{q}(\xi)\,d\xi$$

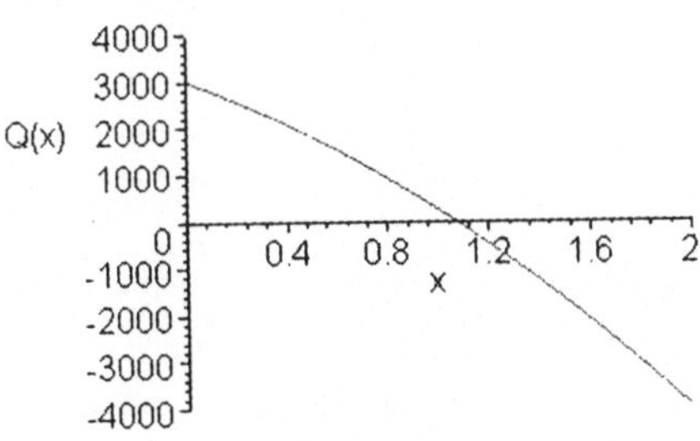

Auflagerkraft B:

```
> B:= -Q(L);
```

$$B := 4000$$

Biegemoment M:

```
>M:=x->A*x - int((x-xi)*q(xi),xi=0..x);
 plot(M(x),x=0..2,0..2000,labels=["x","M(x)"]);
```

$$M := x \to A\,x - \int_0^x (x - \xi)\,\mathrm{q}(\xi)\,d\xi$$

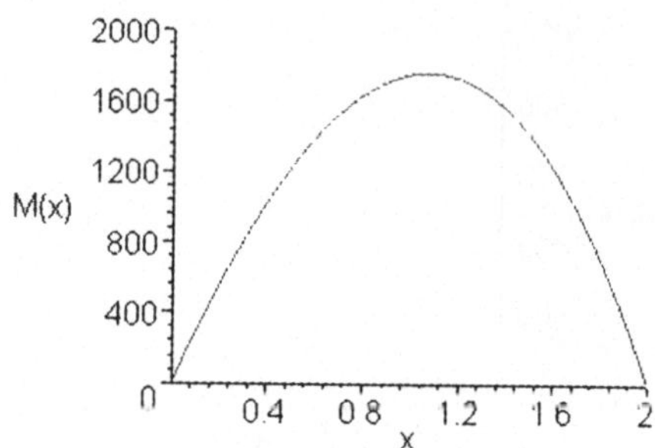

Die Nullstelle der Funktion Q(x) erhält man durch Lösen der Gleichung Q(x) = 0:
Q(x) = 0 ist eine quadratische Gleichung, somit gibt es maximal zwei Nullstellen. Hier interessiert aber nur der positive Wert.
Maple gibt die Lösung wie gewohnt symbolisch aus (also exakt). Man erhält den numerischen Wert durch den Befehl evalf( ).

```
> x_max:=solve(Q(x)=0,x);
  x_max:=x_max[2];
  evalf(%);
```

$$x\_max := -\frac{4}{3}-\frac{2}{3}\sqrt{13},\ -\frac{4}{3}+\frac{2}{3}\sqrt{13} \qquad x\_max := -\frac{4}{3}+\frac{2}{3}\sqrt{13} \qquad 1.070367517$$

Das maximale Moment beträgt::

```
>M_max:=M(x_max);
 evalf(%);
```

$$M\_max := -\frac{68000}{9}+\frac{34000}{9}\sqrt{13}+500\left(-\frac{4}{3}+\frac{2}{3}\sqrt{13}\right)^3-\frac{1}{2}(-4000+1000\sqrt{13})\left(-\frac{4}{3}+\frac{2}{3}\sqrt{13}\right)^2 -\frac{4000}{3}\sqrt{13}\left(-\frac{4}{3}+\frac{2}{3}\sqrt{13}\right)$$

$$M\_max := -\frac{68000}{9}+\frac{34000}{9}\sqrt{13}+500\left(-\frac{4}{3}+\frac{2}{3}\sqrt{13}\right)^3-\frac{1}{2}(-4000+1000\sqrt{13})\left(-\frac{4}{3}+\frac{2}{3}\sqrt{13}\right)^2 -\frac{4000}{3}\sqrt{13}\left(-\frac{4}{3}+\frac{2}{3}\sqrt{13}\right)$$

$$1758.839489$$

c) quadratisch veränderliche Streckenlast:

```
> q0:=2000; q1:=3000; q:=x->q0 + q1*(x/L)^2;
```

$$q0 := 2000 \qquad q1 := 3000 \qquad q := x \to q0+\frac{q1\,x^2}{L^2}$$

Berechnug der Auflagerkraft A:

```
> A:=(1/L)*int((L-x)*q(x),x=0..L);
```

$$A := 2500$$

Querkraft Q:

```
> Q:=x->A - int(q(xi),xi=0..x);
  plot(Q(x),x=0..2,-4000..4000,labels=["x","Q(x)"]);
```

$$Q := x \rightarrow A - \int_0^x \mathrm{q}(\xi)\, d\xi$$

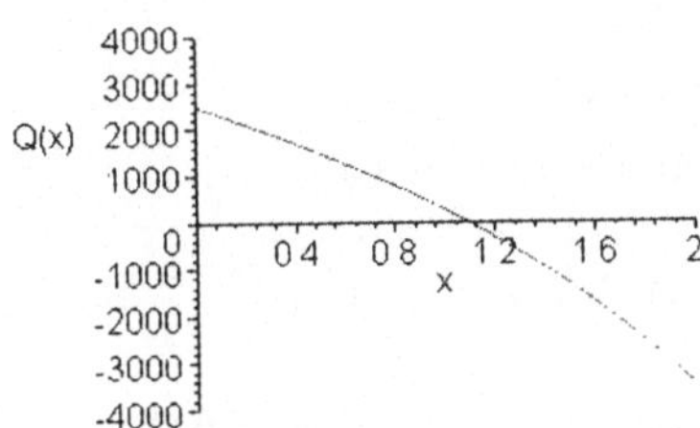

Auflagerkraft B:

> B:= -Q(L);

$$B := 3500$$

Biegemoment M:

>*M:=x->A*x - int((x-xi)*q(xi),xi=0..x);*

$$M := x \rightarrow A\, x - \int_0^x (x - \xi)\, \mathrm{q}(\xi)\, d\xi$$

Die Ausgabe der symbolischen Lösung wird aus Gründen der Übersichtlichkeit unterdrückt.

```
> x_max:=solve(Q(x),x):
  x_max:=x_max[1]:
  evalf(%);
```

1.088699920

Das maximale Moment beträgt::

M_max:=M(x_max):

evalf(%);

1448.678590

Aufgabe 2.2

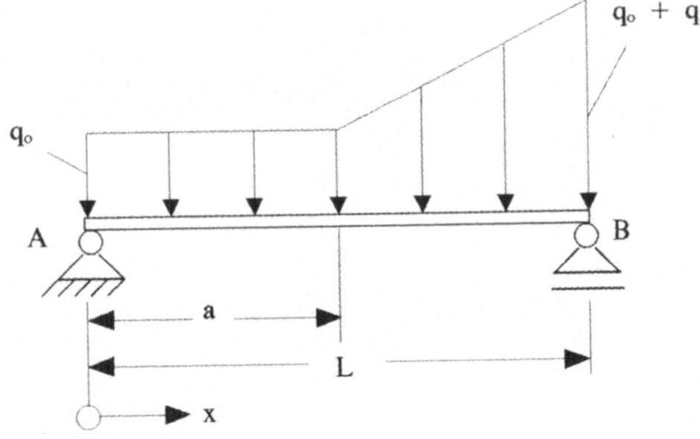

Der beidseitig gelenkig gelagerte Balken trägt eine Streckenlast, die im Bereich $x \leq a$ konstant ist und für $x > a$ linear ansteigt. Es sind die Auflagerkräfte A und B sowie Q- und M-Linie zu ermitteln.

Bild 2.4 Balken mit veränderlicher Streckenlast

Zahlenwerte:

q_o = 2000 N/m, q_1 = 3000 N/m, L = 2 m, a = 0.8 m

Lösungsweg zu Aufgabe 2.2

- Formulierung der Funktion q(x):

  Die Funktion wird bereichsweise definiert als:

$$q(x) = q_o \quad \text{für} \quad 0 \le x \le a \quad \text{und} \quad q(x) = q_o + q_1 \cdot \frac{x-a}{L-a} \quad \text{für} \quad a < x \le L.$$

- Berechnung der Auflagerkraft A über (siehe auch Aufgabe 2.1):

$$A = \frac{1}{L} \cdot \int_0^L (L-x) \cdot q(x)\, dx \; .$$

- Ermittlung von Querkraft- und Momentenlinie:

  Dies erfolgt mithilfe der Gleichungen (2.1) und (2.3).

Lösung der Aufgabe 2.2 mithilfe von Mathcad

$L := 2m \qquad a := 0.8m \qquad kN := 1000N \qquad q_o := 2\frac{kN}{m} \qquad q_1 := 3\frac{kN}{m} \qquad x := 0m, 0.01m..L$

Defionition der Streckenlast als eine Funktion:

$$q(x) := \begin{cases} q_o & \text{if } x \le a \\ \left(q_o + q_1 \cdot \frac{x-a}{L-a}\right) & \text{if } x > a \end{cases}$$

Verlauf derStreckenlast zur Kontrolle:

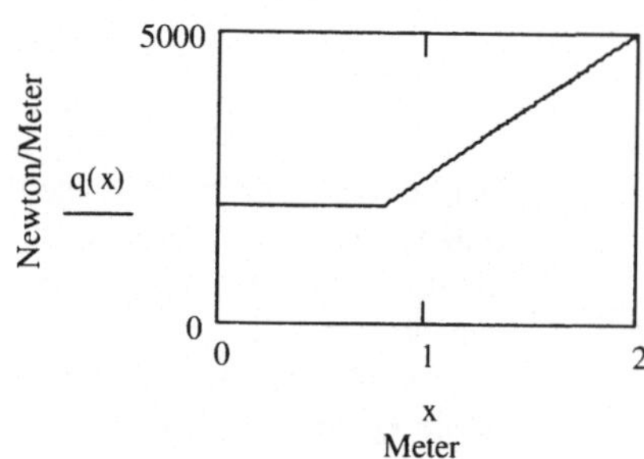

Ermittlung der Auflagerkraft A:

$$A := \frac{1}{L} \cdot \int_0^L q(x) \cdot (L-x)\, dx \qquad A = 2.36kN$$

Querkraft: $\quad Q(x) := A - \int_0^x q(\xi)\, d\xi$

Ermittlung der Auflagerkraft B: $\quad B := -Q(L) \qquad B = 3.44kN$

Verlauf derQuerkraft:

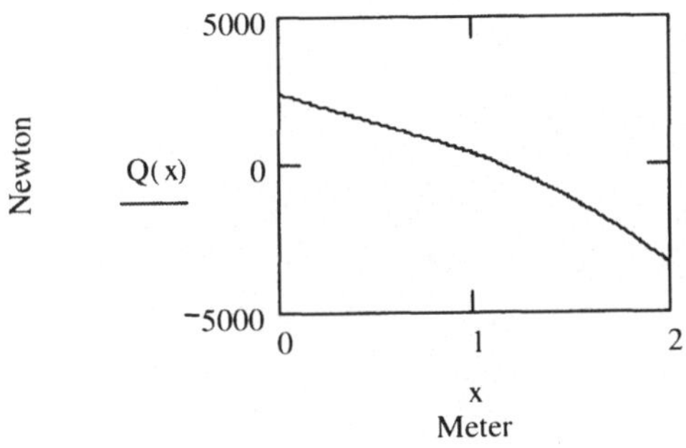

Biegemoment (mit M(0) = 0) :

$$M(x) := \int_0^x Q(\xi)\, d\xi$$

Verlauf des Biegemomentes:

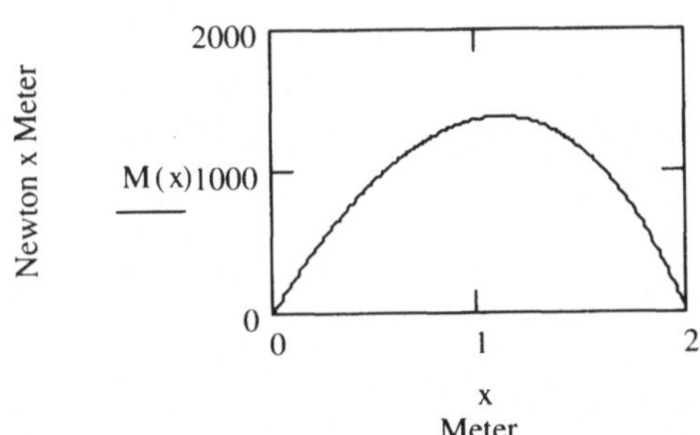

Bestimmung des maximalen Momentes:

$x_{Mmax} :=$ wurzel(Q(x), x, 0m, 2m)

$x_{Mmax} = 1.117\text{m}$

$M_{max} := M(x_{Mmax})$

$M_{max} = 1.375\text{kN}\cdot\text{m}$

Lösung der Aufgabe 2.2 mithilfe von Matlab

Matlab m-File für die Aufgabe 2.2

Plots werden aus Gründen der Platzersparnis im Folgenden nicht mehr ausgegeben, es ergeben sich dieselben Diagramme wie in der Mathcad-Lösung dokumentiert, auf die der Leser verwiesen wird.

```
% Aufgabe 2.2
% Ermittlung der Querkraft- und Momentenlinien für zunächst
% konstant und ab x=a linear ansteigender Streckenlast.
% Eingabe der Konstanten
L=2; a=0.8;                    % m
q0=2000; q1=3000;              % N/m
delta=500; x=0:L/delta:L; % Schrittweite für Funktionsplots
% Die Auflagerkraft A wird durch numerische Integration
% der Funktion integrand3 in den Grenzen 0 bis 1 ermittelt
% Aufgrund der unstetigen Funktion wird die Trapezregel
% verwendet. Hierzu werden passend zu den x-Werten Spaltenma-
```

```
% trizen des Verlaufes der Streckenlast q(x), des Integranden
% (L-x)*q(x) sowie der Querkraft Q(x) benötigt:
qx=zeros(1,delta+1);
integrand3x=zeros(1,delta+1);
Qx=zeros(1,delta+1);
for k=1:(delta+1)
    qx(k)=q_x_a(x(k),q0,q1,L,a);
    integrand3x(k)=integrand3(x(k),q0,q1,L,L,a);
end
subplot(3,1,1)
plot(x,qx)
axis([min(x) max(x) 0  max(qx)])
title('q(x)/N');
A=(1/L)*trapz(x,integrand3x)     % N
% Der Querkraftverlauf Q(x) wird durch numerische
% Integration der Streckenlastfunktion qx in den Grenzen 0
% bis x ermittelt und als Funktionsgraf geplottet
for k=1:(delta+1)
    Qx(k)=A-trapz(x(1:k),qx(1:k));
end
subplot(3,1,2);
plot(x,Qx);
title('Q(x)/N');
% Auflagerkraft B = Querkraft bei x=L
B=-Qx(delta+1)
% Momentenverlauf durch numerische Integration der Querkraft
% unter Anwendung der Trapezregel für äquidistante Werte x
Mx=zeros(1,delta+1);
for k=1:(delta+1)
   Mx(k)=(L/delta)*trapz(Qx(1:k));
end
subplot(3,1,3);
plot(x,Mx);
title('M(x)/Nm');
xlabel('x/m');
% Größe und Ort des maximalen Biegemomentes Mmax bei x(Mmax)
Mmax=max(Mx)
xMmax=x(find(Mx==Mmax))
% Ende Aufgabe 2.2
```

Matlab m-File für die Funktion q_x_a

```
% Streckenlastfunktion q_x_a mit Knick
function qx=q_x_a(x,q0,q1,L,a);
if x<a
    qx=q0+x*0;
else
    if L~=a
        qx=q0+q1.*((x-a)./(L-a));
    else
        qx=q0+x*0;
    end
end
```

Matlab m-File für die Funktion integrand3

```
% Funktion des Integranden (xk-xi)*q(xi)
function in3=integrand3(x,q0,q1,xk,L,a)
in3=(xk-x).*q_x_a(x,q0,q1,L,a);
```

Ausgaben im Matlab „Command Window“ ohne Leerzeilen

```
>>
A =   2.3600e+003
B =   3.4400e+003
Mmax =   1.3752e+003
xMmax =      1.1160
```

Darstellung der Verläufe von Querkraft- und Momentenlinie siehe Mathcad-Lösung.

Lösung der Aufgabe 2.2 mithilfe von Maple

Plots werden aus Gründen der Platzersparnis im Folgenden nicht mehr ausgegeben, es ergeben sich prinzipiell dieselben Diagramme wie in der Mathcad-Lösung dokumentiert, auf die der Leser verwiesen wird.

```
>restart;
  L:=2; a:=0.8; q0:=2000; q1:=3000;
```

$$L := 2$$

$$a := .8$$

$$q0 := 2000$$

$$q1 := 3000$$

Definition der Streckenlast als eine Funktion:

```
> q:=x->piecewise(x<a,q0,x>a,q0+q1*(x-a)/(L-a));
```

$$q := x \to \text{piecewise}\left(x < a,\ q0,\ a < x,\ q0 + \frac{q1\,(x-a)}{L-a}\right)$$

```
> plot(q(x),x=0..2,0..6000,labels=["x","q(x)"]):
```

Auflagerkraft A:

```
> A:=(1/L)*int(q(x)*(L-x),x=0..L);
```

$$A := 2360.000000$$

Querkraft Q(x):

```
> Q:=x->A-int(q(xi),xi=0..x);
  Q:=unapply(Q(x),x);
```

$$Q := x \to A - \int_0^x \mathrm{q}(\xi)\, d\xi$$

$$Q := x \to 2360.000000 - \text{piecewise}(x \le .8000000000,\ 2000.\ x,\ .8000000000 < x,\ 1250.\ x^2 + 800.)$$

Biegemoment M(x):

```
> M:=int(Q(xi),xi=0..x);
  M:=unapply(M,x):
```

$$M := \begin{cases} 2360.\ x - 1000.\ x^2 & x \le .8000000000 \\ 1560.\ x - 416.6666667\ x^3 + 213.3333333 & .8000000000 < x \end{cases}$$

Auflagerkraft B:

```
> B:=-Q(L);
```

$$B := 3440.000000$$

```
> plot(Q(x),x=0..2,-5000..5000,labels=["x","Q(x)"]):
  plot(M(x),x=0..2,0..2000,labels=["x","M(x)"]):
```

Maximales Moment M_max:

```
> x_max:=solve(Q(x)=0,x);
  M_max:=M(x_max);
```

$$x\_max := 1.117139204$$

$$M\_max := 1375.158104$$

Darstellung der Verläufe von Querkraft- und Momentenlinie siehe Mathcad-Lösung.

2.2 Schnittgrößen für den Kreisbogen

2.2.1 Kreisbogen in der Ebene mit radialer Belastung

Grundlagen:

Am freigeschnittenen Bogen sind die Schnittgrößen N, Q und M und die sich aus der radialen Streckenlast für das Bogenelement $r \cdot d\phi$ ergebende Kraft $q(\phi) \cdot r \cdot d\phi$ eingetragen. Q_o, N_o und die Kraft $q(\phi) \cdot r \cdot d\phi$ sind in Komponenten in Richtung der Schnittkräfte $N(\alpha)$ und $Q(\alpha)$ zerlegt (siehe Bild 2.5):

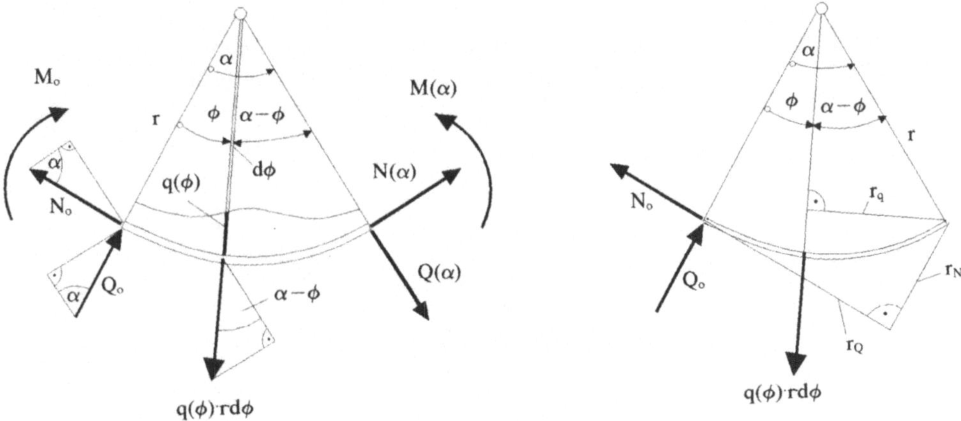

Bild 2.5 Kreisbogen in der Ebene – radial belastet – mit Schnittgrößen und Hebelarmen

Mit Hilfe des Gleichgewichts der Kräfte in Richtung von $N(\alpha)$ und $Q(\alpha)$ ergeben sich die Schnittkräfte zu:

$$Q(\alpha) = Q_o \cdot \cos(\alpha) + N_o \cdot \sin(\alpha) - r \cdot \int_0^\alpha q(\phi) \cdot \cos(\alpha - \phi)\, d\phi \tag{2.4}$$

und

$$N(\alpha) = -Q_o \cdot \sin(\alpha) + N_o \cdot \cos(\alpha) + r \cdot \int_0^\alpha q(\phi) \cdot \sin(\alpha - \phi)\, d\phi\,. \tag{2.5}$$

Zur Ermittlung des Biegemomentes sind die Hebelarme der Kräfte bezüglich der Schnittstelle erforderlich, sie ergeben sich aus Bild 2.5.

Hebelarm von Q_o: $\quad r_Q = r \cdot \sin(\alpha)$ (2.6)

Hebelarm von N_o: $\quad r_N = r \cdot (1 - \cos(\alpha))$, (2.7)

Hebelarm von $q(\phi)\cdot r\cdot d\phi$: $r_q = r\cdot\sin(\alpha-\phi)$ (2.8)

Damit ergibt sich für das Biegemoment:

$$M(\alpha) = M_o + Q_o\cdot r\cdot\sin(\alpha) + N_o\cdot r\cdot(1-\cos(\alpha)) - r^2\cdot\int_0^\alpha q(\phi)\cdot\sin(\alpha-\phi)\,d\phi\,. \quad (2.9)$$

Aufgabe 2.3

Ermitteln Sie für die drei Lastfälle nach Bild 2.6 Querkraft-, Normakraft- und Momentenlinie für den Bogen in der Ebene.

a) vertikale Last $F = 2$ kN am freien Ende

b) konstante radiale Streckenlast $q_o = 1.5$ kN/m

c) linear mit dem Winkel α ansteigende Streckenlast, Amplitude bei $\phi=\pi$: $q_o = 1.5$ kN/m

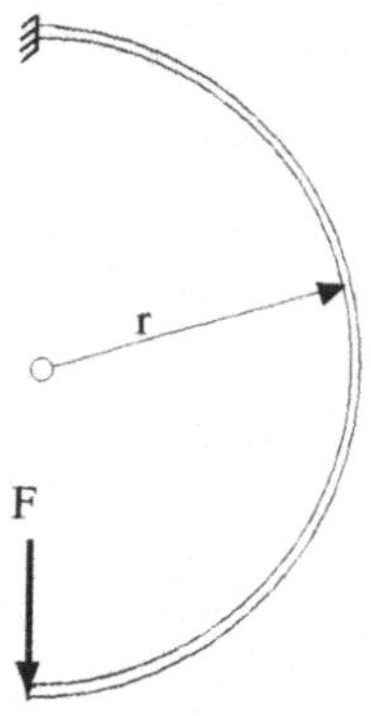

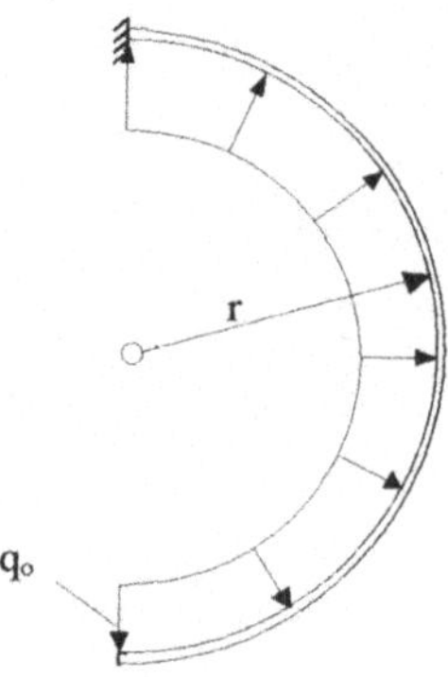

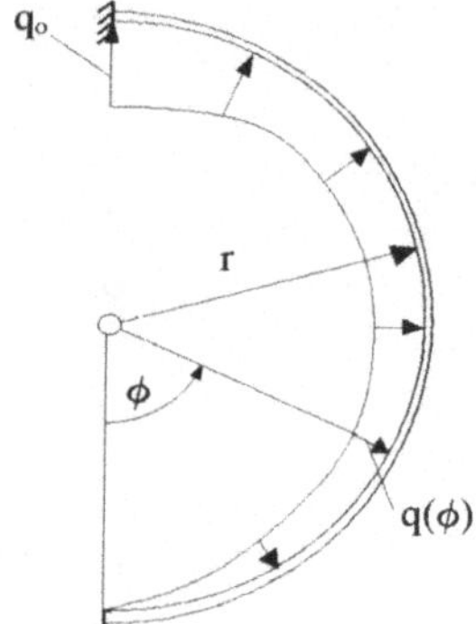

Bild 2.6 Bogen in der Ebene mit verschiedenen Belastungen

Lösungsweg zu Aufgabe 2.3

Für die einzelnen Lastfälle gilt:

- a) keine Streckenlast, vertikale Last F am freien Ende des Balkens:

  $q(\phi) = 0,\ Q_o = -F,\ N_o = 0,\ M_o = 0,$

- b) konstante Streckenlast:

  $q(\phi) = q_o,\ Q_o = 0,\ N_o = 0,\ M_o = 0$

- c) mit dem Winkel linear ansteigende Streckenlast:

  $q(\phi) = q_o\cdot\frac{\phi}{\pi},\ Q_o = 0,\ N_o = 0,\ M_o = 0$

- Das Durchführen der Integration wird von den Programmen entsprechend (2.4), (2.5) und (2.9) übernommen.

Lösung der Aufgabe 2.3 mithilfe von Mathcad

$kN := 1000N$ *Radius des Bogens:* $r := 1.5m$ $\alpha := 0, 0.01 .. \pi$

a) Belastung mit F am freien Ende: *Belastung:* $F := 2kN$

$Q_o := -F$ $M_o := 0$ $N_o := 0$ $q(\phi) := 0$

Schnittgrößen in Abhängigkeit vom Winkel :

Querkraft: $$Q(\alpha) := Q_o \cdot \cos(\alpha) + N_o \cdot \sin(\alpha) - \int_0^{\alpha} q(\phi) \cdot \cos(\alpha - \phi) \cdot r \, d\phi$$

Normalkraft: $$N(\alpha) := -Q_o \cdot \sin(\alpha) + N_o \cdot \cos(\alpha) + \int_0^{\alpha} q(\phi) \cdot \sin(\alpha - \phi) \cdot r \, d\phi$$

Moment: $$M(\alpha) := M_o + Q_o \cdot r \cdot \sin(\alpha) + N_o \cdot r \cdot (1 - \cos(\alpha)) - \int_0^{\alpha} q(\phi) \cdot r^2 \cdot \sin(\alpha - \phi) \, d\phi$$

Verlauf der Schnittgrößen über den Winkel:

Querkraft: *Normalkraft:*

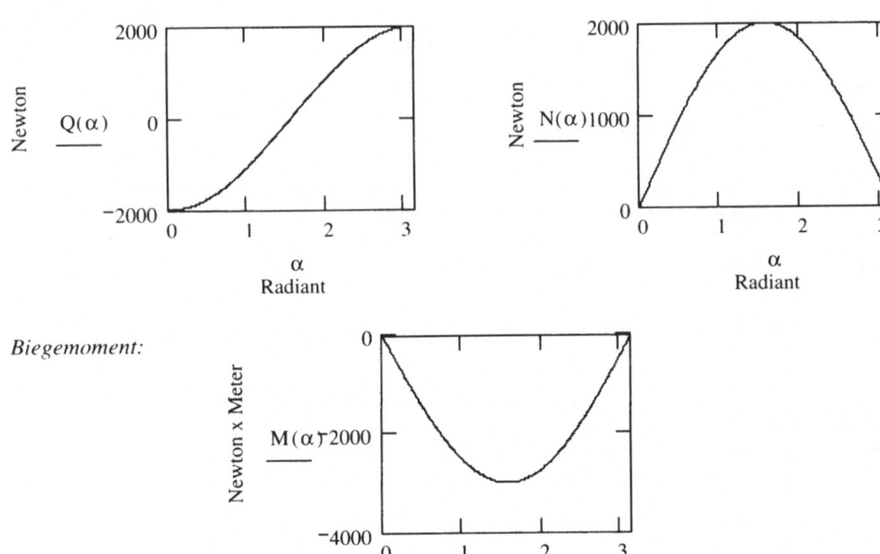

b) konstante Streckenlast

$Q_o := 0 \qquad M_o := 0 \qquad N_o := 0 \qquad q(\phi) := 1.5\frac{kN}{m}$

Schnittkräfte in Abhängigkeit vom Winkel : Formeln wie für Fall a)

Verlauf von Querkraft Q, Normalkraft N und Biegemoment M über den Winkel :

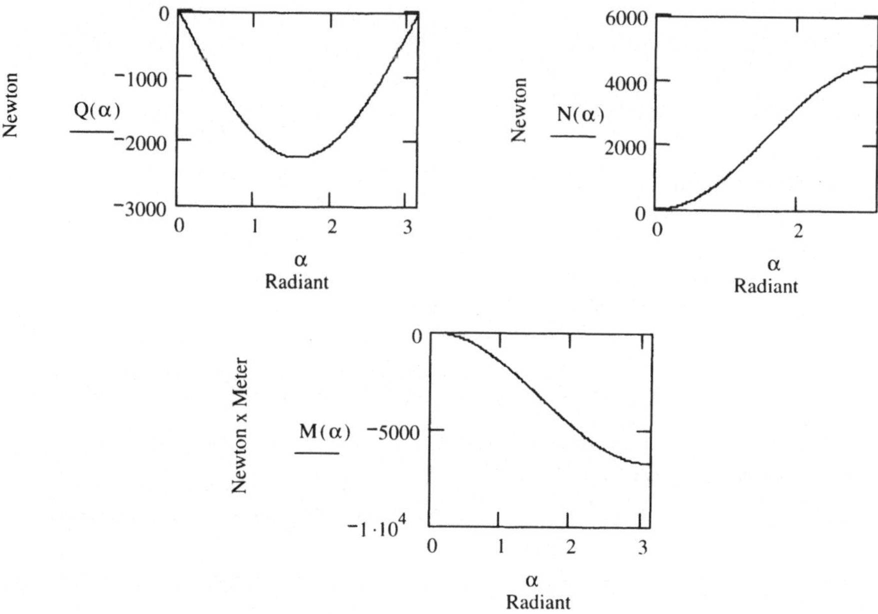

c) veränderliche Streckenlast

$q_o := 1.5\frac{kN}{m} \qquad q(\phi) := q_o \cdot \frac{\phi}{\pi}$

Schnittkräfte in Abhängigkeit vom Winkel : Formeln wie für Fall a)

Verlauf von Querkraft Q und Normalkraft N über den Winkel :

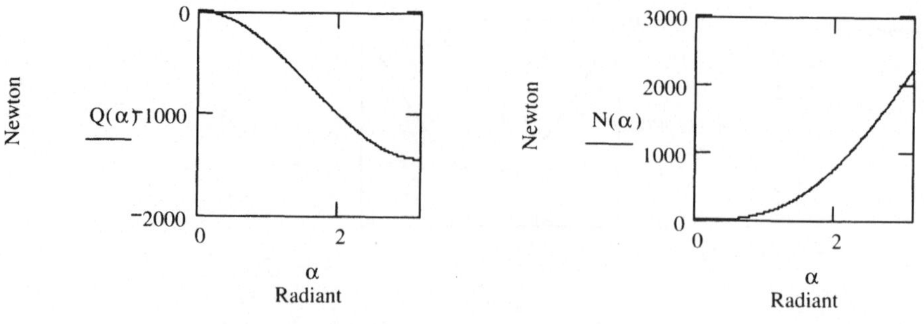

Verlauf des Biegemomentes M über den Winkel:

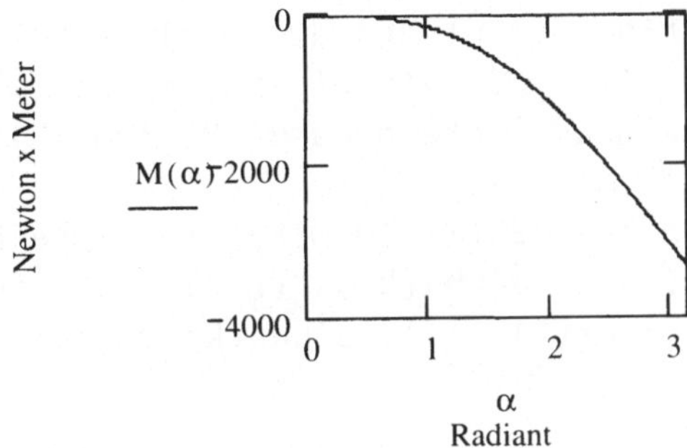

Lösung der Aufgabe 2.3 mithilfe von Matlab

Matlab m-File für die Aufgabe 2.3

```
% Aufgabe 2.3
% Ermittlung der Querkraft- und Momentenbelastung für keine
% (m=1), konstante (m=2) und linear ansteigende
% (m=3) Streckenlast q(phi). Bei m=1 wirkt eine Endlast F.
% Eingabe der Konstanten
r = 1.5;                 % m
FArad = 2000;            % N
q0 = 1500;               % N/m
delta=20; alpha=linspace(0,pi,delta+1); % Schrittweite
warning off MATLAB:quad:MinStepSize
% Randbedingungen für die Stelle phi=0 (freies Ende)
% in Form von Matrizen Q0=(Q0_1, Q0_2, Q0_3), N0, MB0, MT0
Q0=[-FArad,0,0];
N0=[0,0,0];
MB0=[0,0,0];
MT0=[0,0,0];
for m=1:3
  for k=1:(delta+1)
    qalpha(k)=q_phi(alpha(k),q0,m);
  end
  % Der Querkraftverlauf Q(alpha) wird durch numerische
  % Integration der Streckenlastfunktion q_phi in den Grenzen 0
  % bis alpha ermittelt
  Qalpha=zeros(1,delta+1);
  Nalpha=zeros(1,delta+1);
  Malpha=zeros(1,delta+1);
  for k=1:delta+1
```

```
        Qalpha(k)=Q0(m)*cos(alpha(k))+N0(m)*sin(alpha(k))- ...
            r*quad('integrandQ',0,alpha(k),'','',alpha(k),q0,m);
        Nalpha(k)=-Q0(m)*sin(alpha(k))+N0(m)*cos(alpha(k))+ ...
            r*quad('integrandNM',0,alpha(k),'','',alpha(k), ...
            q0,m);
        Malpha(k)=MB0(m)+Q0(m)*r*sin(alpha(k))+N0(m)*r* ...
            (1-cos(alpha(k)))-(r^2)*quad('integrandNM',0, ...
            alpha(k),'','',alpha(k),q0,m);
  end
  figure(m)
  subplot(3,1,1)
  plot(alpha,Qalpha);
axis([min(alpha) max(alpha) (min(Qalpha)-10) (max(Qalpha)+10)])
  title('Q(\alpha)/N')
  subplot(3,1,2)
  plot(alpha,Nalpha);
axis([min(alpha) max(alpha) (min(Nalpha)-10) (max(Nalpha)+10)])
  title('N(\alpha)/N')
  subplot(3,1,3)
  plot(alpha,Malpha);
axis([min(alpha) max(alpha) (min(Malpha)-10) (max(Malpha)+10)])
  title('M(\alpha)/N')
  if m==3  xlabel('Balkenkoordinate \alpha/rad'); end
end
% Ende Aufgabe 2.3
```

Matlab m-File für die Funktion q_x_a

```
% Streckenlastfunktion q_x_a
function qx=q_x_a(x,q0,q1,L,a);
if x<a
    qx=q0+x*0;
else
    if L~=a
        qx=q0+q1.*((x-a)./(L-a));
    else
        qx=q0+x*0;
    end
end
% Ende Aufgabe 2.3
```

Matlab m-File für die Funktion q_phi

```
% Aufgabe 2.3 und 2.4: Streckenlast in Abhaengigkeit von phi
```

```
function q=q_phi(ph,q0,n)
q=ones(size(ph));
switch n
    case 1
        q=q.*0;
    case 2
        q=q.*q0;
    case 3
        q=q0.*ph/pi;
    otherwise
        error('Fehler: n muss 1,2 oder 3 sein!')
end
```

Matlab m-Files für die Funktionen integrandQ und integrandNM

```
% integrand der Querkraftfunktion q(phi)-cos(alpha-phi)
function inQ=integrandQ(phi,alphak,q0,n)
inQ=q_phi(phi,q0,n).*cos(alphak-phi);

% integrand der Querkraftfunktion q(phi)*sin(alpha-phi)
function inNM=integrandNM(phi,alphak,q0,n)
inNM=q_phi(phi,q0,n).*sin(alphak-phi);
```

Darstellung der Verläufe der Schnittgrößen siehe Mathcad-Lösung.

Lösung der Aufgabe 2.3 mithilfe von Maple

> restart;r:=1.5;

$$r := 1.5$$

a) Belastung mit F an der Stelle a = 0

Belastung:

> F:=2000; Q_0:=-F;M_0:=0; N_0:=0; q:=phi->0;

$$F := 2000$$

$$Q\_0 := -2000$$

$$M\_0 := 0$$

$$N\_0 := 0$$

$$q := 0$$

Schnittkräfte an der Stelle a:
Querkraft:
> Q:=alpha->Q_0*cos(alpha)+N_0*sin(alpha)-int(q(phi)*cos(alpha-phi)*r,phi=0..alpha);

Normalkraft:

```
> N:=alpha->-Q_0*sin(alpha)+N_0*cos(alpha)-int(q(phi)*sin(alpha-phi)*r,phi=0..alpha);
```

Moment:

```
> M:=alpha->M_0+Q_0*r*sin(alpha)+N_0*r*(1-cos(alpha))-int(q(phi)*r^2*sin(alpha-phi),phi=0..alpha);
> plot(Q(alpha),alpha=0..Pi,-2000..2000,labels=[alpha,"Q(alpha)"]):
  plot(N(alpha),alpha=0..Pi,0..2000,labels=[alpha,"N(alpha)"]):
  plot(M(alpha),alpha=0..Pi,-4000..0,labels=[alpha,"M(alpha)"]):
```

$$Q := \alpha \to Q\_0 \cos(\alpha) + N\_0 \sin(\alpha) - \int_0^{\alpha} q(\phi) \cos(\alpha - \phi)\, r\, d\phi$$

$$N := \alpha \to -Q\_0 \sin(\alpha) + N\_0 \cos(\alpha) - \int_0^{\alpha} q(\phi) \sin(\alpha - \phi)\, r\, d\phi$$

$$M := \alpha \to M\_0 + Q\_0\, r \sin(\alpha) + N\_0\, r\, (1 - \cos(\alpha)) - \int_0^{\alpha} q(\phi)\, r^2 \sin(\alpha - \phi)\, d\phi$$

b*) konstante Streckenlast*

```
> Q_0:=0 ;M_0:=0; N_0:=0; q:=phi->1500;
```

$$Q\_0 := 0$$

$$M\_0 := 0$$

$$N\_0 := 0$$

$$q := 1500$$

Schnittkräfte an der Stelle a:

Querkraft:

```
> Q:=alpha->Q_0*cos(alpha)+N_0*sin(alpha)-int(q(phi)*cos(alpha-phi)*r,phi=0..alpha);
```

Normalkraft:

```
> N:=alpha->-Q_0*sin(alpha)+N_0*cos(alpha)+int(q(phi)*sin(alpha-phi)*r,phi=0..alpha);
```

Moment:

```
> M:=alpha->M_0+Q_0*r*sin(alpha)+N_0*r*(1-cos(alpha))-int(q(phi)*r^2*sin(alpha-phi),phi=0..alpha);
> plot(Q(alpha),alpha=0..Pi,-3000..0,labels=[alpha,"Q(alpha)"]):
  plot(N(alpha),alpha=0..Pi,0..6000,labels=[alpha,"N(alpha)"]):
  plot(M(alpha),alpha=0..Pi,-8000..0,labels=[alpha,"M(alpha)"]):
```

Es folgen die gleichen Formeln für Q, N und M wie unter a), sie werden aus Gründen der Platzersparnis weggelassen.

c*)veränderliche Streckenlast*

```
> Q_0:=0 ;M_0:=0; N_0:=0; q_0:=1500; q:=phi->q_0*phi/Pi;
```

$$Q\_0 := 0$$

$$M\_0 := 0$$

$$N\_0 := 0$$

$$q\_0 := 1500$$

$$q := \phi \to \frac{q\_0\ \phi}{\pi}$$

Querkraft:
> Q:=alpha->Q_0*cos(alpha)+N_0*sin(alpha)-int(q(phi)*cos(alpha-phi)*r,phi=0..alpha);

Normalkraft:
> *N:=alpha->-Q_0*sin(alpha)+N_0*cos(alpha)+int(q(phi)*sin(alpha-phi)*r,phi=0..alpha);*

Moment:
> M:=alpha->M_0+Q_0*r*sin(alpha)+N_0*r*(1-cos(alpha))-int(q(phi)*r^2*sin(alpha-phi),phi=0..alpha);

> plot(Q(alpha),alpha=0..Pi,-2000..0,labels=[alpha,"Q(alpha)"]):
plot(N(alpha),alpha=0..Pi,0..3000,labels=[alpha,"N(alpha)"]):
plot(M(alpha),alpha=0..Pi,-4000..0,labels=[alpha,"M(alpha)"]):

Es folgen die gleichen Formeln für Q, N und M wie unter a), sie werden aus Gründen der Platzersparnis weggelassen.

Darstellung der Verläufe der Schnittgrößen siehe Mathcad-Lösung.

2.2.2 Kreisbogen in der Ebene mit Belastung senkrecht zur Ebene

Grundlagen:

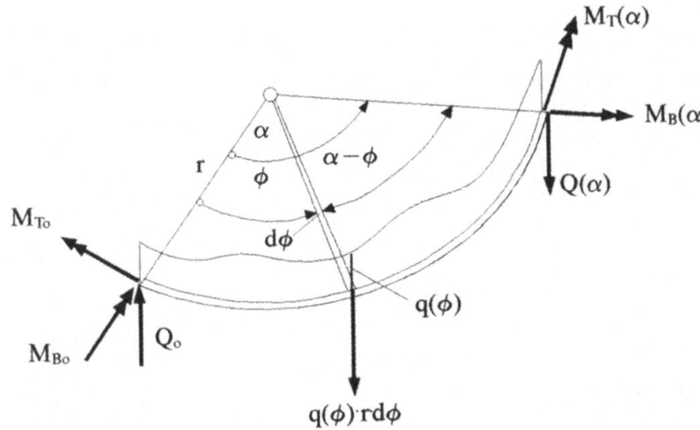

Der ebene Bogen, der senkrecht zur Ebene belastet wird, wird auf Biegung und Torsion beansprucht. Am freigeschnittenen Bogen (perspektivische Darstellung Bild 2.7) sind alle Schnittgrößen und die sich aus der Streckenlast für das Bogenelement $r \cdot d\phi$ ergebende Kraft eingetragen.

Bild 2.7 Kreisbogen mit Belastung und Schnittgrößen in perspektivischer Darstellung

Da in diesem Falle Biege- und Torsionsmomente auftreten, werden die Momente zur Differenzierung mit „B" für Biegung und „T" für Torsion indiziert.

Aus dem Gleichgewicht der Kräfte senkrecht zur Ebene des Bogens ergibt sich die Querkraft zu:

$$Q(\alpha) = Q_o - r \cdot \int_0^{\alpha} q(\phi)\, d\phi \tag{2.10}$$

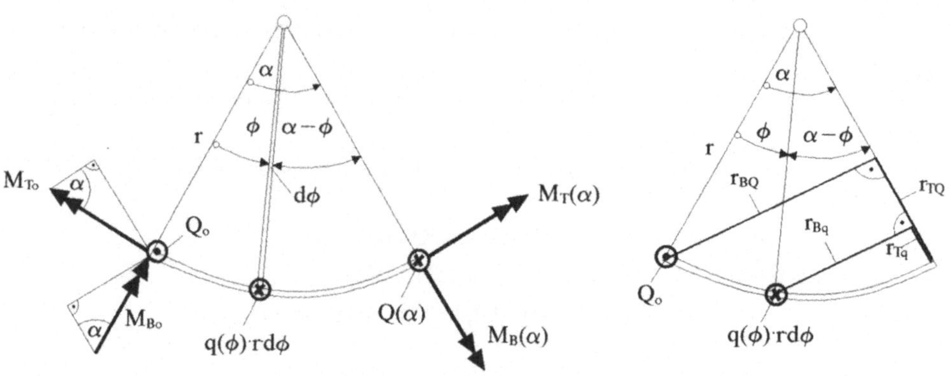

Bild 2.8 Kreisbogen mit Last, Schnittgrößen und Hebelarmen in der Draufsicht

Aus der Draufsicht auf den Bogen ergeben sich die Abstände und die Schnittmomente $M_B(\alpha)$ und $M_T(\alpha)$ aus dem Momentengleichgewicht um die entsprechenden durch die Schnittstellen gehenden Drehachsen zu:

Abstand zur Ermittlung des Biegemomentes infolge Q_o:

$$r_{BQ}(\alpha) = r \cdot \sin(\alpha)\,, \tag{2.11}$$

Abstand zur Ermittlung des Biegemomentes infolge $q(\phi) \cdot r \cdot d\phi$:

$$r_{Bq}(\phi) = r \cdot \sin(\alpha - \phi)\,, \tag{2.12}$$

Abstand zur Ermittlung des Torsionsmomentes infolge Q_o:

$$r_{TQ}(\alpha) = r \cdot (1 - \cos(\alpha))\,, \tag{2.13}$$

Abstand zur Ermittlung des Torsionsmomentes infolge $q(\phi) \cdot r \cdot d\phi$:

$$r_{Tq}(\phi) = r \cdot (1 - \cos(\alpha - \phi))\,. \tag{2.14}$$

Damit ergeben sich die Schnittmomente zu:

$$M_B(\alpha) = M_{Bo} \cdot \cos(\alpha) + M_{To} \cdot \sin(\alpha) + Q_o \cdot r_{BQ}(\alpha) - r \cdot \int_0^{\alpha} q(\phi) \cdot r_{Bq}(\phi)\, d\phi\,, \tag{2.15}$$

$$M_T(\alpha) = -M_{Bo} \cdot \sin(\alpha) + M_{To} \cdot \cos(\alpha) - Q_o \cdot r_{TQ}(\alpha) + r \cdot \int_0^{\alpha} q(\phi) \cdot r_{Tq}(\phi)\, d\phi. \tag{2.16}$$

Aufgabe 2.4

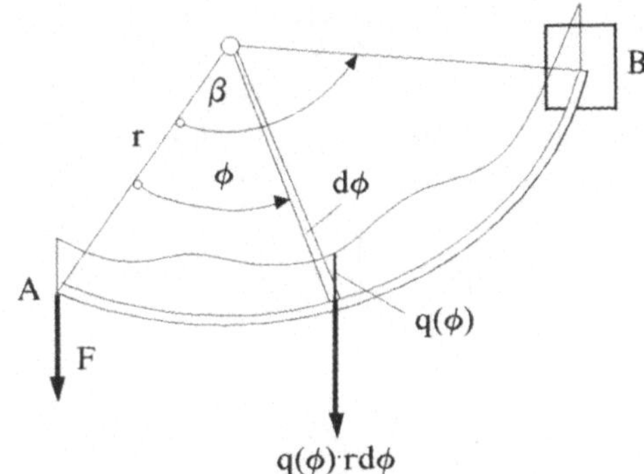

Bild 2.9 Kreisbogen mit Belastung senkrecht zu seiner Ebene

Für den in B eingespannten Bogen mit r = 1.5 m, Öffnungswinkel $\beta = \pi$ ist für folgende Lastfälle der Verlauf der Schnittgrößen zu ermitteln:

a) Belastung am freien Ende mit F (Zahlenwert: F = 2 kN),

b) Belastung mit konstanter Streckenlast q_o (Zahlenwert q_o = 1.5 kN/m),

c) Belastung mit linear mit dem Winkel ansteigender Streckenlast, die an der Stelle $\beta = \pi$ den Wert q_o annimmt (Zahlenwert q_o = 1.5 kN/m).

Lösungsweg zu Aufgabe 2.4

Der Verlauf der Schnittgrößen lässt sich direkt mithilfe der Formeln (2.10), (2.15) und (2.16) ermitteln. Für die einzelnen Lastfälle sind dabei zu berücksichtigen:

- a) keine Streckenlast, vertikale Last F am freien Ende des Bogens:

  $q(\phi) = 0$, $Q_o = -F$, $M_{Bo} = 0$, $M_{To} = 0$

- b) konstante Streckenlast:

  $q(\phi) = q_o$, $Q_o = 0$, $M_{Bo} = 0$, $M_{To} = 0$

- c) veränderliche Streckenlast

  $q(\phi) = q_o \cdot \frac{\phi}{\pi}$, $Q_o = 0$, $M_{Bo} = 0$, $M_{To} = 0$

Das Durchführen der Integrationen wird direkt von den Programmen übernommen.

Lösung der Aufgabe 2.4 mithilfe von Mathcad

$kN := 1000N$ *Radius des Bogens:* $r := 1.5m$ $\alpha := 0, 0.01 .. \pi$

a) vertikale Last F am Ende des Bogens :

$F := 2kN \qquad Q_o := -F \qquad M_{Bo} := 0 \qquad M_{To} := 0 \qquad q(\phi) := 0$

Abstände: $r_{BQ}(\alpha) := r \cdot \sin(\alpha) \qquad r_{Bq}(\phi, \alpha) := r \cdot \sin(\alpha - \phi)$

$r_{TQ}(\alpha) := r \cdot (1 - \cos(\alpha)) \qquad r_{Tq}(\phi, \alpha) := r \cdot (1 - \cos(\alpha - \phi))$

Schnittgrößen in Abhängigkeit vom Winkel : *Querkraft:* $Q(\alpha) := Q_o - \int_0^{\alpha} q(\phi) \cdot r \, d\phi$

Biegemoment: $M_B(\alpha) := M_{Bo} \cdot \cos(\alpha) + M_{To} \cdot \sin(\alpha) + Q_o \cdot r_{BQ}(\alpha) - \int_0^{\alpha} q(\phi) \cdot r_{Bq}(\phi, \alpha) \cdot r \, d\phi$

Torsionsmoment:

$$M_T(\alpha) := -M_{Bo} \cdot \sin(\alpha) + M_{To} \cdot \cos(\alpha) - Q_o \cdot r_{TQ}(\alpha) + \int_0^{\alpha} q(\phi) \cdot r_{Tq}(\phi, \alpha) \cdot r \, d\phi$$

Verlauf der Schnittgrößen:

Querkraft: *Biegemoment:*

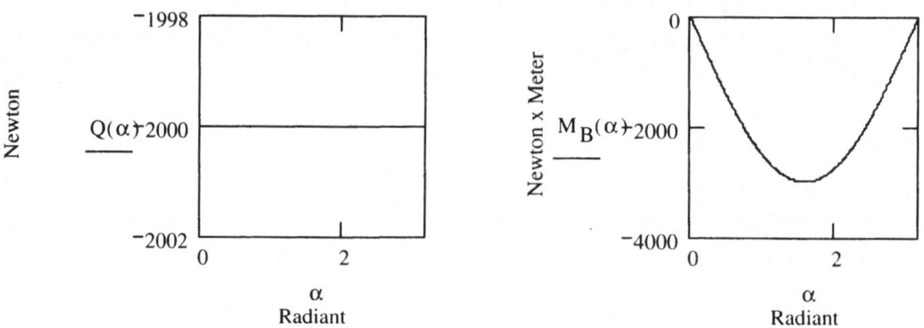

Torsionsmoment:

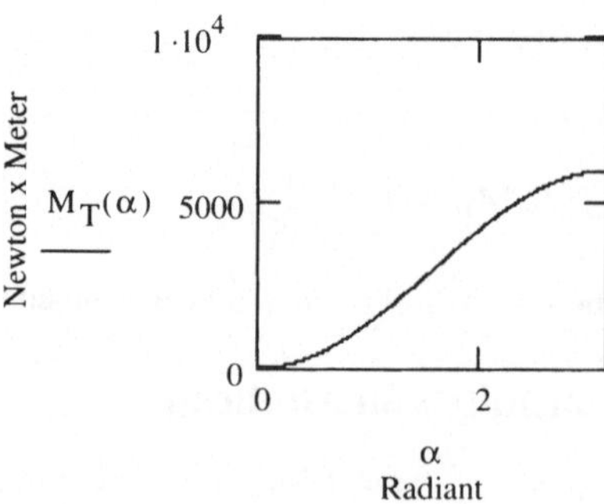

b) konstante Streckenlast q_o: $q_o := 1.5 \frac{kN}{m}$ $q(\phi) := q_o$ $Q_o := 0$ $M_{Bo} := 0$ $M_{To} := 0$

Schnittgrößen in Abhängigkeit vom Winkel: Es gelten dieselben Formeln wie unter a).

Verlauf der Schnittgrößen (Querkraft, Biegemoment, Torsionsmoment):

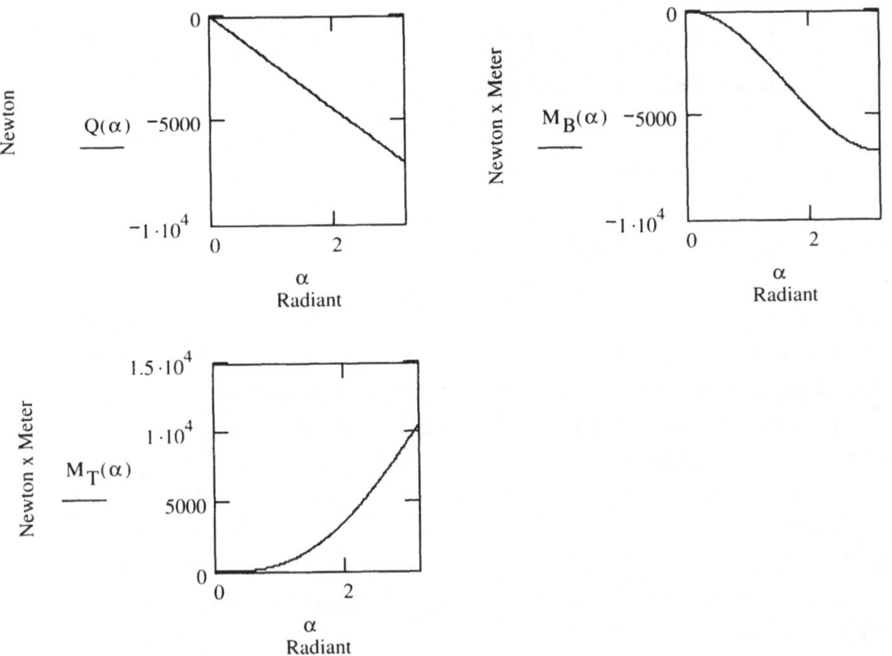

c) veränderliche Streckenlast : $q_o := 1.5 \frac{kN}{m}$ $q(\phi) := q_o \cdot \frac{\phi}{\pi}$ $Q_o := 0$ $M_{Bo} := 0$ $M_{To} := 0$

Schnittgrößen in Abhängigkeit vom Winkel: Es gelten dieselben Formeln wie unter a).

Verlauf der Schnittgrößen (Querkraft, Biegemoment, Torsionsmoment):

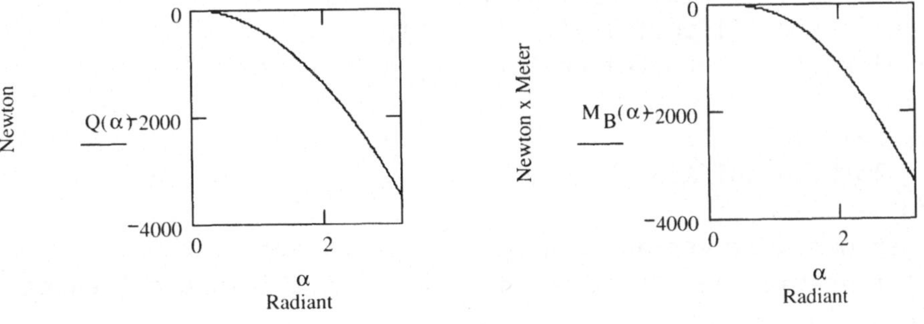

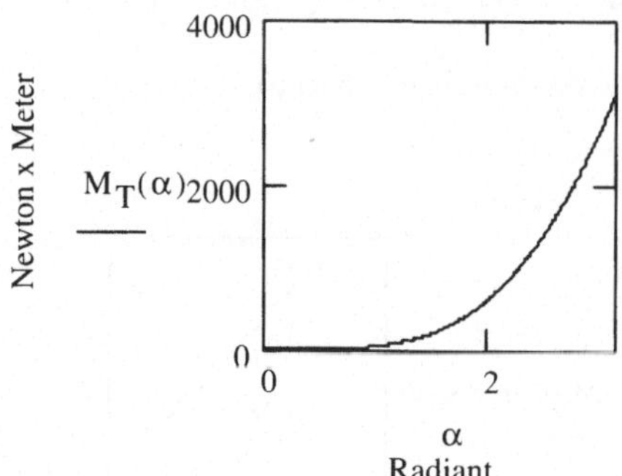

Lösung der Aufgabe 2.4 mithilfe von Matlab

Matlab m-File für die Aufgabe 2.4

```
% Aufgabe 2.4
% Ermittlung der Querkraft- und Momentenbelastung für keine
% (m=1), konstante (m=2) und linear ansteigende
% (m=3) Streckenlast q(phi). Bei m=1 wirkt eine Endlast F.
% Eingabe der Konstanten
r = 1.5;                % m
FArad = 2000;           % N
q0 = 1500;              % N/m
delta=20; alp=linspace(0,pi,delta+1); % Schrittweite, Werte
alpg=alp*180/pi;
warning off MATLAB:quad:MinStepSize
% Randbedingungen für die Stelle phi=0 (freies Ende)
% in Form von Matrizen Q0=(Q0_1, Q0_2, Q0_3), N0, MB0, MT0
Q0=[-FArad,0,0]; MB0=[0,0,0]; MT0=[0,0,0];
qalp=zeros(1,delta+1);
rBQ=inline('r.*sin(al)','al','r');
rBq=inline('r.*sin(al-ph)','al','ph','r');
rTQ=inline('r.*(1-cos(al))','al','r');
rTq=inline('r.*(1-cos(al-ph))','al','ph','r');
for m=1:3
  for k=1:(delta+1)
    qalp(k)=q_phi(alp(k),q0,m);
  end
  % Der Querkraftverlauf Q(alp) wird durch numerische
  % Integration der Streckenlastfunktion q_phi in den Grenzen 0
  % bis alp ermittelt
  Qalp=zeros(1,delta+1);
```

```
  MBalp=zeros(1,delta+1);
  MTalp=zeros(1,delta+1);
  for k=1:delta+1
      Qalp(k)=Q0(m)-quad('q_phi',0,alp(k),'','',q0,m).*r;
      MBalp(k)=MB0(m)*cos(alp(k))+MT0(m)*sin(alp(k))+ ...
        Q0(m)*rBQ(alp(k),r)-...
        quad('int_q_rBq',0,alp(k),'','',alp(k),r,q0,m);
      MTalp(k)=-MB0(m)*sin(alp(k))+MT0(m)*cos(alp(k))-...
         Q0(m)*rTQ(alp(k),r)+...
         quad('int_q_rTq',0,alp(k),'','',alp(k),r,q0,m);
  end
  Qalp
  MBalp
figure(m)
  subplot(3,1,1)
  plot(alpg,Qalp);
  axis([min(alpg) max(alpg) (min(Qalp)-10) (max(Qalp)+10)])
  title('Q(\alpha)/N')
  subplot(3,1,2)
  plot(alpg,MBalp);
  axis([min(alpg) max(alpg) (min(MBalp)-10) (max(MBalp)+10)])
  title('MB(\alpha)/Nm')
  subplot(3,1,3)
  plot(alpg,MTalp);
  axis([min(alpg) max(alpg) (min(MTalp)-10) (max(MTalp)+10)])
  title('MT(\alpha)/N')
  if m==3  xlabel('Balkenkoordinate \alpha/rad'); end
end
% Ende Aufgabe 2.4
```

Die Streckenlastfunktion ist identisch mit der Streckenlastfunktion in Aufgabe 2.3

```
function q=q_phi(ph,q0,n) ...
```

Matlab m-Files für die Integranden der Momentenfunktionen MB(α) und MT(α)

```
% integrand der Querkraftfunktion q(phi)*rBq(phi,alpha)*r
function iQ=int_q_rBq(phi,alpha,r,q0,n)
iQ=q_phi(phi,q0,n).*r.*sin(alpha-phi).*r;

% integrand der Querkraftfunktion q(phi)*rTq(phi,alpha)*r
```

```
function iQ=int_q_rTq(phi,alpha,r,q0,n)
iQ=q_phi(phi,q0,n).*r.*(1-cos(alpha-phi)).*r;
```

Darstellung der Verläufe der Schnittgrößen siehe Mathcad-Lösung.

Lösung der Aufgabe 2.4 mithilfe von Maple

> restart;r:=1.5;

$$r := 1.5$$

a) vertikale Last F am Ende des Bogens:

> F:=2000; Q_0:=-F;M_B0:=0; M_T0:=0; q:=phi->0;

$$F := 2000$$

$$Q\_0 := -2000$$

$$M\_B0 := 0$$

$$M\_T0 := 0$$

$$q := 0$$

Abstände:

> r_BQ:=alpha->r*sin(alpha); r_Bq:=(phi,alpha)->r*sin(alpha-phi);
r_TQ:=alpha->r*(1-cos(alpha)); r_Tq:=(phi,alpha)->r*(1-cos(alpha-phi));

$$r\_BQ := \alpha \rightarrow r \sin(\alpha)$$

$$r\_Bq := (\phi, \alpha) \rightarrow r \sin(\alpha - \phi)$$

$$r\_TQ := \alpha \rightarrow r\,(1 - \cos(\alpha))$$

$$r\_Tq := (\phi, \alpha) \rightarrow r\,(1 - \cos(\alpha - \phi))$$

Schnittgrößen an der Stelle a:
Querkraft:

> Q:=alpha->Q_0-int(q(phi)*r,phi=0..alpha);

Biegemoment:

>M_B:=alpha->M_B0*cos(alpha)+M_T0*sin(alpha)+Q_0*r_BQ(alpha)-int(q(phi)*r_Bq(phi,alpha)*r,phi=0..alpha);

Torsionsmoment:

>M_T:=alpha->-M_B0*sin(alpha)+M_T0*cos(alpha)-Q_0*r_TQ(alpha)+int(q(phi)*r_Tq(phi,alpha)*r,phi=0..alpha);

> plot(Q(alpha),alpha=0..Pi,-2002..-1998,labels=[alpha,"Q(alpha)"]):
plot(M_B(alpha),alpha=0..Pi,-4000..0,labels=[alpha,"M_B(alpha)"]):
plot(M_T(alpha),alpha=0..Pi,0..1e4,labels=[alpha,"M_T(alpha)"]):

Formeln für Q, M_B und M_T wie unter a)

b) konstante Streckenlast

```
> Q_0:=0 ;M_B0:=0; M_T0:=0; q_0:=1500; q:=phi->q_0;
```

$$Q\_0 := 0$$

$$M\_B0 := 0$$

$$M\_T0 := 0$$

$$q\_0 := 1500$$

$$q := \phi \to q\_0$$

Schnittgrößen an der Stelle a:
Querkraft:

```
> Q:=alpha->Q_0-int(q(phi)*r,phi=0..alpha);
```

Biegemoment:

```
>M_B:=alpha->M_B0*cos(alpha)+M_T0*sin(alpha)+Q_0*r_BQ(alpha)-
int(q(phi)*r_Bq(phi,alpha)*r,phi=0..alpha);
```

Torsionsmoment:

```
> M_T:=alpha->-M_B0*sin(alpha)+M_T0*cos(alpha)-
Q_0*r_TQ(alpha)+int(q(phi)*r_Tq(phi,alpha)*r,phi=0..alpha);
> plot(Q(alpha),alpha=0..Pi,-1e4..0,labels=[alpha,"Q(alpha)"]):
plot(M_B(alpha),alpha=0..Pi,-1e4..0,labels=[alpha,"M_B(alpha)"]):
plot(M_T(alpha),alpha=0..Pi,0..1.5e4,labels=[alpha,"M_T(alpha)"]):
```

Formeln für Q, M_B und M_T wie unter a)

c) veränderliche Streckenlast:

```
> Q_0:=0 ;M_B0:=0; M_T0:=0; q_0:=1500; q:=phi->q_0*phi/Pi;
```

$$Q\_0 := 0$$

$$M\_B0 := 0$$

$$M\_T0 := 0$$

$$q\_0 := 1500$$

$$q := \phi \to \frac{q\_0\,\phi}{\pi}$$

Schnittgrößen an der Stelle a:
Querkraft:

```
> Q:=alpha->Q_0-int(q(phi)*r,phi=0..alpha);
```

Biegemoment:

```
>M_B:=alpha->M_B0*cos(alpha)+M_T0*sin(alpha)+Q_0*r_BQ(alpha)-
int(q(phi)*r_Bq(phi,alpha)*r,phi=0..alpha);
```

Torsionsmoment:

```
>M_T:=alpha->-M_B0*sin(alpha)+M_T0*cos(alpha)-
Q_0*r_TQ(alpha)+int(q(phi)*r_Tq(phi,alpha)*r,phi=0..alpha);
```

```
> plot(Q(alpha),alpha=0..Pi,-4000..0,labels=[alpha,"Q(alpha)"]):
plot(M_B(alpha),alpha=0..Pi,-4000..0,labels=[alpha,"M_B(alpha)"]):
plot(M_T(alpha),alpha=0..Pi,0..4000,labels=[alpha,"M_T(alpha)"]):
```

Formeln für Q, M_B und M_T wie unter a)

Darstellung der Verläufe der Schnittgrößen siehe Mathcad-Lösung.

3 Ermittlung von Spannungen

3.1 Biegespannungen im Balken

Grundlagen:

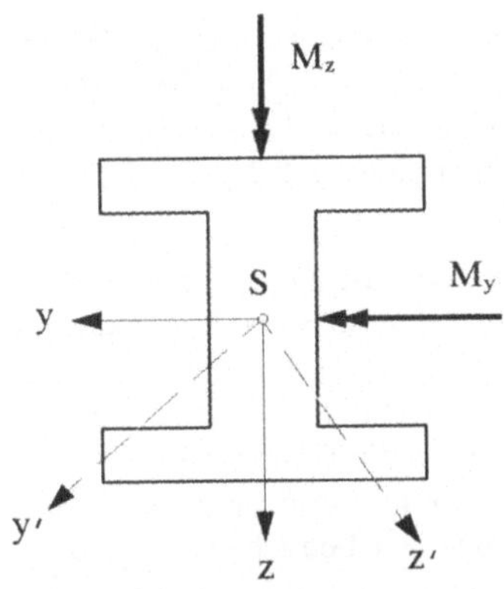

Bild 3.1 Querschnitt mit Achsensymmetrie

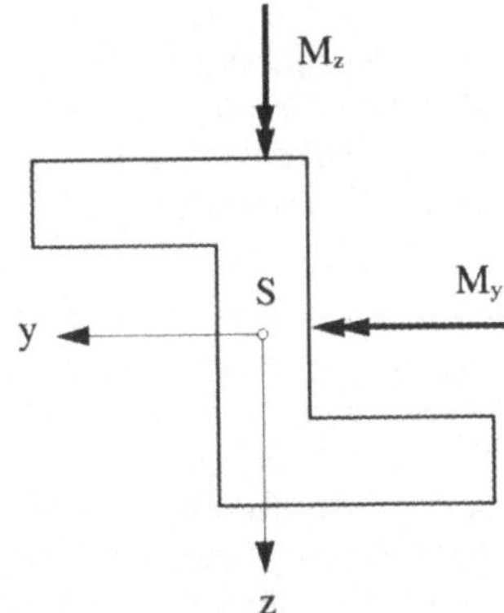

Bild 3.2 Querschnitt ohne Achsensymmetrie

Für den in Bild 3.1 dargestellten Querschnitt ergibt sich die Normal-Spannung σ infolge der Biegemomente M_y und M_z zu:

$$\sigma = \frac{M_y}{I_y} \cdot z - \frac{M_z}{I_z} \cdot y \, . \tag{3.1}$$

Darin sind I_y und I_z die Flächenträgheitsmomente um den Schwerpunkt S des Profils:

$$I_y = \int z^2 \, dA \quad \text{und} \quad I_z = \int y^2 \, dA \, . \tag{3.2}$$

Die Achsen y und z sind sogenannte Hauptachsen. Liegt eine Symmetrieachse vor, so ist diese auch eine Hauptachse, die zweite Hauptachse ist orthogonal zur ersten. Für das Profil nach Bild 3.1 sind sogar beide Achsen Symmetrieachsen.

Für Hauptachsen verschwindet das sog. Deviations-Flächenträgheitsmoment

$$I_{yz} = -\int y \cdot z \, dA \, . \tag{3.3}$$

Für das gedrehte y´-z´-Koordinatensystem in Bild 3.1 verschwindet das Deviations-Flächenträgheitsmoment nicht, die Formel zur Ermittlung der Spannung ist komplizierter. Für Querschnitte mit bekannten Hauptachsen ist dies uninteressant, da sich jedes beliebige Moment in Komponenten in Richtung der Hauptachsen zerlegen lässt und die Spannung nach (3.1) berechnen werden kann.

Anders sieht dies für das Profil nach Bild 3.2 aus. Hierbei sind y und z keine Hauptachsen, die Spannungen werden in diesem Falle nach der folgenden komplizierter aufgebauten Formel ermittelt:

$$\sigma = \frac{1}{\Delta} \cdot [(M_y \cdot I_z - M_z \cdot I_{yz}) \cdot z - (M_z \cdot I_y - M_y \cdot I_{yz}) \cdot y] \tag{3.4}$$

mit der Abkürzung

$$\Delta = I_y \cdot I_z - I_{yz}^2 \ . \tag{3.5}$$

Die Berechnung der Spannung lässt sich auch in diesem Falle durch Transformation auf Hauptachsen auf die einfachere Formel (3.1) zurückführen. Hierzu sind jedoch mehr Arbeitsschritte erforderlich, was letztlich größeren Aufwand erfordert. Dieser Weg wird deshalb im Folgenden nicht beschritten. Es bleibt dem Leser überlassen, die Spannungen auch auf diesem Wege zu ermitteln.

Zum Auffinden der größten Beanspruchung wird üblicherweise zunächst die Spannungs-Nulllinie bestimmt. Sie ergibt sich aus (3.4), indem die Spannung $\sigma = 0$ gesetzt und bei bekannter Momentenbelastung und bekannten Flächenträgheitsmomenten $z = z(y)$ ermittelt wird. Der Punkt des Profils mit dem größten Abstand von dieser Linie ist die Stelle, an der die größte Spannung auftritt. Die Koordinaten dieses Punktes werden dann in die Gleichung (3.4) zur Ermittlung der Spannung eingesetzt. In unserem Falle verzichten wir auf diese Vorgehensweise, die einen zusätzlichen Arbeitsschritt erfordert. Für die im Folgenden betrachteten Beispiele setzen sich die Profile aus rechteckigen Teilflächen zusammen. Wir lassen vom Programm für alle Eckpunkte der Teilflächen die Spannungen berechnen und suchen aus den berechneten Werten den Maximalwert heraus.

Aufgabe 3.1

Mit der Lösung dieser Aufgabe (siehe Bild 3.3) sind gleichzeitig alle Schritte der Berechnung so aufzubereiten, dass im Folgenden beliebige Querschnitte behandelt werden können, die sich aus rechteckigen Teilflächen zusammensetzen.

Dazu sind folgende Teilaufgaben zu lösen:

- Beschreibung der Teilflächen durch die Koordinaten der Eckpunkte,
- Ermittlung der Teilflächen und ihrer Schwerpunkte,
- Ermittlung der Gesamtfläche und ihres Schwerpunktes,
- Ermittlung der Flächenträgheitsmomente (einschließlich des Deviations-Flächenträgheitsmomentes) für die Gesamtfläche,
- Ermittlung der Koeffizienten der Gleichung zur Berechnung der Spannung,
- Berechnung der Spannungen in allen Eckpunkten der Teilflächen,
- Aufsuchen der maximalen Beanspruchung.

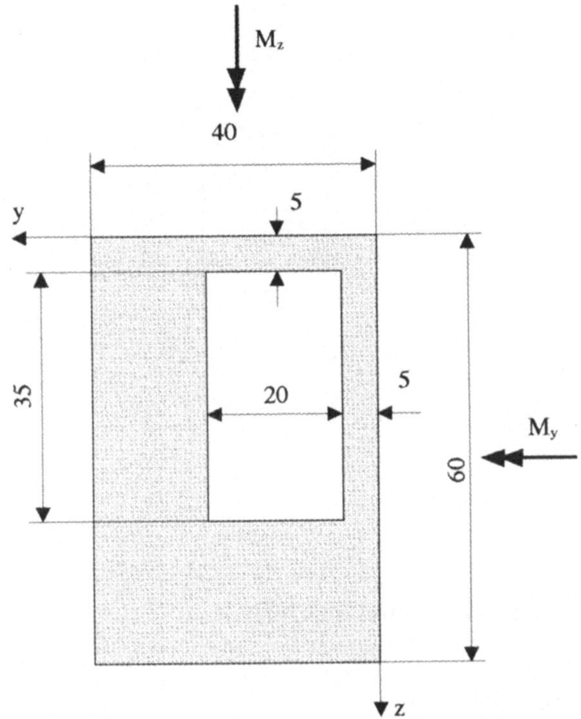

Das skizzierte Profil (Rechteck mit rechteckigem Ausschnitt) ist mit M_y = 800 Nm und M_z = 500 Nm belastet.

Ermitteln Sie mithilfe der Formeln (3.1) bis (3.5) die größte Biegebeanspruchung und die Stelle im Querschnitt, wo diese Beanspruchung auftritt.

Formalisieren Sie die Berechnung so, dass beliebige Querschnitte, die aus Rechtecken zusammengesetzt sind, behandelt werden können. Dabei sind Ausschnitte als negative Flächen zu betrachten.

Bild 3.3 Unsymmetrisches Profil mit Beanspruchung durch Biegemomente

Lösungsweg zu Aufgabe 3.1

- Beschreibung der Teilflächen:

Für die Teilflächen wird ein Vorzeichenfaktor (Vz) eingeführt, der für vorhandene Flächen positiv ist (Vz = 1) und für Ausschnitte negativ (Vz = -1). Alle Querschnittswerte (Flächen, Flächenträgheitsmomente) werden mit diesem Vorzeichenfaktor multipliziert.

Nach Bild 3.4 wird das Profil in zwei Teilflächen zerlegt, die Gesamtfläche ohne Ausschnitt (Vz = 1) und die Fläche, die dem Ausschnitt entspricht (Vz = -1). Gemäß dieser Aufteilung und der dort angegebenen Nummerierung der Eckpunkte werden die Teilflächen durch doppelt indizierte Koordinaten wie folgt beschrieben (der erste Index kennzeichnet das Teilelement, der zweite Index den Knoten):

Teilfläche 1: Vorzeichenfaktor $Vz_1 = 1$

$y_{1,1} = 0\text{mm} \quad z_{1,1} = 0\text{mm} \quad y_{1,2} = 40\text{mm} \quad z_{1,2} = 0\text{mm}$

$y_{1,3} = 0\text{mm} \quad z_{1,3} = 60\text{mm} \quad y_{1,4} = 40\text{mm} \quad z_{1,4} = 60\text{mm}$

Teilfläche 2: Vorzeichenfaktor $Vz_2 = -1$

$y_{2,1} = 5\text{mm} \quad z_{2,1} = 5\text{mm} \quad y_{2,2} = 25\text{mm} \quad z_{2,2} = 5\text{mm}$

$y_{2,3} = 5\text{mm} \quad z_{2,3} = 40\text{mm} \quad y_{2,4} = 25\text{mm} \quad z_{2,4} = 40\text{mm}$

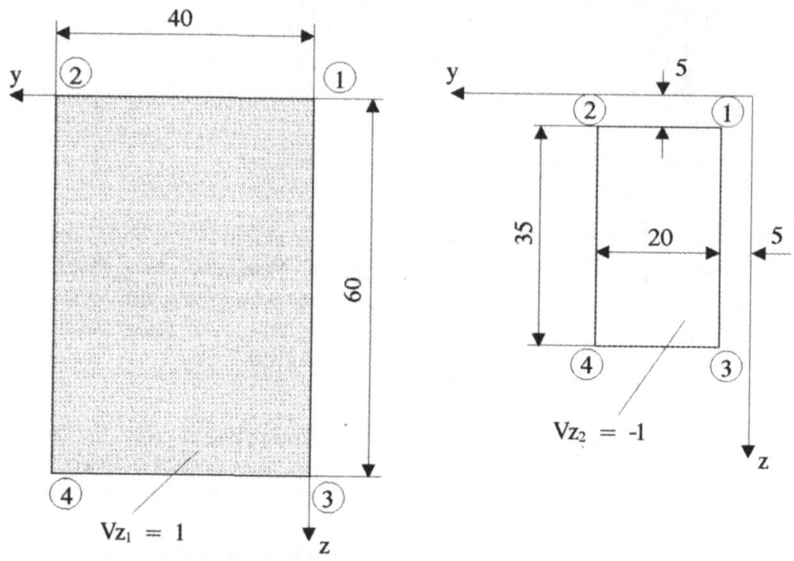

Bild 3.4 Aufteilung des Profils in Teilfläche 1 (links) und Teilfläche 2 (rechts)

- Ermittlung der Teilflächen und ihrer Schwerpunkte:

  Zunächst werden die Koordinaten der Schwerpunkte ermittelt. Sie können zwar jeweils aus den Koordinaten zweier Punkte berechnet werden, wobei dann aber eine eindeutige Nummerierung der Eckpunkte vereinbart werden müsste. Einfacher ist es, die Koordinaten des Schwerpunktes als arithmetische Mittelwerte der entsprechenden Koordinaten aller vier Eckpunkte zu ermitteln. Die Nummerierung der Eckpunkte ist dann beliebig.

  Die Schwerpunktskoordinaten ergeben sich zu:

  $$y_{S_i} = \frac{1}{4}\sum_{j=1}^{4} y_{i,j} \quad \text{und} \quad z_{S_i} = \frac{1}{4}\sum_{j=1}^{4} z_{i,j}\,.$$

  Breite und Höhe können z.B. aus

  $$b_i = 2 \cdot \left| y_{S_i} - y_{i,1} \right| \quad \text{und} \quad h_i = 2 \cdot \left| z_{S_i} - z_{i,1} \right|$$

  ermittelt werden, die Teilflächen zu:

  $$A_i = b_i \cdot h_i \cdot Vz_i$$

- Ermittlung der Gesamtfläche und ihres Schwerpunktes (im Beispiel mit n=2):

  $$y_{Sges} = \frac{\sum_{i=1}^{n} y_{S_i} \cdot A_i}{A_{ges}} \quad \text{und} \quad z_{Sges} = \frac{\sum_{i=1}^{n} z_{S_i} \cdot A_i}{A_{ges}}\,.$$

- Ermittlung der Flächenträgheitsmomente:

  Zunächst werden die Abstände der Schwerpunkte der Teilflächen zum Schwerpunkt der Gesamtfläche gemäß

  $e_{y_i} = y_{S_i} - y_{Sges}$ und $e_{z_i} = z_{S_i} - z_{ges}$

  bestimmt. Diese Abstände werden benötigt, um die Flächenträgheitsmomente mithilfe des „Satzes von Steiner" zu berechnen:

  $$I_y = \sum_{i=1}^{n} \left[\frac{b_i \cdot (h_i)^3}{12} + e_{z_i}{}^2 \cdot |A_i| \right] \cdot Vz_i, \quad I_z = \sum_{i=1}^{n} \left[\frac{h_i \cdot (b_i)^3}{12} + e_{y_i}{}^2 \cdot |A_i| \right] \cdot Vz_i,$$

  $$I_{yz} = -\sum_{i=1}^{n} e_{y_i} \cdot e_{z_i} \cdot A_i.$$

- Ermittlung der Koeffizienten der Formel zur Berechnung der Spannungen:

  y-Koeffizient: z-Koeffizient:

  $$\text{Koeff}_y = -\frac{M_z \cdot I_y - M_y \cdot I_{yz}}{\Delta} \quad \text{und} \quad \text{Koeff}_z = \frac{M_y \cdot I_z - M_z \cdot I_{yz}}{\Delta}$$

  mit $\Delta = I_y \cdot I_z - I_{yz}^2$.

- Berechnung der Spannungen in allen Eckpunkten der Teilflächen:

  Dazu müssen die Koordinaten der Eckpunkte über

  $y_{trans_{i,j}} = y_{i,j} - y_{Sges}$ und $z_{trans_{i,j}} = z_{i,j} - z_{Sges}$

  auf das durch den Schwerpunkt der Gesamtfläche gehende Koordinatensystem transformiert werden. Die Spannungen in den Eckpunkten ergeben sich dann zu:

  $$\sigma_{i,j} = \text{Koeff}_y \cdot y_{trans_{i,j}} + \text{Koeff}_z \cdot z_{trans_{i,j}}.$$

- Auffinden der maximalen Spannung:

  Die maximale Spannung kann entweder auf „optischen Wege" gesucht werden oder durch entsprechende Programmierung (siehe Lösung zu Aufgabe 3.2).

Lösung der Aufgabe 3.1 mithilfe von Mathcad

ORIGIN:= 1

Biegemomente als vorgegebene Belastung: $M_y := 800 N \cdot m$ $M_z := 500 N \cdot m$

Vorgabe der Anzahl der Teilflächen, aus denen sich die Profilfläche zusammensetzt: $n := 2$

Indizierung der Teilflächen: $i := 1 .. n$ *Indizierung der Knotenpunkte:* $j := 1 .. 4$

Beschreibung des ersten Rechtecks durch die Koordinaten der Knotenpunkte:

$y_{1,1} := 0mm$ $z_{1,1} := 0mm$ $y_{1,2} := 40mm$ $z_{1,2} := 0mm$

$y_{1,3} := 0mm$ $z_{1,3} := 60mm$ $y_{1,4} := 40mm$ $z_{1,4} := 60mm$

Vorzeichen der Teilfläche 1:

$Vz_1 := 1$ *Anmerkung: Vz = 1 bedeutet, dass die Fläche und alle daraus resultierenden Flächenträgheitsmomente positiv in die Gesamtrechnung eingehen* .

Beschreibung des zweiten Rechtecks durch die Koordinaten der Knotenpunkte:

$y_{2,1} := 5mm$ $z_{2,1} := 5mm$ $y_{2,2} := 25mm$ $z_{2,2} := 5mm$

$y_{2,3} := 5mm$ $z_{2,3} := 40mm$ $y_{2,4} := 25mm$ $z_{2,4} := 40mm$

Vorzeichen der Teilfläche 2:

$Vz_2 := -1$ *Anmerkung: Diese Teilfläche wird ausgeschnitten, Vz = -1 bewirkt, dass die Fläche und alle daraus resultierenden Flächenträgheitsmomente negativ in die Gesamtrechnung eingehen.*

Programm zur Ermittlung der Schwerpunktskoordinaten:

```
yzs(yz) := | for i ∈ 1..n
           |   | s ← Σ(j=1..4) yz[i,j]
           |   | yzs[i] ← s/4
           | yzs
```

Schwerpunktskoordinaten der Teilflächen in y-Richtung:

$y_s := yzs(y)$ $y_s = \begin{pmatrix} 20 \\ 15 \end{pmatrix} mm$

Anmerkung: ys $_1$ (20 mm) ist die Koordinate des Schwerpunktes der ersten Teilfläche, ys$_2$ (15 mm) ist die Koordinate des Schwerpunktes der zweiten Teilfläche.

Schwerpunktskoordinaten der Teilflächen in z-Richtung: $z_s := yzs(z)$ $z_s = \begin{pmatrix} 30 \\ 22.5 \end{pmatrix} mm$

Programm zur Ermittlung der Breiten und Höhen der Rechtecke:

```
bh(yz, yz_s) := | for i ∈ 1..n
                |   bh[i] ← 2·|yz_s[i] − yz[i,1]|
                | bh
```

Breite:

$$b := bh(y, y_S) \qquad b = \begin{pmatrix} 40 \\ 20 \end{pmatrix} mm \qquad h := bh(z, z_S) \qquad h = \begin{pmatrix} 60 \\ 35 \end{pmatrix} mm$$

Programm zur Ermittlung der Teilflächen:

$$A := \left| \begin{array}{l} \text{for } i \in 1..n \\ \quad A_i \leftarrow Vz_i \cdot b_i \cdot h_i \\ A \end{array} \right. \qquad A = \begin{pmatrix} 2.4\times 10^3 \\ -700 \end{pmatrix} mm^2$$

Ermittlung der Gesamtfläche:

$$A_{ges} := \sum_{i=1}^{n} A_i \qquad A_{ges} = 1.7\times 10^3\, mm^2$$

Ermittlung der Koordinaten des Gesamtschwerpunktes:

$$y_{Sges} := \sum_{i=1}^{n} \frac{y_{s_i} \cdot A_i}{A_{ges}} \qquad y_{Sges} = 22.059mm \qquad z_{Sges} := \sum_{i=1}^{n} \frac{z_{s_i} \cdot A_i}{A_{ges}} \qquad z_{Sges} = 33.088mm$$

Programm zur Ermittlung der Abstände der Teilschwerpunkte vom Gesamtschwerpunkt:

$$eyz(yzs, yzsges) := \left| \begin{array}{l} \text{for } i \in 1..n \\ \quad eyz_i \leftarrow yzs_i - yzsges \\ eyz \end{array} \right.$$

$$e_y := eyz(y_S, y_{Sges}) \qquad e_y = \begin{pmatrix} -2.05882 \\ -7.05882 \end{pmatrix} mm \qquad e_z := eyz(z_S, z_{Sges}) \qquad e_z = \begin{pmatrix} -3.08824 \\ -10.58824 \end{pmatrix} mm$$

Ermittlung der Gesamtträgheitsmomente um y- und z-Achse:

$$I_y := \sum_{i=1}^{n} \left[\frac{b_i \cdot (h_i)^3}{12} + (e_{z_i})^2 \cdot |A_i| \right] \cdot Vz_i \qquad I_z := \sum_{i=1}^{n} \left[\frac{h_i \cdot (b_i)^3}{12} + (e_{y_i})^2 \cdot |A_i| \right] \cdot Vz_i$$

Ermittlung des Deviations-Flächenträgheitsmomentes:

$$I_{yz} := \sum_{i=1}^{n} -e_{y_i} \cdot e_{z_i} \cdot A_i$$

$$I_y = 5.92953\times 10^5\, mm^4 \qquad I_z = 2.71961\times 10^5\, mm^4 \qquad I_{yz} = 3.70588\times 10^4\, mm^4$$

$$\Delta := I_y \cdot I_z - I_{yz}^2 \qquad \Delta = 1.59887\times 10^{11}\, mm^8$$

Ermittlung der Koeffizienten zur Bestimmung der Spannungen:

y-Koeffizient: $\text{Koeff}_y := \dfrac{-\left(M_z \cdot I_y - M_y \cdot I_{yz}\right)}{\Delta}$ *z-Koeffizient:* $\text{Koeff}_z := \dfrac{M_y \cdot I_z - M_z \cdot I_{yz}}{\Delta}$

$\text{Koeff}_y = -1.66887 \dfrac{N}{mm^3}$ $\text{Koeff}_z = 1.24488 \dfrac{N}{mm^3}$

Ermittlung der Spannungen in den Eckpunkten der Teilflächen:

Dazu müssen zunächst die Koordinaten aller Eckpunkte der Teilflächen auf das durch den Gesamtschwerpunkt gehende Koordinatensystem transformiert werden.

Programm zur Transformation: Trans(yz, yzsges) :=

```
for i ∈ 1..n
  for j ∈ 1..4
    yztr[i,j] ← yz[i,j] − yzsges
yztr
```

Transformation der y-Koordinaten:

$y_{trans} := \text{Trans}\left(y, y_{Sges}\right)$ $y_{trans} = \begin{pmatrix} -22.059 & 17.941 & -22.059 & 17.941 \\ -17.059 & 2.941 & -17.059 & 2.941 \end{pmatrix} mm$

Transformation der z-Koordinaten:

$z_{trans} := \text{Trans}\left(z, z_{Sges}\right)$ $z_{trans} = \begin{pmatrix} -33.088 & -33.088 & 26.912 & 26.912 \\ -28.088 & -28.088 & 6.912 & 6.912 \end{pmatrix} mm$

Programm zur Berechnung der Spannungen:

σ :=

```
for i ∈ 1..n
  for j ∈ 1..4
    σ[i,j] ← Koeff_y · y_trans[i,j] + Koeff_z · z_trans[i,j]
σ
```

Spannungen für die vier Eckpunkte einer Teilfläche jeweils in einer Zeile:

$$\sigma = \begin{pmatrix} -4.378 & -71.132 & 70.315 & 3.56 \\ -6.497 & -39.875 & 37.073 & 3.696 \end{pmatrix} \frac{N}{mm^2}$$

Die betragsmäßig größte Spannung liegt mit –71.132 N/mm² in Zeile 1 (d.h. zugehörig zur ersten Teilfläche) und Spalte 2 (d.h. Knoten 2 dieser Teilfläche) vor. Die größte Beanspruchung ergibt sich also für den Knoten 2 der ersten Teilfläche.

Die Suche nach der Stelle, an der die größte Spannung auftritt, kann natürlich auch durch entsprechende Programmierung gefunden werden, wie in Aufgabe 3.2 gezeigt werden soll.

Lösung der Aufgabe 3.1 mithilfe von Matlab

Matlab m-File für die Aufgabe 3.1

```
% Aufgabe 3.1
% Ermittlung der Spannungen in einem Balken mit un-
% symmetrischem Profil aus rechteckigen Teilprofilen mit
% achsparallelen Seiten unter Biegemomentenbelastung
% Eingabe der Konstanten
% Biegemomente
My=800; Mz=500;                                    % Nm
Mymm=My*1000;Mzmm=Mz*1000;                         % Nmm
% Teilflächen-Eckkoordinaten; Zeilen=Punkte, Spalten=Flaechen
y=[0 5; 40 25; 0 5; 40 25];                        % mm
z=[0 5; 0 5; 60 40; 60 40];                        % mm
Vz=[1 -1];
% Ermittlung der Teilschwerpunkte
ys=mean(y)                                         % mm
zs=mean(z)                                         % mm
% Breiten, Höhen und Flächen
b=[abs(y(2,1)-y(1,1)) abs(y(2,2)-y(1,2))]          % mm
h=[abs(z(3,1)-z(1,1)) abs(z(3,2)-z(1,2))]          % mm
A=b.*h.*Vz                                         % mm^2
Ages=sum(A')                                       % mm^2
% Gesamtflächenschwerpunkt; Summe mit Hilfe des Skalarproduktes
ysges=(ys*A')/Ages                                 % mm
zsges=(zs*A')/Ages                                 % mm
% Ermittlung der Flächenmomente 2.Ordnung (Flächenträgheitsm.)
% mit Hilfe des Satzes von Steiner
% Abstände der Teilflächenschwerpunkte
ey=ys-ysges
ez=zs-zsges
% Gesamtflächenträgheitsmomente
Iy=0; Iz=0; Iyz=0;
for k=1:2
    Iy=Iy+(b(k)*h(k)^3/12+ez(k)^2*abs(A(k)))*Vz(k);
    Iz=Iz+(h(k)*b(k)^3/12+ey(k)^2*abs(A(k)))*Vz(k);
```

```
    Iyz=Iyz+(-ey(k)*ez(k)*A(k));
end
sprintf('Iy = %e  Iz = %e  Iyz = %e',Iy,Iz,Iyz)
delta=Iy*Iz-Iyz^2
Koeffy=-(Mzmm*Iy-Mymm*Iyz)/delta
Koeffz=(Mymm*Iz-Mzmm*Iyz)/delta
% Ecken in Koordinaten bezüglich dem Flächenschwerpunkt
yt=y-ysges
zt=z-zsges
% Ermittlung aller Spannungen an den Flächenecken
sigma=Koeffy*yt+Koeffz*zt
% Betragsgrößte Spannung
sigma_abs_max=max(max(abs(sigma)));
% Positionsmatrix der betragsgrößten Spannung
mat=abs(sigma)==sigma_abs_max;
% Doppelsumme über das elementweise Produkt mat x sigma
sigma_max=sum(sum(mat.*sigma))
% Ende Aufgabe 3.1
```

Ausgaben im Matlab „Command Window“

```
ys =    20    15
zs =   30.0000   22.5000
b =    40    20
h =    60    35
A =         2400          -700
Ages =          1700
ysges =   22.0588
zsges =   33.0882
ey =   -2.0588   -7.0588
ez =   -3.0882  -10.5882
ans =
Iy = 5.929534e+005  Iz = 2.719608e+005  Iyz = 3.705882e+004
delta =  1.5989e+011
Koeffy =   -1.6689
Koeffz =    1.2449
yt =  -22.0588  -17.0588
       17.9412    2.9412
      -22.0588  -17.0588
       17.9412    2.9412
zt =  -33.0882  -28.0882
      -33.0882  -28.0882
```

```
        26.9118    6.9118
        26.9118    6.9118
sigma =   -4.3775   -6.4975
         -71.1322  -39.8748
          70.3151   37.0732
           3.5604    3.6959
sigma_max =   -71.1322
```

Lösung der Aufgabe 3.1 mithilfe von Maple

```
> restart;with(linalg):
  n:=2; #Anzahl der Teilflächen
```

$$n := 2$$

Vorgegebene Belastung:

```
> My:=800*1000; Mz:=500*1000; #Umrechnung in [Nmm]
```

$$My := 800000$$

$$Mz := 500000$$

Eingabe der Koordinaten [y,z] der Knotenpunkte des ersten Rechtecks:

```
> Flaeche_1:=[[0,0],[40,0],[0,60],[40,60]];
```

Anmerkung: Hier wird eine Liste mit den Eckpunkten erzeugt.

$$Flaeche\_1 := [[0, 0], [40, 0], [0, 60], [40, 60]]$$

Eingabe der Koordinaten [y,z] der Knotenpunkte des zweiten Rechtecks:

```
> Flaeche_2:=[[5,5],[25,5],[5,40],[25,40]];
```

$$Flaeche\_2 := [[5, 5], [25, 5], [5, 40], [25, 40]]$$

Vorzeichen der Teilflächen:

```
> Vz:=[1,-1];
```

$$Vz := [1, -1]$$

Ermittlung der Teilflächenschwerpunkte:
Matrix S der Teilschwerpunkte; Spalte = Fläche, Zeile = y- bzw. z-Koordinate

```
> S:=array(1..2,1..2):
> for i from 1 to 2 do
  for n from 1 to 2 do
  S[n,i]:=sum('Flaeche_||i[j,n]',j=1..4)/4;
  end do:
> end do:
> eval(S);
n:=2:
```

$$\begin{bmatrix} 20 & 15 \\ 30 & \frac{45}{2} \end{bmatrix}$$

Ermittlung der Breiten und Höhen; Spalte = Fläche

```
> b:=[[abs(Flaeche_1[1,1]- Flaeche_1[2,1])],[abs(Flaeche_2[1,1]- Flaeche_2[2,1])]];
> h:=[[abs(Flaeche_1[3,2]- Flaeche_1[2,2])],[abs(Flaeche_2[3,2]- Flaeche_2[2,2])]];
```

$$b := [[40], [20]]$$

$$h := [[60], [35]]$$

Matrix A Teilflächen, Spalte = Fläche

```
> A:=array(1..1,1..2):
  for i from 1 to 2 do
  A[1,i]:=b[i,1]*h[i,1]*Vz[i]:
  end do:
 i:='i':
 eval(A);
```

$$[2400 \quad -700]$$

Gesamtfläche Ages:

```
> Ages:=sum('A[1,k]',k=1..n);
```

$$Ages := 1700$$

Gesamtschwerpunkt:

```
> y_Sges:=sum('S[1,i]*A[1,i]/Ages',i=1..2);
evalf(%);
z_Sges:=sum('S[2,i]*A[1,i]/Ages',i=1..2);
evalf(%);
```

$$y\_Sges := \frac{375}{17}$$

$$22.05882353$$

$$z\_Sges := \frac{1125}{34}$$

$$33.08823529$$

Abstände der Teilschwerpunkte:

```
> ey:=row(S,1) - y_Sges*<1|1>:
  ey:=map(evalf,evalm(ey));
  ez:=row(S,2) - z_Sges*<1|1>:
  ez:=map(evalf,evalm(ez));
```

$$ey := [-2.058823529, -7.058823529]$$

$$ez := [-3.088235294, -10.58823529]$$

Gesamtträgheitsmomente:

```
> i:='i':
  Iy:=sum('((b[i,1]*(h[i,1])^3)/12+ ((ez[i])^2)*abs(A[1,i]))*Vz[i]',i=1..2);
  Iz:=sum('((h[i,1]*(b[i,1])^3)/12 + ((ey[i])^2)*abs(A[1,i]))*Vz[i]',i=1..2);
  Iyz:=sum('-ey[i]*ez[i]*A[1,i]',i=1..2);
```

$$Iy := 592953.4314$$

$$Iz := 271960.7843$$

$$Iyz := 37058.82351$$

```
> Delta:=Iy*Iz-Iyz^2;
```

$$\Delta := .1598867239\ 10^{12}$$

Koeffizienten zur Bestimmung der Spannungen:

```
> Koeffy:=-(Mz*Iy-My*Iyz)/Delta;
  Koeffz:=(My*Iz-Mz*Iyz)/Delta;
```

$$Koeffy := -1.668866873$$

$$Koeffz := 1.244876440$$

Koordinaten der Ecken bzgl. dem Flächenschwerpunkt:

Matrix yT der y-Koordinaten, Spalte = Fläche
Matrix zT der z-Koordinaten,Spalte = Fläche

Die Ausgabe der symbolischen Darstellung wird unterdrückt.

```
> Flaeche_1:=matrix(Flaeche_1):#Umwandlung der Listen in Matrizen
  Flaeche_2:=matrix(Flaeche_2):
> yT:=augment(col(Flaeche_1,1)-y_Sges,col(Flaeche_2,1)-y_Sges):
  zT:=augment(col(Flaeche_1,2)-z_Sges,col(Flaeche_2,2)-z_Sges):
> yT:=map(evalf,yT);
  zT:=map(evalf,zT);
```

$$yT := \begin{bmatrix} -22.05882353 & -17.05882353 \\ 17.94117647 & 2.941176471 \\ -22.05882353 & -17.05882353 \\ 17.94117647 & 2.941176471 \end{bmatrix} \quad zT := \begin{bmatrix} -33.08823529 & -28.08823529 \\ -33.08823529 & -28.08823529 \\ 26.91176471 & 6.911764706 \\ 26.91176471 & 6.911764706 \end{bmatrix}$$

Spannungen der Eckpunkte:

Matrix sigma der Spannungen, Spalte=Fläche und Zeile=Punkte

```
>sigma:=evalm(Koeffy*yT + Koeffz*zT);
```

$$\sigma := \begin{bmatrix} -4.37752470 & -6.49747687 \\ -71.13219962 & -39.87481433 \\ 70.31506170 & 37.07319852 \\ 3.56038678 & 3.695861061 \end{bmatrix}$$

Die größte Spannung gehört zur Fläche 1 (1.Spalte) und liegt dort im Knoten (2.Zeile).

Aufgabe 3.2

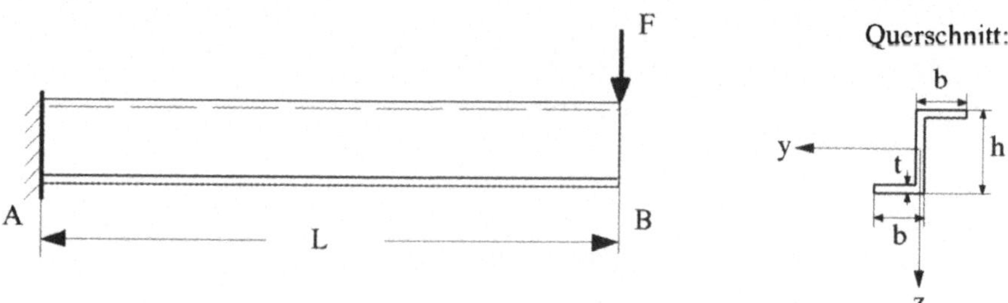

Bild 3.5 Eingespannter Balken mit Z-Profil und Belastung am freien Ende

Für den in A eingespannten und in B mit F belasteten Balken ermittle man:

a) das maximale Biegemoment,

b) die Biegespannung im Einspannquerschnitt an markanten Stellen des Profils,

c) die maximale Biegespannung und der zugehörige Punkt des Querschnitts. Dazu soll eine Suchroutine formuliert werden.

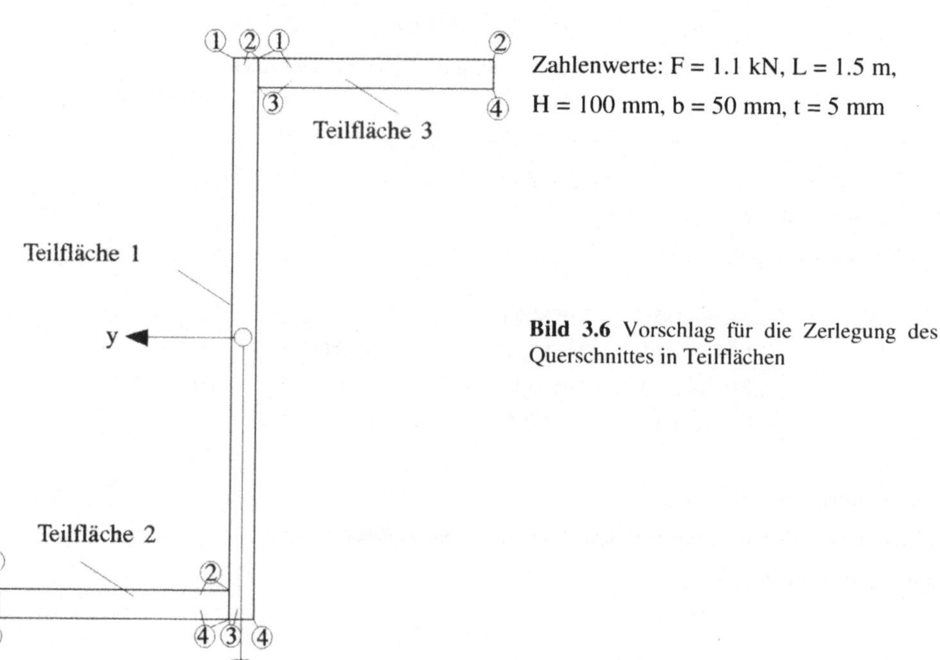

Zahlenwerte: F = 1.1 kN, L = 1.5 m, H = 100 mm, b = 50 mm, t = 5 mm

Bild 3.6 Vorschlag für die Zerlegung des Querschnittes in Teilflächen

Lösungsweg zu Aufgabe 3.2

Die Lösung folgt dem für Aufgabe 3.1 skizzierten Weg, weshalb nur ergänzende Hinweise gegeben werden sollen:

- Belastung:

  Die größte Biegebeanspruchung liegt im Einspannquerschnitt vor. Das Biegemoment an dieser Stelle beträgt $M_y = -F \cdot L$.

- Beschreibung der Teilflächen:

  Das Profil wird wie in Bild 3.6 vorgeschlagen in Teilflächen zerlegt. Es wären auch andere Aufteilungen möglich, die letztlich dieselben Querschnittswerte für das Profil liefern würden. Dies kann der Leser überprüfen. Die Vorzeichenfaktoren haben in diesem Falle alle den Wert +1.

  Koordinaten der Eckpunkte von Teilfläche 1:

  $y_{1,1} = 2.5\text{mm},\ z_{1,1} = -50\text{mm},\ y_{1,2} = -2.5\text{mm},\ z_{1,2} = -50\text{mm}$

  $y_{1,3} = 2.5\text{mm},\ z_{1,3} = 50\text{mm},\ y_{1,4} = -2.5\text{mm},\ z_{1,4} = 50\text{mm}$

  Koordinaten der Eckpunkte von Teilfläche 2:

  $y_{2,1} = 47.5\text{mm},\ z_{2,1} = 45\text{mm},\ y_{2,2} = 2.5\text{mm},\ z_{2,2} = 45\text{mm}$

  $y_{2,3} = 47.5\text{mm},\ z_{2,3} = 50\text{mm},\ y_{2,4} = 2.5\text{mm},\ z_{2,4} = 50\text{mm}$

  Koordinaten der Eckpunkte von Teilfläche 3:

  $y_{3,1} = -2.5\text{mm},\ z_{3,1} = -50\text{mm},\ y_{3,2} = -47.5\text{mm},\ z_{3,2} = -50\text{mm}$

  $y_{3,3} = -2.5\text{mm},\ z_{3,3} = -45\text{mm},\ y_{3,4} = -47.5\text{mm},\ z_{1,4} = -45\text{mm}$

- Ermittlung des Gesamtschwerpunktes, Transformation der Knotenkoordinaten:

  Das Profil ist punktsymmetrisch, der Schwerpunkt ist bekannt. Die Berechnung des Schwerpunktes könnte deshalb entfallen, sie wird jedoch als Kontrolle durchgeführt ($y_{Sges} = 0$, $z_{Sges} = 0$). Mögliche Eingabefehler können so erkannt werden. Da der Ursprung des Koordinatensystems bereits im Schwerpunkt liegt, kann die Transformation der Koordinaten der Eckpunkte der Teilflächen entfallen.

  Nachdem die Spannungen für alle Eckpunkte der Teilflächen berechnet sind, werden durch entsprechende Such-Routinen die Spannungen miteinander verglichen und dabei der Index der Teilfläche und der Index des Knotenpunktes ermittelt, wo die maximale Spannung vorliegt.

Lösung der Aufgabe 3.2 mithilfe von Mathcad

ORIGIN:= 1 $\quad kN := 1000N \quad F := 1.1kN \quad L := 1.5m$

Biegemomente: $\quad M_y := -F \cdot L \quad M_y = -1.65\times 10^3\ N\cdot m \quad M_z := 0 \cdot N \cdot m$

Vorgabe der Anzahl der Teilflächen, aus denen sich die Profilfläche zusammensetzt: $n := 3$

Indizierung der Teilflächen: $i := 1..n$ *Indizierung der Knotenpunkte:* $j := 1..4$

Beschreibung des ersten Rechtecks durch die Koordinaten der Knotenpunkte:

$y_{1,1} := 2.5mm$ $z_{1,1} := -50mm$ $y_{1,2} := -2.5mm$ $z_{1,2} := -50mm$ $Vz_1 := 1$

$y_{1,3} := 2.5mm$ $z_{1,3} := 50mm$ $y_{1,4} := -2.5mm$ $z_{1,4} := 50mm$

Beschreibung des zweiten Rechtecks durch die Koordinaten der Knotenpunkte:

$y_{2,1} := 47.5mm$ $z_{2,1} := 45mm$ $y_{2,2} := 2.5mm$ $z_{2,2} := 45mm$ $Vz_2 := 1$

$y_{2,3} := 47.5mm$ $z_{2,3} := 50mm$ $y_{2,4} := 2.5mm$ $z_{2,4} := 50mm$

Beschreibung des dritten Rechtecks durch die Koordinaten der Knotenpunkte:

$y_{3,1} := -2.5mm$ $z_{3,1} := -50mm$ $y_{3,2} := -47.5mm$ $z_{3,2} := -50mm$ $Vz_3 := 1$

$y_{3,3} := -2.5mm$ $z_{3,3} := -45mm$ $y_{3,4} := -47.5mm$ $z_{3,4} := -45mm$

Anmerkung: Der folgende Lösungsweg ist mit dem von Aufgabe 3.1 identisch, deshalb wird der entsprechenden Teil übersprungen und mit der Suche nach der maximalen Spannung fortgefahren.

Hilfsroutinen zum Auffinden des Punktes mit der betragsmäßig größten Spannung:

$$fmax(s,x) := \begin{vmatrix} x \text{ if } (|s| - |x|) < 0 \\ s \text{ otherwise} \end{vmatrix} \qquad ijmax(s,x,ij,ijalt) := \begin{vmatrix} ij \text{ if } (|s| - |x|) < 0 \\ ijalt \text{ otherwise} \end{vmatrix}$$

Suchprogramm zum Auffinden des Elementes und des Punktes, in dem die größte Spannung auftritt:

```
ij := | σmax ← 0Pa
      | ialt ← 1
      | jalt ← 1
      | for i ∈ 1..n
      |   for j ∈ 1..4
      |     | imax ← ijmax(σmax, σ[i,j], i, ialt)
      |     | jmax ← ijmax(σmax, σ[i,j], j, jalt)
      |     | σmax ← fmax(σmax, σ[i,j])
      |     | ialt ← imax
      |     | jalt ← jmax
      | ij[1] ← imax
      | ij[2] ← jmax
      | ij
```

Spannungen für die vier Eckpunkte einer Teilfläche jeweils in einer Zeile:

$$\sigma = \begin{pmatrix} 139.44 & 120.083 & -120.083 & -139.44 \\ 67.103 & -107.107 & 54.127 & -120.083 \\ 120.083 & -54.127 & 107.107 & -67.103 \end{pmatrix} \frac{N}{mm^2}$$

Ermittlung der maximalen Spannung und der zugehörigen Stelle im Profil:

Teilfläche := ij_1 Punkt := ij_2 $\sigma_{max} := \sigma_{ij_1, ij_2}$

Die maximale Spannung tritt auf in Punkt = 1 von Teilfläche = 1

und beträgt $\sigma_{max} = 139.44 \frac{N}{mm^2}$

Lösung der Aufgabe 3.2 mithilfe von Matlab

Matlab m-File für die Aufgabe 3.2

```
% Aufgabe 3.2
% Ermittlung der Spannungen in einem Balken mit un-
% symmetrischem Profil aus rechteckigen Teilprofilen mit
% achsparallelen Seiten unter Biegemomentenbelastung
% Eingabe der Konstanten
% Biegemomente
L=1.5;                                              % m
F=1100;                                             % N
My=-L*F; Mz=0;                                      % Nm
Mymm=My*1000;Mzmm=Mz*1000;                          % Nmm
% Teilflächen-Eckkoordinaten; Zeilen=Punkte, Spalten=Flaechen
y=[2.5 47.5 -2.5;-2.5 2.5 -47.5;2.5 47.5 -2.5;-2.5 2.5 -47.5]
z=[-50 45 -50;-50 45 -50;50 50 -45;50 50 -45]                  % mm
Vz=[1 1 1];
```

Anmerkung : Der folgende Lösungsweg ist mit dem von Aufgabe 3.1 identisch; deshalb wird der entsprechende Teil übersprungen und mit den berechneten Spannungen und der Suche nach der maximalen Spannung fortgefahren.

```
sigma =   139.4396    67.1031  120.0830
          120.0830 -107.1069  -54.1270
         -120.0830   54.1270  107.1069
         -139.4396 -120.0830  -67.1031
sigma_abs_max =  139.4396
```

Lösung der Aufgabe 3.2 mithilfe von Maple

```
> restart;with(linalg):
```

Biegemomente als vorgegebene Belastung:

```
> My:=-1650*1000; Mz:=0; # Umrechnung in [Nmm]
```

$$My := -1650000 \quad Mz := 0$$

Eingabe der Koordinaten [y,z] der Flächenknotenpunkte:

```
> Flaeche_1:=[[2.5,-50],[-2.5,-50],[2.5,50],[-2.5,50]];
  Flaeche_2:=[[47.5,45],[2.5,45],[47.5,50],[2.5,50]];
  Flaeche_3:=[[-2.5,-50],[-47.5,-50],[-2.5,-45],[-47.5,-45]];
```

$$Flaeche\_1 := [[2.5, -50], [-2.5, -50], [2.5, 50], [-2.5, 50]]$$

$$Flaeche\_2 := [[47.5, 45], [2.5, 45], [47.5, 50], [2.5, 50]]$$

$$Flaeche\_3 := [[-2.5, -50], [-47.5, -50], [-2.5, -45], [-47.5, -45]]$$

Vorzeichen der Teilflächen:

```
> Vz:=[1,1,1];
```

$$Vz := [1, 1, 1]$$

Anmerkung: Der folgende Lösungsweg ist mit dem von Aufgabe 3.1 identisch, deshalb wird der entsprechende Teil übersprungen und mit den berechneten Spannungen und der Suche nach der maximalen Spannung fortgefahren.

Matrix sigma der Spannungen, Spalte=Fläche und Zeile=Punkte

```
> sigma:=evalm(Koeffy*yT + Koeffz*zT)
```

$$\sigma := \begin{bmatrix} 139.4396488 & 67.1030906 & 120.0829880 \\ 120.0829880 & -107.1068562 & -54.1269588 \\ -120.0829880 & 54.1269588 & 107.1068562 \\ -139.4396488 & -120.0829880 & -67.1030906 \end{bmatrix}$$

Betragsmäßig größte Spannung:

```
> sigmamax:=0:
  for n from 1 to 3 do
  sigmamax:=max(sigmamax,seq(sigma[i,n],i=1..4)):
  end do:
  sigmamax;
```

$$139.4396488$$

3.2 Spannungstransformation

Grundlagen:

Der Spannungszustand am ebenen Element (Bild 3.7) wird durch die Zugspannungen σ_x, σ_y und die Schubspannungen τ_{xy}, τ_{yx} beschrieben, die zusammen den Spannungstensor σ_{xy} (3.6) bilden.

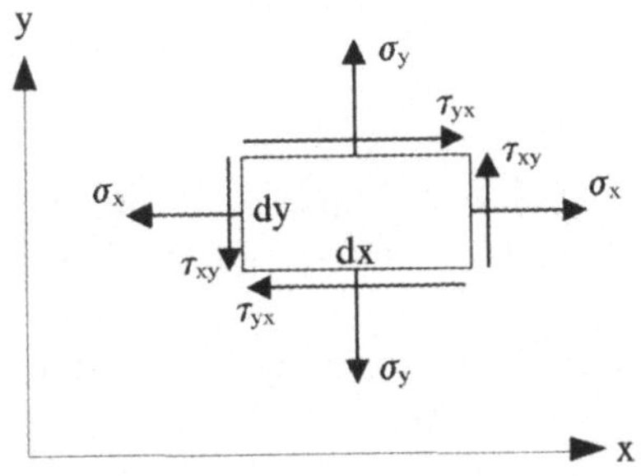

Bild 3.7 Spannungen in x-y-Koordinaten

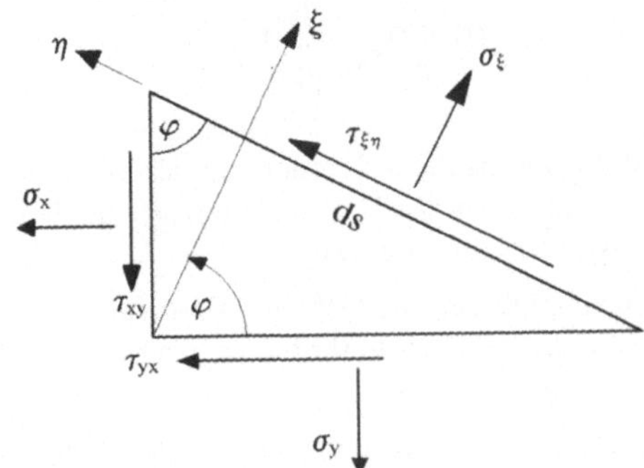

Bild 3.8 Spannungen in gedrehten Koordinaten

$$\text{Spannungstensor:}\quad \sigma_{xy} = \begin{bmatrix} \sigma_x & \tau_{xy} \\ \tau_{yx} & \sigma_y \end{bmatrix} \quad (3.6) \qquad \text{mit}\quad \tau_{yx} = \tau_{xy} \quad (3.7)$$

Der Spannungstensor ist abhängig vom Koordinatensystem. Für das gegenüber dem x-y-Koordinatensystem um den Winkel ϕ gedrehte $\xi-\eta-$Koordinatensystem ergeben sich für die Spannungen σ_ξ und $\tau_{\xi\eta}$ aufgrund des Gleichgewichts der Kräfte die Beziehungen (3.8a) und (3.8c). Die Spannung σ_η (3.8b) ergibt sich aus (3.8a), wenn man den Winkel ϕ durch $\phi + \pi / 2$ ersetzt.

$$\sigma_\xi = \frac{\sigma_x + \sigma_y}{2} + \frac{\sigma_x - \sigma_y}{2} \cdot \cos(2 \cdot \phi) + \tau_{xy} \cdot \sin(2 \cdot \phi)\,, \tag{3.8a}$$

$$\sigma_\eta = \frac{\sigma_x + \sigma_y}{2} - \frac{\sigma_x - \sigma_y}{2} \cdot \cos(2 \cdot \phi) - \tau_{xy} \cdot \sin(2 \cdot \phi)\,, \tag{3.8b}$$

$$\tau_{\xi\eta} = -\frac{\sigma_x - \sigma_y}{2} \cdot \sin(2 \cdot \phi) + \tau_{xy} \cdot \cos(2 \cdot \phi)\,. \tag{3.8c}$$

Hauptspannungen liegen für die Richtungen vor, für die die Schubspannung $\tau_{\xi\eta}$ zu Null wird. Dies ist für den Winkel

$$\phi_H = \frac{1}{2} \cdot \mathrm{a\,tan}\left(\frac{2 \cdot \tau_{xy}}{\sigma_x - \sigma_y} \right) \tag{3.9}$$

der Fall, der die Orientierung des Elementes angibt. Die beiden zugehörigen Hauptspannungen σ_1 und σ_2 ergeben sich durch Einsetzen des Winkels ϕ_H in die Spannungsbeziehungen (3.8a) und (3.8b) zu:

$$\sigma_1 = \frac{\sigma_x + \sigma_y}{2} + \sqrt{\left(\frac{\sigma_x - \sigma_y}{2} \right)^2 + \tau_{xy}^2}\,, \tag{3.10a}$$

$$\sigma_2 = \frac{\sigma_x + \sigma_y}{2} - \sqrt{\left(\frac{\sigma_x - \sigma_y}{2}\right)^2 + \tau_{xy}^2} \;. \tag{3.10b}$$

Auf die anschauliche Darstellung des Spannungszustandes und seiner Transformation mit Hilfe des „Mohrschen Kreises“ sei an dieser Stelle hingewiesen. Auf diese Methode wird bei Lösung der Aufgabe 3.4 eingegangen.

Statt mithilfe der angegebenen Formeln die Spannungen zu transformieren, kann die Transformation sehr einfach mithilfe der Routinen durchgeführt werden, die die Programme zur Verfügung stellen.

Gegeben sei der Spannungstensor in x-y-Koordinaten, gesucht sei der Spannungstensor in einem um den Winkel ϕ gedrehten Koordinatensystem (siehe Bild 3.10) mithilfe der von den Programmen angebotenen Routinen. Dazu ist die Drehmatrix zu ermitteln.

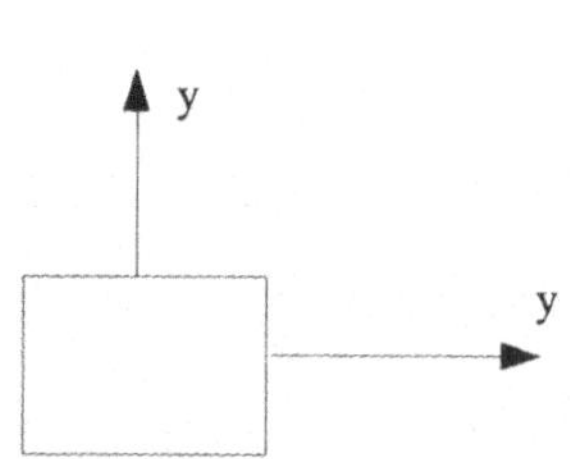

Bild 3.9 Element in Ausgangslage

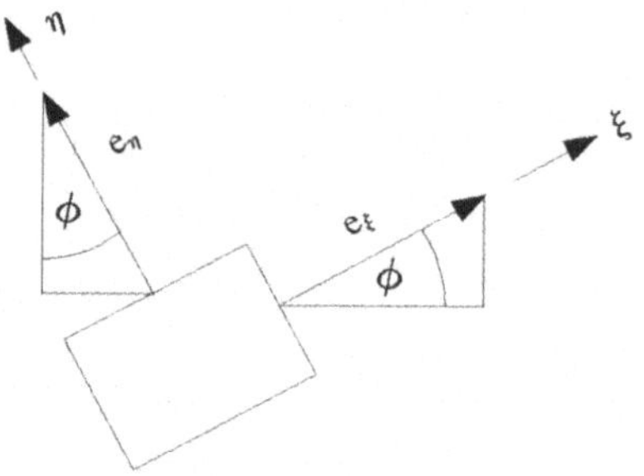

Bild 3.10 Element um ϕ gedreht

Aus Bild 3.10 ergeben sich die Einheitsvektoren in $\xi - \eta -$ Richtung zu:

$$e_\xi = \begin{bmatrix} \cos(\phi) \\ \sin(\phi) \end{bmatrix} \quad \text{und} \quad e_\eta = \begin{bmatrix} -\sin(\phi) \\ \cos(\phi) \end{bmatrix}. \tag{3.11}$$

Daraus lässt sich die Drehmatrix $D = [\, e_\xi , e_\eta \,]$

$$\text{d.h.}\quad D = \begin{bmatrix} \cos(\phi) & -\sin(\phi) \\ \sin(\phi) & \cos(\phi) \end{bmatrix} \tag{3.12}$$

definieren.

Die Transformation des Spannungstensors ergibt sich durch folgende Matrix-Operation:

$$\sigma_{\xi\eta} = D^T \cdot \sigma_{xy} \cdot D \tag{3.13}$$

Die Transformation auf Hauptachsen ist noch einfacher durchzuführen. Die Hauptspannungen ergeben sich als Eigenwerte der Matrix σ_{xy}, die Hauptrichtungen als die Eigenvektoren dieser Matrix. Zur Durchführung dieser Transformation genügt der Aufruf entsprechender Routinen des jeweiligen Programms. Großer Vorteil hierbei ist, dass auf diese Weise auch dreidimensionale Spannungszustände behandelt werden können, während der Formelsatz für den dreidimensionalen Fall erst neu ermittelt werden müsste.

Aufgabe 3.3

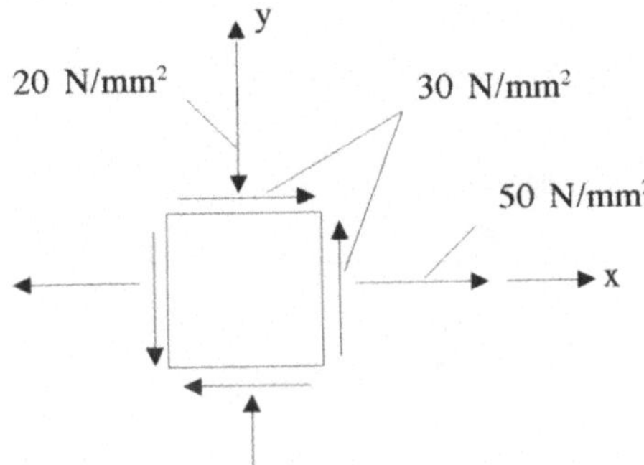

Bild 3.11 Ebener Spannungszustand

Ein ebener Spannungszustand ist in Bild 3.11 durch die eingezeichneten Spannungen vorgegeben.

Man ermittle

a) Hauptspannungen und Hauptrichtungen,

b) Normal- und Schubspannungen, die in einer Schnittfläche wirken, deren Normale den Winkel $\phi = 30^{\circ}$ mit der x-Achse bildet.

Lösungsweg zu Aufgabe 3.3

- Aufgabe a)

  Die Hauptspannungen und Hauptrichtungen können entweder mithilfe der Formeln (3.9), (3.10a) und (3.10b) ermittelt werden oder mithilfe der Routinen, die von den Programmen zur Transformation einer Matrix auf Hauptachsen angeboten werden.

- Aufgabe b)

  Die Spannungen, die auf das um $\phi = 30^{\circ}$ gedrehte Element wirken, können mithilfe der Formeln (3.8a) bis (3.8c) oder mithilfe der Formeln (3.12) und (3.13) ermittelt werden.

Lösung der Aufgabe 3.3 mithilfe von Mathcad

ORIGIN:= 1

Spannungszustand:

$\sigma_x := 50\frac{N}{mm^2}$ $\sigma_y := -20\frac{N}{mm^2}$ $\tau_{xy} := 30\frac{N}{mm^2}$ $\tau_{yx} := \tau_{xy}$

Teilaufgabe a) (Transformation auf Hauptachsen)

Lösung mit Hilfe des Formelsatzes:

Drehwinkel zur Festlegung der Hauptachsen: $\phi_H := \frac{1}{2}\cdot \operatorname{atan}\left(\frac{2\cdot\tau_{xy}}{\sigma_x - \sigma_y}\right)$ $\phi_H = 20.301\mathrm{Grad}$

Ermittlung der Hauptspannungen:

$$\sigma_1 := \frac{\sigma_x + \sigma_y}{2} + \sqrt{\left(\frac{\sigma_x - \sigma_y}{2}\right)^2 + \tau_{xy}^{\,2}} \qquad \sigma_1 = 61.098\frac{\mathrm{N}}{\mathrm{mm}^2}$$

$$\sigma_2 := \frac{\sigma_x + \sigma_y}{2} - \sqrt{\left(\frac{\sigma_x - \sigma_y}{2}\right)^2 + \tau_{xy}^{\,2}} \qquad \sigma_2 = -31.098\frac{\mathrm{N}}{\mathrm{mm}^2}$$

Lösung mit Hilfe der Matrix-Operationen:

Spannungstensor: $\sigma_{xy} := \begin{pmatrix} \sigma_x & \tau_{xy} \\ \tau_{yx} & \sigma_y \end{pmatrix}$

Ermittlung der Hauptspannungen: $\sigma_H := \mathrm{eigenwerte}(\sigma_{xy})$ $\sigma_H = \begin{pmatrix} 61.098 \\ -31.098 \end{pmatrix}\frac{\mathrm{N}}{\mathrm{mm}^2}$

Die Hauptspannungen entsprechen den Komponenten.

Ermittlung der Hauptrichtungen (in Form der Eigenvektoren):

$e_{\xi\eta} := \mathrm{eigenvektoren}(\sigma_{xy})$ $e_{\xi\eta} = \begin{pmatrix} 0.938 & -0.347 \\ 0.347 & 0.938 \end{pmatrix}$

Der Drehwinkel ergibt sich aus den Komponenten des Einheitsvektors e_ξ *(erste Spalte von* $e_{\xi\eta}$*).*

$e_\xi := \begin{pmatrix} 0.938 \\ 0.347 \end{pmatrix}$ $\phi_H := \operatorname{atan}\left(\frac{e_{\xi_2}}{e_{\xi_1}}\right)$ $\phi_H = 20.301\mathrm{Grad}$

Teilaufgabe b) (Drehung um Winkel 30 Grad)

Lösung mit Hilfe des Formelsatzes:

$\phi := 30\mathrm{Grad}$

$$\sigma_\xi := \frac{\sigma_x + \sigma_y}{2} + \frac{\sigma_x - \sigma_y}{2}\cdot\cos(2\cdot\phi) + \tau_{xy}\cdot\sin(2\cdot\phi)$$

$$\sigma_\eta := \frac{\sigma_x + \sigma_y}{2} - \frac{\sigma_x - \sigma_y}{2}\cdot\cos(2\cdot\phi) - \tau_{xy}\cdot\sin(2\cdot\phi)$$

$$\tau_{\xi\eta} := -\frac{\sigma_x - \sigma_y}{2}\cdot\sin(2\cdot\phi) + \tau_{xy}\cdot\cos(2\cdot\phi)$$

$$\sigma_\xi = 58.481\frac{N}{mm^2} \qquad \sigma_\eta = -28.481\frac{N}{mm^2} \qquad \tau_{\xi\eta} = -15.311\frac{N}{mm^2}$$

Lösung mit Hilfe der Matrix-Operationen:

Drehmatrix: $D := \begin{pmatrix} \cos(\phi) & -\sin(\phi) \\ \sin(\phi) & \cos(\phi) \end{pmatrix} \qquad D = \begin{pmatrix} 0.866 & -0.5 \\ 0.5 & 0.866 \end{pmatrix}$

$$\sigma_{\xi\eta} := D^T\cdot\sigma_{xy}\cdot D \qquad \sigma_{\xi\eta} = \begin{pmatrix} 58.481 & -15.311 \\ -15.311 & -28.481 \end{pmatrix}\frac{N}{mm^2}$$

Die Spannungen entsprechen den Komponenten des Spannungstensors.

Lösung der Aufgabe 3.3 mithilfe von Matlab

Matlab m-File für die Aufgabe 3.3

Anmerkung: Es wird hier nur die Lösung mithilfe von Eigenwerten und Eigenvektoren (Matrix-Operationen) angegeben

```
% Aufgabe 3.3
% Spannungstransformationen mithilfe Matrix-Operationen
sigma_x=50;sigma_y=-20;thau_xy=30;thau_yx=30;    % N/mmm^2
% Spannungstensor (-matrix)
sigma=[sigma_x thau_xy;thau_yx sigma_y]
% Eigenvektoren (Richtungen der Hauptspannungen als Einheits-
% vektoren) und zugehörige Eigenwerte (Hauptspannungen)
[sigma_eigenvek,sigma_haupt]=eig(sigma)
% Richtungswinkel der größeren Hauptspannung
phi_haupt=atan2(sigma_eigenvek(2,2),sigma_eigenvek(1,2))...
    *180/pi
% Ermittlung der Spannungen in einem um 30° gedrehten
% Koordinatensystem mithilfe einer Drehmatrix
phi=30*pi/180;
T_30=[cos(phi) -sin(phi);sin(phi) cos(phi)]
sigma_phi=T_30'*sigma*T_30
% Ende Aufgabe 3.3
```

Ausgaben im Matlab „Command Window"

Anmerkung:Matlab gibt die Eigenwerte und zugehörigen Eigenvektoren in aufsteigender Reihenfolge aus

```
sigma =      50     30
             30    -20
sigma_eigenvek =    0.3469   -0.9379
                   -0.9379   -0.3469
sigma_haupt =  -31.0977          0
                     0     61.0977
phi_haupt = -159.6994
T_30 =     0.8660   -0.5000
           0.5000    0.8660
sigma_phi =    58.4808  -15.3109
              -15.3109  -28.4808
```

Lösung der Aufgabe 3.3 mithilfe von Maple

> *restart;with(linalg):*

vorgegebener Spannungszustand:

> sigma_x:=50; sigma_y:=-20; tau_xy:=30; tau_yx:=tau_xy ; # [N/mm²]

sigma_x := 50 *sigma_y* := -20 *tau_yx* := 30

Teilaufgabe a):

Formellösung

> Phi_H:=1/2*arctan(2*tau_xy/(sigma_x-sigma_y));
evalf(%);
evalf(convert (%,degrees));

$$Phi\_H := \frac{1}{2}\arctan\left(\frac{6}{7}\right)$$

.3543131360

20.30064731 *degrees*

Hauptspannungen:

> sigma_1:=(sigma_x + sigma_y)/2 + sqrt(((sigma_x - sigma_y)/2)^2 + tau_xy^2);
evalf(%);
sigma_2:=(sigma_x + sigma_y)/2 - sqrt(((sigma_x - sigma_y)/2)^2 + tau_xy^2);
evalf(%);

$$sigma\_1 := 15 + 5\sqrt{85}$$

61.09772228

$$sigma\_2 := 15 - 5\sqrt{85}$$

$$-31.09772228$$

Matrixlösung:

Spannungstensor

```
> sigma_xy:=matrix([[sigma_x,tau_xy] ,[tau_yx,sigma_y]]);
> sigma_H:=evalf(Eigenvals(sigma_xy,vecs));
```

$$sigma\_xy := \begin{bmatrix} 50 & 30 \\ 30 & -20 \end{bmatrix}$$

$$sigma\_H := [-31.09772227, 61.09772229]$$

```
> e_xi_eta:=evalm(vecs);
```

$$e\_xi\_eta := \begin{bmatrix} .3469462478 & -.9378850149 \\ -.9378850149 & -.3469462478 \end{bmatrix}$$

Drehwinkel:

```
> e_xi:=submatrix(e_xi_eta,1..2,2..2);
  Phi_H:=arctan(e_xi[2,1]/e_xi[1,1]);
  Phi_H:=evalf(convert (%,degrees));
```

$$e\_xi := \begin{bmatrix} -.9378850149 \\ -.3469462478 \end{bmatrix}$$

$$Phi\_H := .3543131361$$

$$Phi\_H := 20.30064732\ degrees$$

Teilaufgabe b) (Drehung um Winkel phi = 30°)

Formellösung

```
> Phi:=convert(30*degrees,radians); #Argument nur in Radiant
```

$$\Phi := \frac{1}{6}\pi$$

```
> sigma_xi:=(sigma_x + sigma_y)/2 + ((sigma_x - sigma_y)/2)*cos(2*Phi) + tau_xy*sin(2*Phi);
  sigma_eta:=(sigma_x + sigma_y)/2 - ((sigma_x - sigma_y)/2)*cos(2*Phi) - tau_xy*sin(2*Phi);
  tau_xi_eta:= -((sigma_x - sigma_y)/2)*sin(2*Phi) + tau_xy*cos(2*Phi);
  evalf(sigma_xi);evalf(sigma_eta);evalf(tau_xi_eta);
```

$$sigma\_xi := \frac{65}{2} + 15\sqrt{3}$$

$$sigma\_eta := -\frac{5}{2} - 15\sqrt{3}$$

$$tau\_xi\_eta := -\frac{35}{2}\sqrt{3} + 15$$

58.48076212

-28.48076212

-15.31088914

Matrixlösung:

```
> Dm:=matrix([[cos(Phi),-sin(Phi)],[sin(Phi),cos(Phi)]]); # D als Symbol ist schon von Maple belegt
  sigma_xi_eta:=evalf(multiply(transpose(Dm) , sigma_xy , Dm));
```

$$Dm := \begin{bmatrix} \frac{1}{2}\sqrt{3} & \frac{-1}{2} \\ \frac{1}{2} & \frac{1}{2}\sqrt{3} \end{bmatrix}$$

$$sigma\_xi\_eta := \begin{bmatrix} 58.48076216 & -15.31088913 \\ -15.31088913 & -28.48076212 \end{bmatrix}$$

Aufgabe 3.4

Im Beispiel gemäß Bild 3.12 sind die beiden Hauptspannungen vorgegeben.

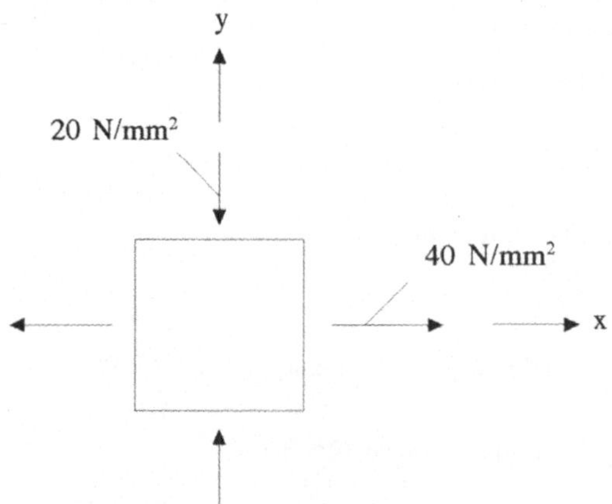

a) Welche Lage hat ein gedrehtes $\xi - \eta$ – Koordinatensystem, in dem die Spannung $\sigma_\xi = 0$ ist?

b) Ermitteln Sie den zugehörigen Spannungstensor.

Bild 3.12 Beispiel mit vorgegebenen Hauptspannungen

Lösungsweg zu Aufgabe 3.4

- Aufgabe a)

  Es ist der Drehwinkel ϕ zu bestimmen, für den die Spannung $\sigma_\xi = 0$ ist. Im Folgenden wird die anschauliche Lösung nach Mohr angeführt, die als Hilfestellung für die Formulierung des rechnerischen Vorgehens dienen kann.

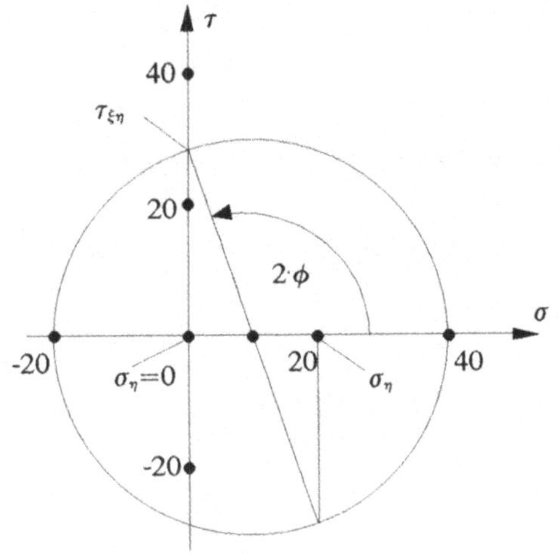

Hinweis: Die wirkliche Drehrichtung für den Winkel ist der Drehrichtung im Mohrschen Kreis entgegengesetzt. Da die eingezeichnete Richtung positiv ist, ist der Winkel in Wirklichkeit negativ. Man kann ablesen:

$\phi = -55^{\circ}$. Analog ergibt sich als zweite Lösung $\phi = 55^{\circ}$.

Bild 3.13 Lösung nach Mohr

Rechnerisch werden die beiden Lösungen gefunden, indem die Nullstellen der Funktion $\sigma_\eta(\phi) = 0$ nach (3.8b) gesucht werden. Dazu werden die Lösungsroutinen eingesetzt, die von den Programmen angeboten werden.

- Aufgabe b)

  Durch Einsetzen der gefundenen Werte für ϕ kann der Spannungstensor dann entweder mithilfe von (3.8a), (3.8c) oder (3.12), (3.13) ermittelt werden.

Lösung der Aufgabe 3.4 mithilfe von Mathcad

ORIGIN:= 1

Spannungszustand:

$$\sigma_x := 40\frac{N}{mm^2} \qquad \sigma_y := -20\frac{N}{mm^2} \qquad \tau_{xy} := 0\frac{N}{mm^2} \qquad \tau_{yx} := \tau_{xy}$$

Spannungstensor:

$$\sigma_{xy} := \begin{pmatrix} \sigma_x & \tau_{xy} \\ \tau_{yx} & \sigma_y \end{pmatrix} \qquad \sigma_{xy} = \begin{pmatrix} 40 & 0 \\ 0 & -20 \end{pmatrix}\frac{N}{mm^2}$$

Transformation der Spannung gemäß Formel (3.8a):

$$\sigma_\xi(\phi) := \frac{\sigma_x + \sigma_y}{2} + \frac{\sigma_x - \sigma_y}{2}\cdot\cos(2\cdot\phi) + \tau_{xy}\cdot\sin(2\cdot\phi)$$

Verlauf der Spannungen in Abhängigkeit vom Winkel:

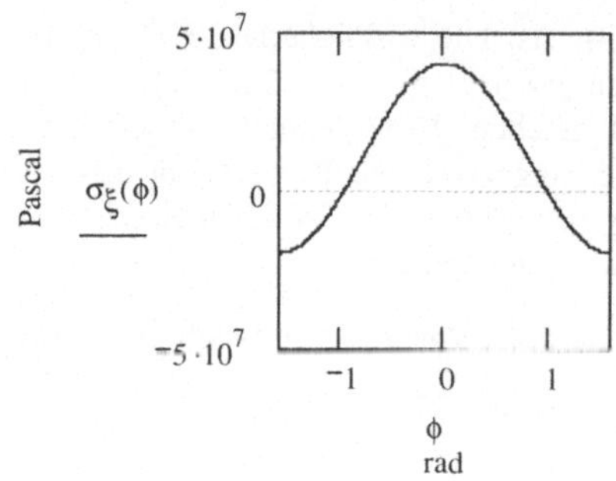

Suche des Winkels, für den die Spannung Null wird:

Weg 1: Mithilfe von "auflösen" im Menü "Symbolik"

$\sigma_\xi(\phi) = 0$ auflösen , $\phi \rightarrow \frac{1}{2}\cdot\pi - \frac{1}{2}\cdot\text{acos}\left(\frac{1}{3}\right)$

$\phi_{Null} := \frac{1}{2}\cdot\pi - \frac{1}{2}\cdot\text{acos}\left(\frac{1}{3}\right)$ $\phi_{Null} = 54.736\text{Grad}$

Anmerkung: Auf diesem Wege wird nur eine Lösung (die positive) gefunden.

Weg 2: Mithilfe der Funktion "wurzel"

$\phi_{Null\_1} := \text{wurzel}\left(\sigma_\xi(\phi), \phi, 0, \frac{\pi}{2}\right)$ $\phi_{Null\_1} = 54.736\text{Grad}$

$\phi_{Null\_2} := \text{wurzel}\left(\sigma_\xi(\phi), \phi, 0, \frac{-\pi}{2}\right)$ $\phi_{Null\_2} = -54.736\text{Grad}$

Berechnung der Spannungen im gedrehten Koordinatensystem mithilfe der Formeln (3.12) und (3.13):

$D(\phi) := \begin{pmatrix} \cos(\phi) & -\sin(\phi) \\ \sin(\phi) & \cos(\phi) \end{pmatrix}$ $\sigma_{\xi\eta}(\phi) := D(\phi)^T \cdot \sigma_{xy} \cdot D(\phi)$

Spannungstensor für positive Lösung: $\sigma_{\xi\eta}(\phi_{Null\_1}) = \begin{pmatrix} -2.881\times 10^{-15} & -28.284 \\ -28.284 & 20 \end{pmatrix} \frac{N}{mm^2}$

Spannungstensor für negative Lösung: $\sigma_{\xi\eta}(\phi_{Null\_2}) = \begin{pmatrix} -2.881\times 10^{-15} & 28.284 \\ 28.284 & 20 \end{pmatrix} \frac{N}{mm^2}$

Lösung der Aufgabe 3.4 mithilfe von Matlab

Matlab m-File für die Aufgabe 3.4

Anmerkung: Es wird hier nur die Lösung mit dem Formelsatz dargestellt

```
% Aufgabe 3.4
% Belegung der Konstanten
delta=360;
phi=linspace(-pi/2,pi/2,delta+1);
phi_g=phi*180/pi;
%
sx=40;sy=-20;txy=0;tyx=txy;     % N/mmm^2
```

```
% Spannungstensor (-matrix)
sigma=[sx txy;tyx sy]
% Normalspannung in Richtung phi (Winkel zur x-Achse) als
% inline-Funktion
sxi_phi=...
    inline('(sx+sy)/2+((sx-sy)/2)*cos(2*x)+txy*sin(2*x)',...
    'x','sx','sy','txy');
s_phi=sxi_phi(phi,sx,sy,txy);
% grafische Ausgabe
plot(phi_g,s_phi);
xlim([min(phi_g) max(phi_g)]);
title('{\sigma}_{\xi}(\phi)');
xlabel('\phi / °');
ylabel('{\sigma}_{\xi}{ / N/mm}^{2}');
% Nullstellensuche im Bereich -pi/2 bis pi/2 mit fzero
% fzero ruft die inline-Funktion sxi_phi (ohne '' weil inline)
% auf. Weitere Argumente sind der Untersuchungsbereich, der
% wegen der Symmetrie unterteilt wurde, ein leeres Optionsfeld
% und die weiteren, nicht variierenden Parameter
warning off MATLAB:fzero:UndeterminedSyntax   % Unterdruecken
phi0_pos=fzero(sxi_phi,[0 pi/2],[],sx,sy,txy)
phi0_neg=fzero(sxi_phi,[-pi/2 0],[],sx,sy,txy)
% Ermittlung der Spannungen in einem um phi0 gedrehten
% Koordinatensystem mit Hilfe von Drehmatrizen
T_phi0_pos=[cos(phi0_pos) -sin(phi0_pos);...
            sin(phi0_pos) cos(phi0_pos)];
sigma_phi0_pos=T_phi0_pos'*sigma*T_phi0_pos
T_phi0_neg=[cos(phi0_neg) -sin(phi0_neg);...
            sin(phi0_neg) cos(phi0_neg)];
sigma_phi0_neg=T_phi0_neg'*sigma*T_phi0_neg
% Ende Aufgabe 3.4
```

Ausgaben im Matlab „Command Window“

```
sigma =     40      0
             0    -20
phi0_pos =     0.9553
phi0_neg =    -0.9553
sigma_phi0_pos =    -0.0000  -28.2843
                   -28.2843   20.0000
sigma_phi0_neg =    -0.0000   28.2843
                    28.2843   20.0000
```

```
Verlauf der Spannung in Abhängigkeit vom Winkel siehe Mathcad-
Lösung.
```

Lösung der Aufgabe 3.4 mithilfe von Maple

> *restart;with(linalg):*

vorgegebener Spannungszustand:

> sigma_x:=40; sigma_y:=-20; tau_xy:=0; tau_yx:=tau_xy ; # [N/mm²]

$$sigma\_x := 40$$

$$sigma\_y := -20$$

$$tau\_xy := 0$$

$$tau\_yx := 0$$

> sigma_xy:=matrix([[sigma_x,tau_xy] ,[tau_yx,sigma_y]]);

$$sigma\_xy := \begin{bmatrix} 40 & 0 \\ 0 & -20 \end{bmatrix}$$

Transformation der Spannung:

> sigma_xi:=Phi->(sigma_x + sigma_y)/2 + ((sigma_x - sigma_y)/2)*cos(2*Phi) + tau_xy*sin(2*Phi);

$$sigma\_xi := \Phi \rightarrow \frac{1}{2}\, sigma\_x + \frac{1}{2}\, sigma\_y + \frac{1}{2}\,(sigma\_x - sigma\_y)\cos(2\,\Phi) + tau\_xy\sin(2\,\Phi)$$

Lösung für Spannung Null:

>lsg:=solve(sigma_xi(Phi)=0,Phi);

Phi_Null_1:=evalf(lsg);

evalf(convert(%,degrees));

$$lsg := \frac{1}{2}\pi - \frac{1}{2}\arccos\left(\frac{1}{3}\right)$$

$$Phi\_Null\_1 := .9553166185$$

$$54.73561031\ degrees$$

negative Lösung durch numerische Lösung:

> Phi_Null_2:=fsolve(sigma_xi(Phi)=0,Phi=-Pi/2..0);

evalf(convert(%,degrees));

$$Phi\_Null\_2 := -.9553166181$$

$$-54.73561031\ degrees$$

Spannungen im gedrehten Koordinatensystem:

> Dm:=Phi->matrix([[cos(Phi),-sin(Phi)],[sin(Phi),cos(Phi)]]):

sigma_xi_eta:=Phi->evalm(multiply(transpose(Dm(Phi)) , sigma_xy , Dm(Phi))):

sigma_xi_eta(Phi_Null_1); #Spannungstensor für positive Lösung sigma_xi_eta(Phi_Null_2); #Spannungstensor für negative Lösung

$$\begin{bmatrix} -.2\ 10^{-7} & -28.28427124 \\ -28.28427124 & 20.00000001 \end{bmatrix}$$

$$\begin{bmatrix} 0. & 28.28427125 \\ 28.28427124 & 20.00000000 \end{bmatrix}$$

4 Haftung und Reibung

Grundlagen:

Soll untersucht werden, ob ein Körper auf einer rauen Unterlage haftet, oder ob er ins Rutschen gerät, müssen zunächst mithilfe der Gleichgewichtsbedingungen der Statik zwei Kräfte ermittelt werden: Die Haftungskraft H, die in Richtung der Kontaktebene wirkt, und die Anpresskraft N, deren Winkungslinie senkrecht zur Kontaktebene steht. Haften ist dann gewährleistet, wenn die Haftungskraft kleiner gleich der maximal von der Haftungsverbindung aufzubringenden Kraft H_{max} ist:

$$|H| \leq H_{max} \quad (4.1) \qquad \text{mit} \qquad H_{max} = \mu_o \cdot N \quad (4.2)\,.$$

Darin ist μ_o der Haftungskoeffizient, der das Maß für die Rauigkeit in der Kontaktfläche ist.

Es sei an dieser Stelle ausdrücklich angemerkt, dass mit (4.2) die maximale Haftungskraft im Grenzfall zwischen Haften und Rutschen gemeint ist, und dass keinesfalls für die Haftungskraft im Allgemeinen $H = \mu_o \cdot N$ gilt, was leider häufig zu lesen ist.

Wie bereits angedeutet, geht es bei Aufgaben dieser Art darum, die Grenzsituation, den Übergang von Haften zu Rutschen zu ermitteln. Sofern die veränderlichen Größen Kräfte sind, deren Richtungen vorgeben sind, ist die Lösung im Allgemeinen exakt zu ermitteln. Handelt es sich jedoch bei der Veränderlichen um eine geometrische Größe wie z. B. der Neigungswinkel α einer schiefen Ebene, so ergibt sich meist eine transzendente Gleichung, aus der α für den entsprechenden Grenzfall zu ermitteln ist. Alle in diesem Kapitel behandelten Beispiele sind von dieser Art. Zur Ermittlung der Lösung sollen wiederum die Möglichkeiten genutzt werden, die die Programme bieten (grafische Darstellung des Verlaufs der Kräfte, Bestimmung von Nullstellen von Funktionen).

Anhand des folgenden sehr einfachen Beispiels (Bild 4.1) soll das Vorgehen erläutert werden. Gesucht wird bei gegebenen Kräften G und F der Grenzwinkel α_{Gr_u}, bei dem die Grenze zwischen Haften und Rutschen nach unten vorliegt.

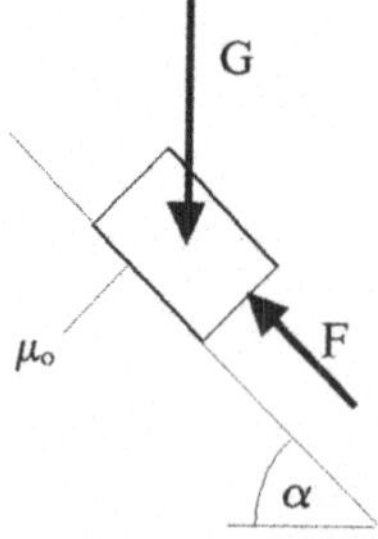

Bild 4.1 Körper auf schiefer Ebene

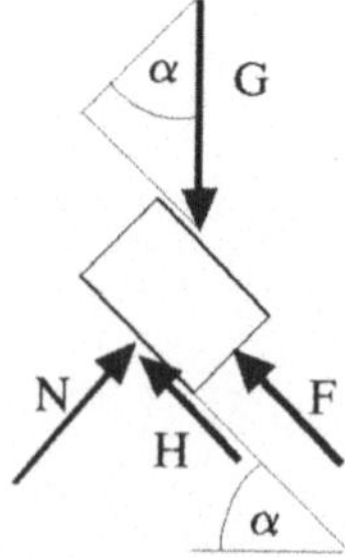

Bild 4.2 Freikörperbild

Aus dem Freikörperbild (Bild 4.2) ergibt sich unmittelbar:

$N(\alpha) = G \cdot \cos(\alpha)$ und $H(\alpha) = G \cdot \sin(\alpha) - F$

Darin ist H so angenommen, dass es der Rutschtendenz nach unten entgegen wirkt. Maximal kann nach (4.2) in der Kontaktfläche die Haftungskraft

$H_{max}(\alpha) = \mu_o \cdot N(\alpha)$

aufgebracht werden. Der Winkel variiert in dem für die Aufgabenstellung sinnvollen Bereich $\alpha = 0..\pi/2$. Dies ist auch der Bereich, der für die folgenden Aufgaben dieses Kapitels sinnvoll ist. Trägt man über dem Winkel α sowohl $H(\alpha)$ als auch $H_{max}(\alpha)$ auf, so ergibt sich mit den konkreten Zahlenwerten G = 200 N, F = 100 N, $\mu_o = 0.3$ folgendes Diagramm:

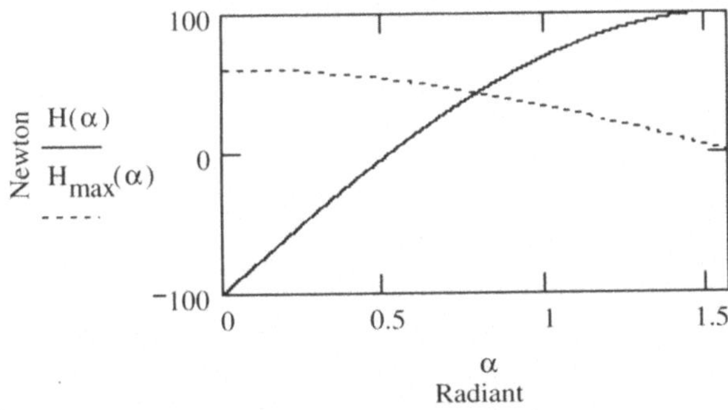

Bild 4.3 Verlauf von Haftungskraft H (α) und Grenz-Haftungskraft $H_{max}(\alpha)$

Aus dem Diagramm kann für den Schnittpunkt beider Kurven der Grenzwinkel (zunächst im Bogenmaß) abgelesen werden. Es ergibt sich $\alpha_{Gr\_u} = 0.791$ (Bogenmaß) als Wert für die Abszisse des Schnittpunktes der beiden Kurven, umgerechnet in Grad: $\alpha_{Gr\_u} = 45.3^o$ Das Diagramm liefert zugleich die Aussage über Haften oder Rutschen. Im Bereich $\alpha < \alpha_{Gr\_u}$ ist die sich aus dem statischen Gleichgewicht ergebende Haftungskraft $H(\alpha)$ kleiner als die maximal von der Haftverbindung aufzubringende Kraft $H_{max}(\alpha)$, d. h. der Körper haftet. Für $\alpha > \alpha_{Gr\_u}$ erfordert die Statik eine Haftungskraft $H(\alpha)$, die größer ist als $H_{max}(\alpha)$, Haften ist damit nicht möglich, der Körper rutscht. Für dieses sehr einfache Beispiel könnte man die Fallunterscheidungen auch ohne die Betrachtung des Diagramms treffen, bei den komplexeren Verhältnissen, wie sie bei Aufgabe 4.2 vorliegen, ist dies nicht mehr ohne Weiteres möglich. In diesem Falle ist das Diagramm sehr hilfreich.

Die Untersuchung des Übergangs Haften/Rutschen nach oben verläuft analog, wobei die Haftungskraft die Richtung ändert, es gilt: $H(\alpha) = F - G \cdot \sin(\alpha)$. Auf die Behandlung dieses Falles wird hier verzichtet. Was die Diskussion aller möglichen Grenzfälle betrifft, so sei hier auf die ausführliche Lösung der Aufgaben 4.1 und 4.2 verwiesen. Bei der Behandlung der Aufgaben wird zusätzlich der Grenzwinkel auf rechnerischem Wege genauer ermittelt, wobei die Möglichkeiten genutzt werden, die die eingesetzten Programme zur Verfügung stellen.

Aufgabe 4.1

Für das in Bild 4.4 dargestellte System sind die Grenzwinkel α_{Gr_u} und α_{Gr_o} zu bestimmen, bei der die auf der schiefen Ebene liegende Kiste nach unten bzw. nach oben zu rutschen beginnt. Der Haftungskoeffizient in der Kontaktebene zwischen Kiste und schiefer Ebene ist μ_o.

Zahlenwerte: $G_1 = 500\text{N}$, $G_2 = 150\text{N}$, $r_1 = 0.3\text{m}$, $r_2 = 0.4\text{m}$, $\mu_o = 0.2$

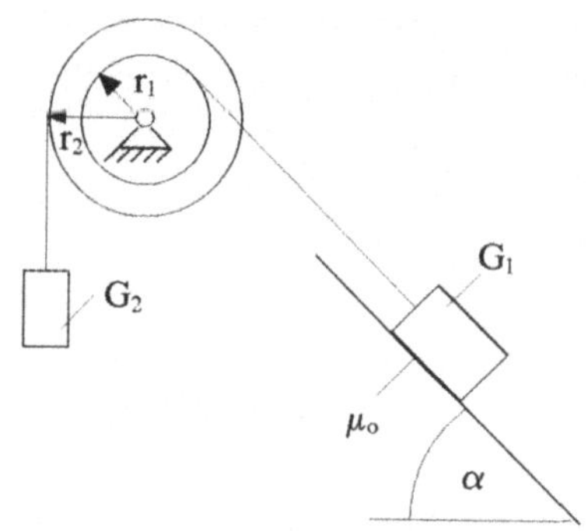

Bild 4.4 System zwischen Haften und Rutschen

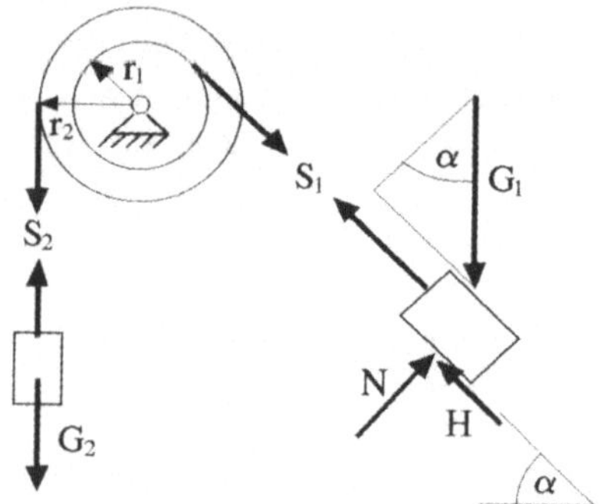

Bild 4.5 Freikörperbild

Lösungsweg zu Aufgabe 4.1

- Ermittlung der Kräfte H und N in Abhängigkeit vom Winkel α:

  Unter der Voraussetzung, dass das System in Ruhe ist (Haften), lassen sich alle Kräfte mit Hilfe der Gleichgewichtsbedingungen ermitteln:
  - Gleichgewicht für den am Seil hängenden Körper in vertikaler Richtung,
  - Momentengleichgewicht an der Übersetzungsrolle,
  - Gleichgewicht am Körper auf der schiefen Ebene in Richtung dieser Ebene und senkrecht dazu.

  Es gilt: $N = G_1 \cdot \cos(\alpha)$ und damit $H_{max} = \mu_o \cdot G_1 \cdot \cos(\alpha)$.

  In Bild 4.5 wird davon ausgegangen, dass eine Bewegungstendenz nach unten vorliegt.

  In diesem Falle gilt: $H = G_1 \cdot \sin(\alpha) - G_2 \cdot \frac{r_2}{r_1}$, womit der Grenzwinkel α_{Gr_u} ermittelt wird.

  Für eine Bewegungstendenz nach oben (zur Berechnung von α_{Gr_o}) ergibt sich die Haftungskraft zu: $H = G_2 \cdot \frac{r_2}{r_1} - G_1 \cdot \sin(\alpha)$.

- Untersuchung der Grenzfälle Haften/Rutschen:

  Für beide Bewegungstendenzen werden die Diagramme für H und H_{max} gezeichnet. Im Bereich $H<H_{max}$ haftet der Körper, im Bereich $H>H_{max}$ rutscht der Körper.

Der Grenzwinkel (Übergang vom Haften zum Rutschen) lässt sich als Lösung ermitteln, bei der die Funktion $f(\alpha) = H_{max}(\alpha) - H(\alpha)$ eine Nullstelle hat. Dazu bieten die Programme entsprechende Routinen an.

Lösung der Aufgabe 4.1 mithilfe von Mathcad

ORIGIN:= 1

Zahlenwerte: $G_1 := 500N$ $G_2 := 150N$ $r_1 := 0.3m$ $r_2 := 0.4m$ $\mu_o := 0.2$

Rutschtendenz auf der schiefen Ebene nach unten:

Haftungskraft für Gleichgewicht: $H(\alpha) := G_1 \cdot \sin(\alpha) - G_2 \cdot \frac{r_2}{r_1}$

Normalkraft: $N(\alpha) := G_1 \cdot \cos(\alpha)$

Grenzhaftung: $H_{max}(\alpha) := \mu_o \cdot N(\alpha)$

Verlauf von Haftungskraft und Grenzhaftung über α:

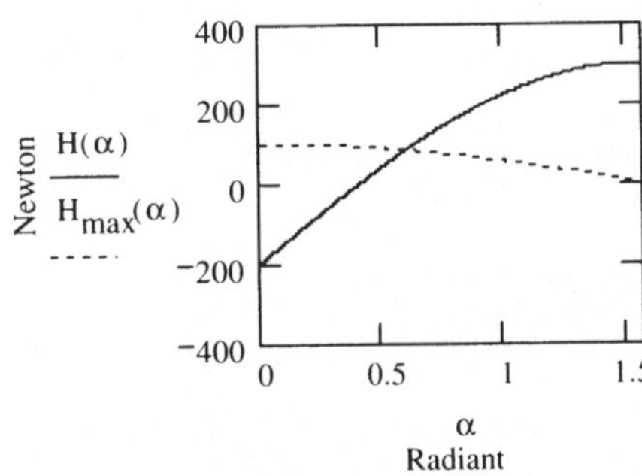

Die Lösung, d. h. der zum Schnittpunkt der beiden Kurven gehörige Winkel, kann z. B. aus dem Diagramm abgelesen werden. Im Folgenden soll die Lösung jedoch mit Hilfe der von Mathcad angebotenen Prozedur "Wurzel" ermittelt werden.

Es wird die Nullstelle der Funktion $f(\alpha) := H_{max}(\alpha) - H(\alpha)$ *gesucht.*

Ausschnitt: $\alpha := 0.5, 0.501 .. 0.7$

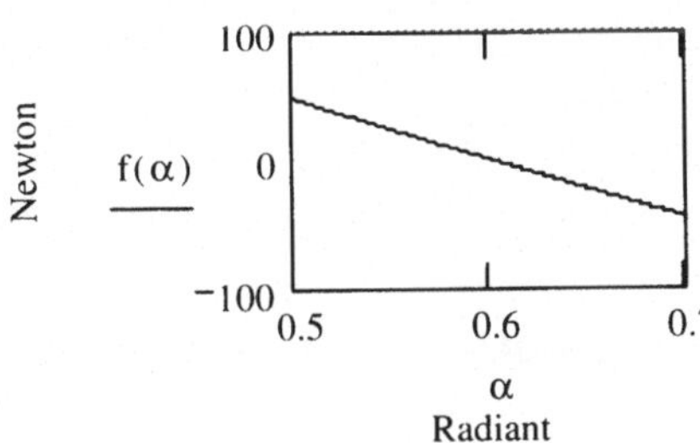

Für den Einsatz der Prozedur "Wurzel" müssen als Argumente ein Wert für α *eingegeben werden, der unterhalb der Nullstelle liegt (* $\alpha = 0.5$*) und ein Wert, der darüber liegt (* $\alpha = 0.7$*).*

$\alpha_{Gr\_u} := \text{wurzel}(f(\alpha), \alpha, 0.5, 0.7)$ $\qquad$ $\alpha_{Gr\_u} = 34.403\text{Grad}$

Hinweis: Das Ergebnis wird zunächst im Bogenmaß angezeigt. Wenn man das Ergebnis markiert, erscheint ein Punkt, den man mit "Grad" überschreiben kann.

Ergebnis: Rutschen nach unten für $\alpha > 34.4$ Grad, da in diesem Bereich $H > H_{max}$

Rutschtendenz auf der schiefen Ebene nach oben:

Haftungskraft für Gleichgewicht: $\qquad$ $H(\alpha) := G_2 \cdot \frac{r_2}{r_1} - G_1 \cdot \sin(\alpha)$ $\qquad$ $\alpha := 0, 0.01 .. \frac{\pi}{2}$

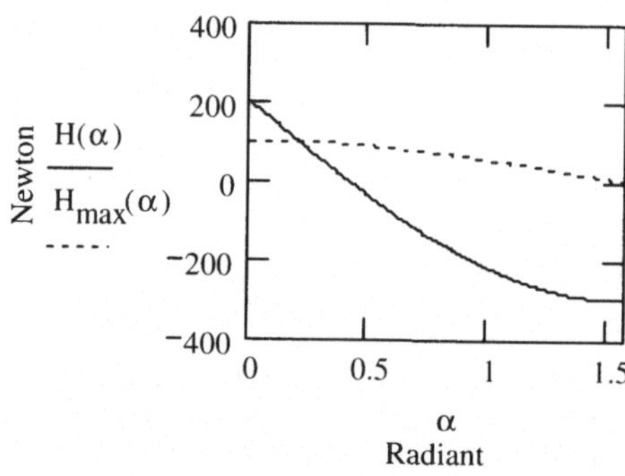

Suchen der Nullstelle, d.h. des Grenzwinkels bei Rutschtendenz nach oben:

$f(\alpha) := H_{max}(\alpha) - H(\alpha)$

Ausschnitt: $\qquad$ $\alpha := 0.1, 0.101 .. 0.3$

20
0
−20
f(α)
Newton
0.1
0.2
0.3
α
Radiant

$\alpha_{Gr\_o} := \text{wurzel}(f(\alpha), \alpha, 0.0, 0.4)$

$\alpha_{Gr\_o} = 11.784\text{Grad}$

Ergebnis: Rutschen nach oben für $\alpha < 11.78$ Grad, da in diesem Bereich wiederum $H > H_{max}$.

Lösung der Aufgabe 4.1 mithilfe von Matlab

Matlab m-File für die Aufgabe 4.1

```
% Aufgabe 4.1
% Belegung der Konstanten
warning off
G1=500; G2=150; r1=0.3; r2=0.4; mu0=0.2;
delta=180;
al=linspace(0,pi/2,delta+1);
al_g=al*180/pi;
% Fallunterscheidung - Haftungskraft wirke nach oben
H_alpha=inline('G1*sin(x)-G2*r2/r1','x','G1','G2','r1','r2');
H_al=H_alpha(al,G1,G2,r1,r2);
Hmax_alpha=inline('mu0*G1*cos(x)','x','G1','mu0');
Hmax_al=Hmax_alpha(al,G1,mu0);
plot(al_g,H_al,al_g,Hmax_al,'k--');
title('Haftkraefte, Rutschtendenz nach unten')
ylabel('H(\alpha) \_\_ , H_{max}(\alpha) -- / N');
xlabel('\alpha /°');
f_alpha=inline('(mu0*G1*cos(x))-(G1*sin(x)-G2*r2/r1)',...
            'x','G1','G2','r1','r2','mu0');
f_al=f_alpha(al,G1,G2,r1,r2,mu0);
% Nullstelle der Funktion f_alpha zwischen 0 und pi/2
alpha0=fzero(f_alpha,[0 pi/2],[],G1,G2,r1,r2,mu0);
alpha0_g=alpha0*180/pi;
sprintf('Grenzwinkel   Rutschen   nach   unten   alpha   =   %g
Grad',alpha0_g)
figure
plot(al,f_al,'g:'),axis([(alpha0-0.01) (alpha0+0.01) -5 +5]);
title('Differenz  f(\alpha)  der  Haftkräfte  nahe  des  Nullpunk-
tes');
ylabel('f(\alpha)... / N');
xlabel('\alpha /°');
% Fallunterscheidung - Haftungskraft wirke nach unten
H_alpha=inline('G2*r2/r1-G1*sin(x)','x','G1','G2','r1','r2');
H_al=H_alpha(al,G1,G2,r1,r2);
Hmax_alpha=inline('mu0*G1*cos(x)','x','G1','mu0');
Hmax_al=Hmax_alpha(al,G1,mu0);
figure
plot(al_g,H_al,al_g,Hmax_al,'k--');
title('Haftkraefte, Rutschtendenz nach oben')
ylabel('H(\alpha) \_\_ , H_{max}(\alpha) -- / N');
```

```
xlabel('\alpha /°');
f_alpha=inline('(mu0*G1*cos(x))-(G2*r2/r1-G1*sin(x))',...
              'x','G1','G2','r1','r2','mu0');
f_al=f_alpha(al,G1,G2,r1,r2,mu0);
alpha0=fzero(f_alpha,[0 pi/2],[],G1,G2,r1,r2,mu0);
alpha0_g=alpha0*180/pi;
sprintf('Grenzwinkel    Rutschen    nach    oben    alpha    =    %g
Grad',alpha0_g)
figure
plot(al,f_al,'r:'),axis([(alpha0-0.01) (alpha0+0.01) -5 +5]);
title('Differenz  f(\alpha)  der  Haftkräfte  nahe  des  Nullpunk-
tes');
ylabel('f(\alpha)... / N');
xlabel('\alpha /°');
% Ende Aufgabe 4.1
```

Auf die Diagramme, in denen zur Ermittlung der Grenzwinkel die Haftungskräfte in Abhängigkeit vom Winkel dargestellt sind, wird hier verzichtet, es wird auf die entsprechenden Diagramme der Mathcad-Lösung verwiesen.

Lösung der Aufgabe 4.1 mithilfe von Maple

> restart;

Zahlenwerte:

> G1:=500; G2:=150; r1:=0.3; r2:=0.4; mu0:=0.2;

$$G1 := 500$$

$$G2 := 150$$

$$r1 := .3$$

$$r2 := .4$$

$$\mu 0 := .2$$

Rutschen auf der schiefen Ebene nach unten:

Haftungskraft für Gleichgewicht:

> H:=alpha->G1*sin(alpha)-G2*r2/r1;

$$H := \alpha \to G1 \sin(\alpha) - \frac{G2\ r2}{r1}$$

Normalkraft:

> N:=alpha->G1*cos(alpha);

$$N := \alpha \to G1 \cos(\alpha)$$

Grenzhaftung:

> Hmax:=alpha->mu0*N(alpha);

$$Hmax := \alpha \rightarrow \mu 0\ N(\alpha)$$

Lösung:

```
> lsg1:=solve(Hmax(alpha)=H(alpha),alpha);
  evalf(convert(lsg1[2],degrees));
```

$$lsg1 := 2.935931139, .6004526343$$

$$34.40340174\ degrees$$

Der Winkel von 2,93 rad ist physikalisch nicht sinnvoll.

Rutschen nach unten für alpha > 34.4 Grad, da in diesem Bereich H>Hmax

Rutschtendenz auf der schiefen Ebene nach oben:

Haftungskraft für Gleichgewicht:

```
> H:=alpha->G2*r2/r1-G1*sin(alpha);
```

$$H := \alpha \rightarrow \frac{G2\ r2}{r1} - G1\ \sin(\alpha)$$

Nullstelle berechnen:

```
> lsg2:=solve(Hmax(alpha)=H(alpha),alpha);
  evalf(convert(lsg2[1],degrees));
```

$$lsg2 := .2056615146, 2.541140019$$

$$11.78353679\ degrees$$

Rutschen nach oben für alpha < 11.78 Grad, da in hier wiederum H>Hmax .

Der Winkel von 2,54 rad ist physikalisch nicht sinnvoll.(Diagramme siehe Mathcad-Lösung)

Aufgabe 4.2

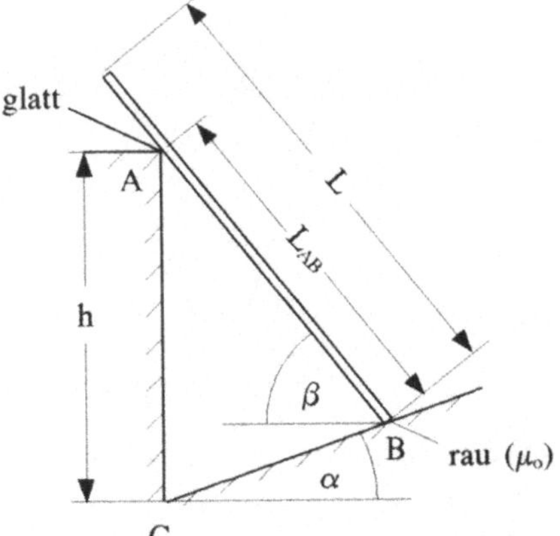

Bild 4.6 Leiter zwischen Haften und Rutschen

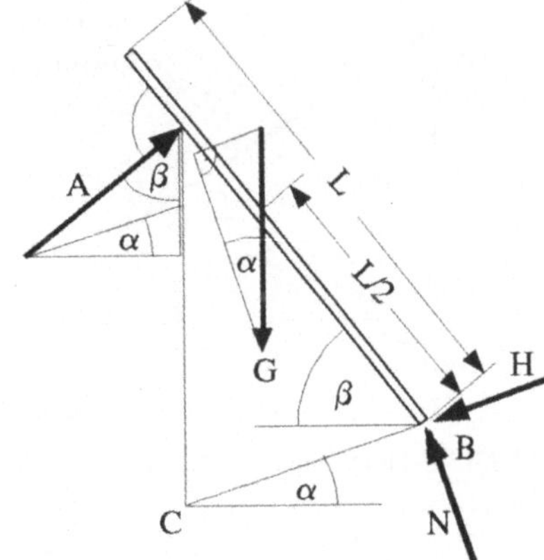

Bild 4.7 Freikörperbild

Eine Leiter (Bild 4.6) vom Gewicht G liegt in A an einer glatten Ecke an und in B an einer um α geneigten rauen Wand (Haftungskoeffizient μ_o). Für welchen Winkel β_{Gr_u} rutscht die Leiter auf der schiefen Ebene nach unten, für welchen Winkel β_{Gr_o} nach oben?

Zahlenwerte: $L = 12$ m, $h = 7$ m, $\alpha = 20^o$, $\mu_o = 0.25$

Hinweis: Das Gewicht kann für die rechnerische Lösung beliebig angenommen werden, da es nicht in das Ergebnis eingeht.

In Bild 4.7 ist angenommen, dass in B eine Bewegungstendenz nach oben vorliegt.

Lösungsweg zu Aufgabe 4.2

- Ermittlung der Kräfte H und N in Abhängigkeit vom Winkel α:

  Es ist zweckmäßig die Auflagerkraft A durch die Summe der Momente um B zu bestimmen. Dazu wird der Hebelarm L_{AB} der Kraft A bezüglich des Punktes B benötigt. Er ergibt sich durch geometrische Betrachtungen am Dreieck ABC zu:

  $$L_{AB} = \frac{h}{\cos(\beta)\cdot(\tan(\alpha)+\tan(\beta))}.$$

  Dieses Zwischenergebnis wird hier zur Kontrolle angegeben. Durch Zerlegung der Kräfte G und A in Richtung von H und N (siehe Freikörperbild 4.7) und Bilden des Gleichgewichts der Kräfte in diesen Richtungen werden N und H bestimmt.

- Untersuchung der Grenzfälle Haften/Rutschen:

  Für beide Bewegungstendenzen werden wiederum die Diagramme für H und H_{max} gezeichnet und analog zur Vorgehensweise in Aufgabe 4.1 die Aussagen über Haften bzw. Rutschen gemacht.

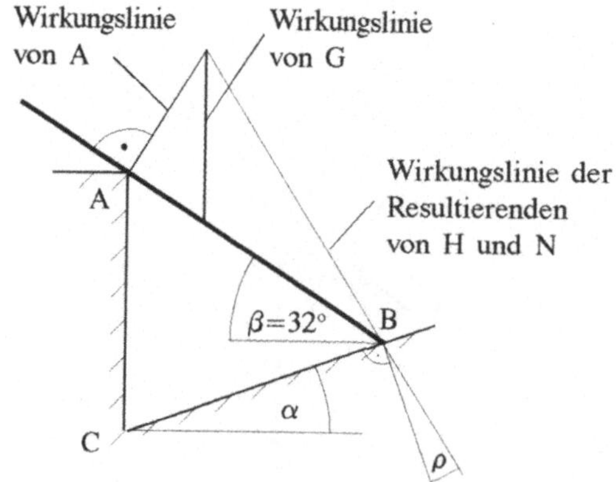

Bild 4.8 Wirkungslinien der Kräfte

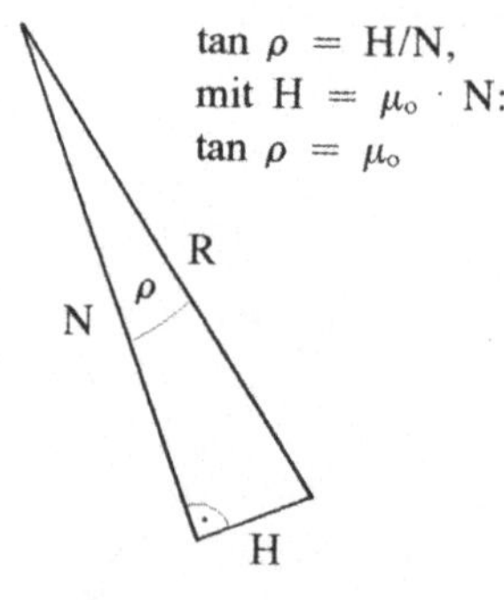

Bild 4.9 Kräfte H und N, Resultierende

Die Ergebnisse für die Grenzwinkel lassen sich sehr schnell auf grafischem Wege kontrollieren, wie anhand von Bild 4.8 und Bild 4.9 am Beispiel des Grenzwinkels $\beta_{Gr\_o\_1} = 32^o$ gezeigt wird. Die Wirkungslinien der drei auf den Stab wirkenden Kräfte (Kraft A, Gewicht G und Resultierende aus H und N) müssen sich in einem Punkt schneiden. Der Schnittpunkt von A und G wird konstruiert. Durch diesen Punkt und durch B ist die Wirkungslinie der Resultierenden aus H und N festgelegt. Da im Grenzfall $H = \mu_o \cdot N$ gilt, muss die Resultierende gegenüber der Normalkraft um den Winkel ρ geneigt sein, wobei $\rho = \operatorname{atan}(\mu_o)$. Mit $\mu_o = 0.25$ wird $\rho = 14^\circ$. Die Zeichnung bestätigt dies.

Lösung der Aufgabe 4.2 mithilfe von Mathcad

ORIGIN:= 1

Zahlenwerte: $G := 1N$ $L := 12m$ $h := 7m$ $\mu_o := 0.25$ $\alpha := 20Grad$

Kraft A: $A(\beta) := G \cdot \frac{L}{2 \cdot h} \cdot \cos(\beta)^2 \cdot (\tan(\alpha) + \tan(\beta))$

Rutschtendenz auf der schiefen Ebene nach oben, Haftungskraft für Gleichgewicht:

$$H(\beta) := -G \cdot \sin(\alpha) + A(\beta) \cdot (\sin(\beta) \cdot \cos(\alpha) + \cos(\beta) \cdot \sin(\alpha))$$

Normalkraft:

$$N(\beta) := G \cdot \cos(\alpha) + A(\beta) \cdot (\sin(\beta) \cdot \sin(\alpha) - \cos(\beta) \cdot \cos(\alpha))$$

Grenzhaftung: $H_{max}(\beta) := \mu_o \cdot N(\beta)$

Verlauf von Haftungskraft und Grenzhaftung über β:

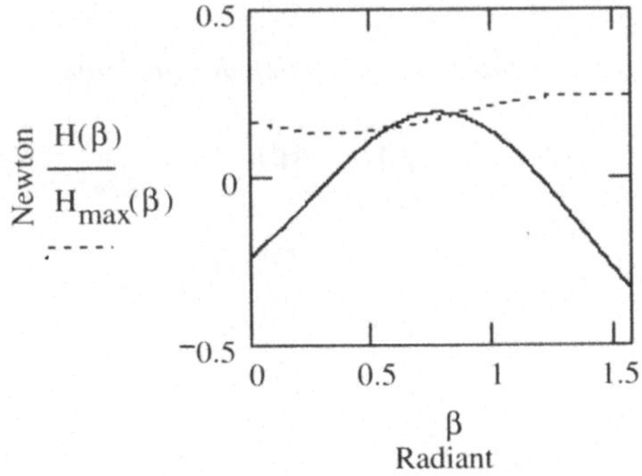

$\beta := 0, 0.01 .. \frac{\pi}{2}$

Es ergeben sich zwei Schnittpunkte von H und H_{max}.

Es werden die Nullstellen der Funktion $f(\beta) := H_{max}(\beta) - H(\beta)$ *gesucht.*

Ausschnitt $\beta := 0.4, 0.401 .. 0.9$

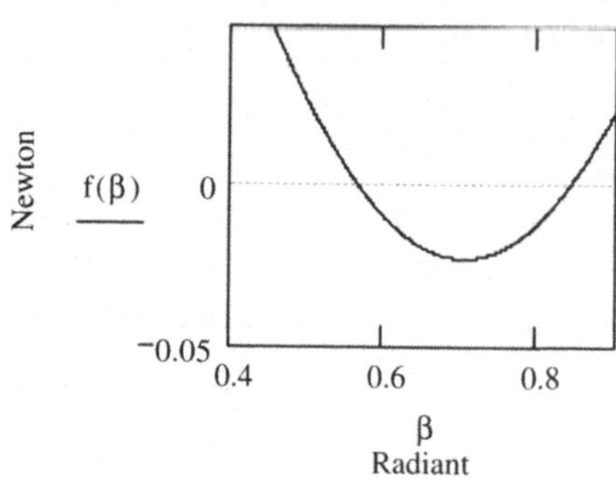

Ermittlung des ersten Wertes :

$\beta_{Gr\_o1} := \text{wurzel}(f(\beta), \beta, 0.5, 0.6)$

$\beta_{Gr\_o1} = 32.474\text{Grad}$

Ermittlung des zweiten Wertes:

$\beta_{Gr\_o2} := \text{wurzel}(f(\beta), \beta, 0.8, 0.9)$

$\beta_{Gr\_o2} = 48.131\text{Grad}$

Ergebnis: Rutschen nach oben für 32.47 Grad< β > 48.13 Grad.

Rutschtendenz auf der schiefen Ebene nach unten, Haftungskraft für Gleichgewicht:

$$H(\beta) := G \cdot \sin(\alpha) - A(\beta) \cdot (\sin(\beta) \cdot \cos(\alpha) + \cos(\beta) \cdot \sin(\alpha))$$

Verlauf von Haftungskraft und Grenzhaftung über β: $\beta := 0, 0.01 .. \frac{\pi}{2}$

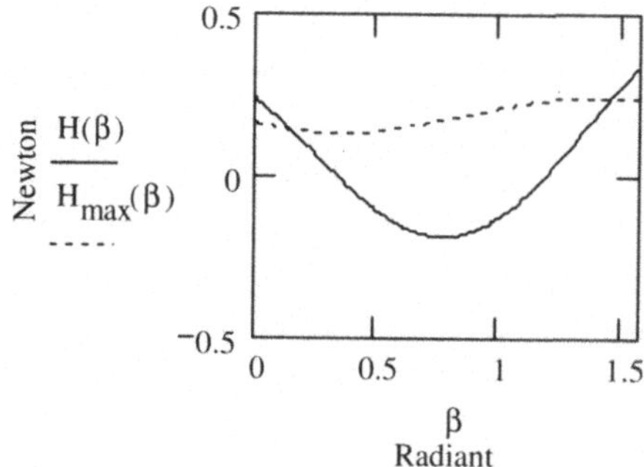

Es ergeben sich wiederum zwei Schnittpunkte.

Es werden die Nullstellen der Funktion

$f(\beta) := H_{max}(\beta) - H(\beta)$

gesucht.

Ermittlung des ersten Wertes:

$\beta_{Gr\_u1} := \text{wurzel}(f(\beta), \beta, 0.0, 0.5)$ $\beta_{Gr\_u1} = 8.152\text{Grad}$

Ermittlung des zweiten Wertes:

$\beta_{Gr\_u2} := \text{wurzel}(f(\beta), \beta, 1.0, 1.6)$ $\beta_{Gr\_u2} = 83.278\text{Grad}$

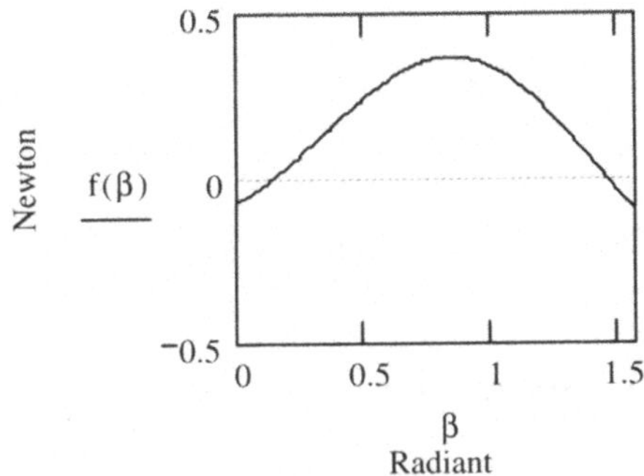

Ergebnis: *Rutschen nach unten für* $\beta < 8.15$ *Grad und* $\beta > 83.28$ *Grad.*

Lösung der Aufgabe 4.2 mithilfe von Matlab

Matlab m-File für die Aufgabe 4.2

```
% Aufgabe 4.2
% Belegung der Konstanten
L=12; h=7; alpha=20*pi/180; mu0=0.25; G=1; delta=18;
warning off MATLAB:fzero:UndeterminedSyntax
% Ermittlung eines sinnvollen Bereiches für beta durch Suche
% der Nullstelle der Funktion L_AB(beta)-L,
% d.h. beta=beta_L bei L_AB=L
F_beta=inline('(h/(cos(b)*(tan(a)+tan(b)))-L)',...
    'b','a','h','L');
beta_L=fzero(F_beta,[0 pi/2],[],alpha,h,L);
beta_L_g=beta_L*180/pi;
beta=linspace(beta_L,pi/2,delta+1);
beta_g=beta*180/pi;
% Ermittlung der Kraftverlaeufe N, H, Hmax fuer
% Rutschtendenz nach oben
N_ver=N_4_2(beta,alpha,h,L,G);
H_ver_a=H_4_2a(beta,alpha,h,L,G);
H_max_ver=N_ver.*mu0;
figure; plot(beta,H_ver_a,beta,H_max_ver,'r--');
title('Verlauf H(\beta) und Hmaxa(\beta)');
% Differenz der Grenzhaftung und Haftungskraft
f_ver_a=f_4_2a(beta,alpha,h,L,G,mu0);
figure; plot(beta,f_ver_a);title('Verlauf fa(\beta)');
% Intervallaufteilung im Minimum fmin
```

```
beta_f_a_min=beta(f_ver_a==min(f_ver_a))
% Nullpunkte in fa(beta)
f_null_1_a=fzero(@f_4_2a,[beta_L beta_f_a_min],[],...
    alpha,h,L,G,mu0);
f_null_1_a_g=f_null_1_a*180/pi
f_null_2_a=fzero(@f_4_2a,[beta_f_a_min pi/2],[],...
    alpha,h,L,G,mu0);
f_null_2_a_g=f_null_2_a*180/pi
% Ermittlung der Kraftverlaeufe N, H, Hmax fuer
% Rutschtendenz nach unten
H_ver_b=H_4_2b(beta,alpha,h,L,G);
figure; plot(beta,H_ver_b,beta,H_max_ver,'r--');
title('Verlauf H(\beta) und Hmaxb(\beta)');
% Differenz der Grenzhaftung und Haftungskraft
f_ver_b=f_4_2b(beta,alpha,h,L,G,mu0);
figure; plot(beta,f_ver_b);title('Verlauf fb(\beta)');
% Intervallaufteilung nicht notwendig, da nur ein zulaessiger
% Nullpunkt in fb(beta)
f_null_b=fzero(@f_4_2b,[beta_L pi/2],[],alpha,h,L,G,mu0);
f_null_b_g=f_null_1_b*180/pi
% Ende Aufgabe 4.2

function a=A_4_2(b,a,h,L,G);
% Auflagerkraft A
a=(G*L/(2*h)).*(cos(b).^2).*(tan(a)+tan(b));

function n=N_4_2(b,a,h,L,G);
% Normalkraft N am Fuß der Leiter ( im Punkt B)
n=G*cos(a)-(A_4_2(b,a,h,L,G).*cos(a+b));

function ha=H_4_2a(b,a,h,L,G);
% Haltekraft H senkrecht zu N im Punkt B
ha=-G*sin(a)+A_4_2(b,a,h,L,G).*sin(a+b);

function hb=H_4_2b(b,a,h,L,G);
% Haltekraft H senkrecht zu N im Punkt B
hb=G*sin(a)-A_4_2(b,a,h,L,G).*sin(a+b);

function f=f_4_2a(b,a,h,L,G,mu0);
% Differenz von Grenzhaftung und Haftungskraft f=Hmax-H
ha=-G*sin(a)+A_4_2(b,a,h,L,G).*sin(a+b);
n=(G*cos(a))-(A_4_2(b,a,h,L,G).*cos(a+b));
```

```
f=n.*mu0-ha;

function f=f_4_2b(b,a,h,L,G,mu0);
% Differenz von Grenzhaftung und Haftungskraft f=Hmax-H
hb=G*sin(a)-A_4_2(b,a,h,L,G).*sin(a+b);
n=(G*cos(a))-(A_4_2(b,a,h,L,G).*cos(a+b));
f=n.*mu0-hb;
```

Ausgaben im Matlab „Command Window“ ohne Leerzeilen

```
beta_f_a_min =    0.6777
f_null_1_a_g =   32.4739
f_null_2_a_g =   48.1308
f_null_b_g =     83.2784
```

Auf die Diagramme, in denen zur Ermittlung der Grenzwinkel die Haftungskräfte in Abhängigkeit vom Winkel dargestellt sind, wird hier verzichtet, es wird auf die entsprechenden Diagramme der Mathcad-Lösung verwiesen.

Lösung der Aufgabe 4.2 mithilfe von Maple

> restart;

Zahlenwerte:

> G:=1; L:=12; hr:=7; mu0:=0.25; alpha:=20*Pi/180;

$$G := 1 \quad L := 12 \quad hr := 7 \quad \mu 0 := .25 \quad \alpha := \frac{1}{9}\pi$$

Kraft A:

> A:=beta->G*(L/(2*hr))*(cos(beta)^2)*(tan(alpha)+tan(beta));

$$A := \beta \to \frac{1}{2}\frac{G\,L\cos(\beta)^2\,(\tan(\alpha)+\tan(\beta))}{hr}$$

Haftungskraft für Gleichgewicht:

> H:=beta->-G*sin(alpha) + A(beta)*(sin(beta)*cos(alpha) + cos(beta)*sin(alpha));

$$H := \beta \to -G\sin(\alpha) + \mathrm{A}(\beta)\,(\sin(\beta)\cos(\alpha) + \cos(\beta)\sin(\alpha))$$

Normalkraft:

> N:=beta->G*cos(alpha) + A(beta)*(sin(beta)*sin(alpha) - cos(beta)*cos(alpha));

$$N := \beta \to G\cos(\alpha) + \mathrm{A}(\beta)\,(\sin(\beta)\sin(\alpha) - \cos(\beta)\cos(\alpha))$$

Grenzhaftung:

> Hmax:=beta->mu0*N(beta);

$$Hmax := \beta \to \mu 0\;\mathrm{N}(\beta)$$

Lösung:

```
> lsg1:=fsolve(Hmax(beta)=H(beta),beta);
  evalf(convert(lsg1,degrees));
  lsg2:=fsolve(Hmax(beta)=H(beta),beta=0.5..0.6);
  evalf(convert(lsg2,degrees));
```

$$lsg1 := .8400406824$$

$$48.13078570 \; degrees$$

$$lsg2 := .5667769580$$

$$32.47392760 \; degrees$$

Rutschen nach oben für 32.47 Grad< beta > 48.13 Grad

Rutschtendenz auf der schiefen Ebene nach unten:

Haftungskraft für Gleichgewicht:

```
> H:=beta->G*sin(alpha) - A(beta)*(sin(beta)*cos(alpha) + cos(beta)*sin(alpha));
```

$$H := \beta \to G \sin(\alpha) - A(\beta)\,(\sin(\beta)\cos(\alpha) + \cos(\beta)\sin(\alpha))$$

Nullstellen suchen:

```
> lsg1:=fsolve(Hmax(beta)=H(beta),beta);
  evalf(convert(lsg1,degrees));
  lsg2:=fsolve(Hmax(beta)=H(beta),beta=1..1.6);
  evalf(convert(lsg2,degrees));
```

$lsg1 := .1422823135 \quad 8.152176061 \; degrees$

$lsg2 := 1.453482636 \quad 83.27842062 \; degrees$

Rutschen nach unten für b < 8.15 Grad und b > 83.28 Grad

5 Elastomechanik des Balkens/Stabes

5.1 Ermittlung von Verschiebungen und Verdrehungen

Grundlagen:

Ein sehr effektives Verfahren, Verschiebungen und Verdrehungen an konkreten Punkten einer Struktur infolge deren elastischer Verformungen zu ermitteln, ist das Prinzip der virtuellen Kräfte, das zur Lösung der Aufgaben dieses Kapitels herangezogen wird.

Wird im Punkt P einer Struktur in einer vorgegebenen Richtung die Verschiebung f_P gesucht, so ist eine virtuelle (d.h. gedachte) Kraft „1" in P in Richtung der gesuchten Verschiebung aufzubringen und alle virtuellen inneren Kräfte und Momente zu ermitteln, nachdem zuvor die entsprechenden Größen aufgrund der vorgegebenen tatsächlichen Belastung bestimmt wurden.

Die von der virtuellen Kraft im Punkt P geleistete Arbeit ist gleich der in der Struktur gespeicherten virtuellen Formänderungsenergie. Für diese äußere Arbeit gilt:

$$W_a = 1 \cdot f_P, \tag{5.1}$$

sie entspricht also direkt der gesuchten Verschiebung f_P, die damit aus der in den Stäben und den Balken gespeicherten virtuellen Formänderungsenergie ermittelt werden kann:

$$f_P = W_{Stab} + W_{Balken} \tag{5.2}$$

mit

$$W_{Stab} = \sum_{i=1}^{n} \frac{S_i \cdot S_{v_i} \cdot L_i}{EA_i} \tag{5.3a}$$

und

$$W_{Balken} = \int_0^L \frac{M_B(x) \cdot M_{B_v}(x)}{EI} dx + \int_0^L \frac{N(x) \cdot N_v(x)}{EA_B} dx + \int_0^L \frac{M_T(x) \cdot M_{Tv}(x)}{GI_T} \tag{5.3b}$$

Darin sind S_i die n-Stabkräfte, $M_B(x)$ das Biegemoment, N(x), die Normalkraft und $M_T(x)$ das Torsionsmoment infolge der vorgegebenen Lasten, die entsprechenden Größen infolge der virtuellen Belastung sind mit „v" indiziert. L_i sind die Längen der Stäbe, L ist die Länge des Balkens, EA_i die Dehnsteifigkeit der Stäbe, EI die Biegesteifigkeit des Balkens, EA_B dessen Dehnsteifigkeit und GI_T seine Torsionssteifigkeit.

Die im Balken gespeicherte Formänderungsenergie W_{Balken} kann bei Bedarf um den Anteil aus Querkraftverformung erweitert werden, worauf hier verzichtet werden soll.

Für den Fall, dass eine Verdrehung ϕ im Punkt P gesucht wird, ist ein virtuelles Moment „1" in P in der entsprechenden Drehrichtung anzubringen. Die äußere Arbeit ist dann:

$$W_a = 1 \cdot \phi_P. \tag{5.4}$$

ϕ_P ergibt sind damit zu:

$$\phi_P = W_{Stab} + W_{Balken}. \tag{5.5}$$

Sofern die Schnittgrößen infolge des tatsächlichen und des virtuellen Lastfalles ermittelt sind, lassen sich Verschiebungen und Verdrehungen aus (5.2) bzw. (5.5) ermitteln. Das oftmals aufwendige und lästige Ausrechnen der Summen und Integrale wird dabei den Programmen übertragen.

Aufgabe 5.1

Für die durch das Lager A und die drei Stäbe S_1, S_2, S_3, gelagerte schwere Platte vom Gewicht G_{Pl} = 10kN ist die Verschiebung u_D des Punkte D in x-Richtung zu ermitteln. Dazu sind die Ergebnisse der Aufgabe 1.2 zu verwenden.

Die Platte wird als starr betrachtet, für die Stäbe gelten folgende Zahlenwerte:

Elastizitätsmodul E = 210000 N/mm², Flächen A_1 = 20 mm², A_2 = 30 mm², A_3 = 40 mm²

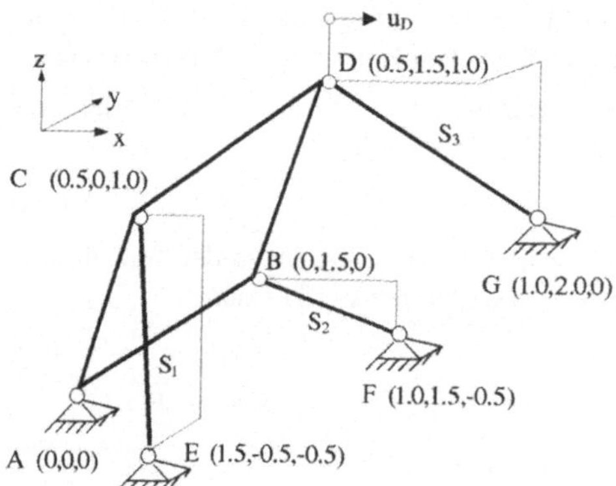

Bild 5.1 Platte mit Lagerung

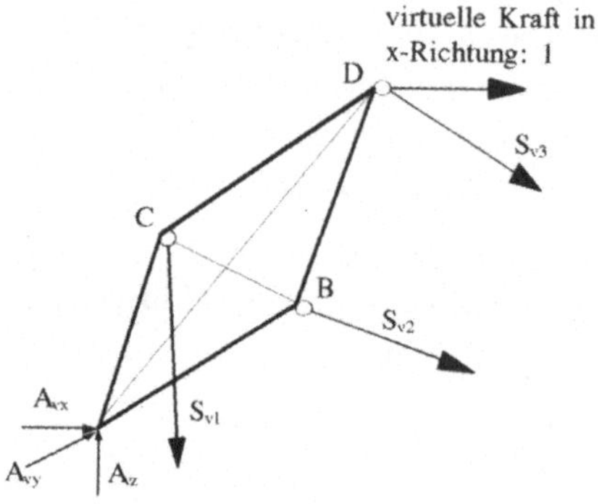

Bild 5.2 Freikörperbild für virtuelle Last

Lösungsweg zu Aufgabe 5.1

- Lastfall „Gewicht der Platte“:

  Aufgabe 5.1 entspricht Aufgabe 1.2, deshalb wird die Statik für diesen Lastfall übernommen. Die Dokumentation der Lösung kann deshalb mit dem Ergebnis von Aufgabe 1.2 beginnen.

- Lastfall „virtuelle Kraft 1“ in D in x-Richtung:

  Hierbei ist lediglich die „rechte Seite“ des Gleichungssystems entsprechend dem Moment der virtuellen Kraft um A neu zu bestimmen. Die Systemmatrix ist dieselbe wie für Aufgabe 1.2.

- Ermittlung der Verschiebung u_D :

  Die Platte wird als starr betrachtet, es verformen sich nur die Stäbe, weshalb zur Berechnung der Verschiebung nach (5.2) nur der dort gespeicherte Anteil W_{Stab} der Formänderungsenergie in die Berechnung eingeht.

Lösung der Aufgabe 5.1 mithilfe von Mathcad

Anmerkung: *Teil zur Berechnung der Stabkräfte unter dem Plattengewicht ist mit der Lösung von Aufgabe 1.2 identisch.*

Stabkräfte S infolge Plattengewicht:

$$S = \begin{pmatrix} 1.585 \\ 1.326 \\ -4.878 \end{pmatrix} \text{kN}$$

virtuelle Kraft "1" am Knoten D in x-Richtung:

$$F_{Dv} := \begin{pmatrix} 1 \\ 0 \\ 0 \end{pmatrix}$$

rechte Seite des Gleichungssystem infolge Kraft "1" in D : $rs_{Dv} := -r_{AD} \times F_{Dv}$

Ermittlung der virtuellen Stabkräfte:

$$S_{Dv} := \text{llösen}(\text{Smatr}, rs_{Dv}) \qquad S_{Dv} = \begin{pmatrix} -1.268 \\ -1.061 \\ 0.228 \end{pmatrix}$$

Werte, die zur Berechnung der Stablängenänderungen benötigt werden:

Elastizitätsmodul (für alle Stäbe gleich):

$$E_1 := 210000 \frac{N}{mm^2} \qquad E_2 := 210000 \frac{N}{mm^2} \qquad E_3 := 210000 \frac{N}{mm^2}$$

Querschnittswerte: $A_1 := 20mm^2$ $A_2 := 30mm^2$ $A_3 := 40mm^2$

Stablängen: $L_1 := |r_{CE}|$ $L_2 := |r_{BF}|$ $L_3 := |r_{DG}|$

$$E = \begin{pmatrix} 2.1 \times 10^5 \\ 2.1 \times 10^5 \\ 2.1 \times 10^5 \end{pmatrix} \frac{N}{mm^2} \qquad A = \begin{pmatrix} 20 \\ 30 \\ 40 \end{pmatrix} mm^2 \qquad L = \begin{pmatrix} 1.871 \\ 1.118 \\ 1.225 \end{pmatrix} m$$

Ermittlung der Verschiebung des Punktes D in x-Richtung:

$$u_D := \sum_{i=1}^{3} \frac{S_i \cdot S_{Dv_i} \cdot L_i}{E_i \cdot A_i} \qquad u_D = -1.308mm$$

Lösung der Aufgabe 5.1 mithilfe von Matlab

Matlab m-File für die Aufgabe 5.1

```
% Aufgabe 5.1
% Ermittlung der Auflagerreaktionen eines statisch bestimmten
% räumlichen Systems - identisch mit Aufgabe 1.2
G=[0;0;-10];                          % kN, Gewichtskraft G
% Eingabe der Ortsvektoren
r_AA=[0.0;0;0]; r_AB=[0;1.5;0]; r_AC=[0.5;0;1.0];  % m
r_AD=[0.5;1.5;1.0]; r_AE=[1.5;-0.5;-0.5];          % m
r_AF=[1.0;1.5;-0.5]; r_AG=[1.0;2.0;0.0];           % m
% Orstvektor zur Plattenmitte, Angriffspunkt von G
r_G=r_AD/2.0;                                    % m
% Einheitsvektoren der Stabkräfte, als Zugkräfte
s_1=(r_AE-r_AC)/norm(r_AE-r_AC);  % m
s_2=(r_AF-r_AB)/norm(r_AF-r_AB);  % m
s_3=(r_AG-r_AD)/norm(r_AG-r_AD);  % m
% Momentengleichgewicht um den Punkt A. Die Momentenwirkungen
% der bekannten Kräfte und die bekannten Momente werden auf
% die rechte Gleichungsseite gebracht:
Rechte_Seite=-cross(r_G,G);          % kNm
% Die Koeffizientenmatrix für die unbekannten Stabkräfte
% S_1, S_2 und S_3 wird gebildet
S_Mat=[cross(r_AC,s_1),cross(r_AB,s_2),cross(r_AD,s_3)]; % m
% Ermittlung der unbekannten Stabkräfte in Form einer
% Spaltenmatrix S =transponiert(S1,S2,S3)
% durch Lösen des Gleichungssystems S_Mat*S=Rechte_Seite
S=S_Mat\Rechte_Seite; % kN
% Virtuelle Kraft FDv in Knoten D in x-Richtung
S_N=S*1000              % N  Konvertierung
FDv=[1; 0; 0];
rsDv=-cross(r_AD,FDv); % rechte Seite des linearen Gl.-Sys.
SDv=S_Mat\rsDv          % virtuelle Stabkräfte
% Elastizitätsmodule für die drei Stäbe
E=[2.1e5; 2.1e5; 2.1e5]  % N/mm^2
A=[20; 30; 40]           % mm
% Stablängen
L=[norm(r_AC-r_AE) ; norm(r_AB-r_AF) ; norm(r_AD-r_AG)]; % m
L_mm=L*1000              % mm Konvertierung
% Verschiebung des Punktes D in x-Richtung
uD=sum((S_N.*SDv.*L_mm)./(E.*A))   % mm
```

```
% Ende Aufgabe 5.1
```

Ausgaben im Matlab „Command Window" ohne Leerzeilen

```
S_N =   1.0e+003 *    1.5854
                      1.3265
                     -4.8782

SDv =    -1.2684
         -1.0612
          0.2283
E =       210000
          210000
          210000
A =     20
        30
        40
L_mm =   1.0e+003 *    1.8708
                       1.1180
                       1.2247

uD =    -1.3080
```

Lösung der Aufgabe 5.1 mithilfe von Maple

```
> restart;with(linalg):
```

Berechnung der Stabkräfte infolge des Plattengewichtes:

```
> G_Pl:=10000;
  rAB:=<0,1.5,0>;
  rAC:=<.5 ,0, 1>;
  rAD:=<.5,1.5,1>;
  rAE:=<1.5,-.5,-.5>;
  rAF:=<1,1.5,-.5>;
  rAG:=<1,2,0>;
```

$$G\_Pl := 10000$$

$$rAB := \begin{bmatrix} 0 \\ 1.5 \\ 0 \end{bmatrix} \quad rAC := \begin{bmatrix} 0.5 \\ 0 \\ 1 \end{bmatrix} \quad rAD := \begin{bmatrix} 0.5 \\ 1.5 \\ 1 \end{bmatrix} \quad rAE := \begin{bmatrix} 1.5 \\ -0.5 \\ -0.5 \end{bmatrix} \quad rAF := \begin{bmatrix} 1 \\ 1.5 \\ -0.5 \end{bmatrix} \quad rAG := \begin{bmatrix} 1 \\ 2 \\ 0 \end{bmatrix}$$

Ortsvektor zum Schwerpunkt:

```
> rG:=rAD/2;
```

$$rG := \begin{bmatrix} 0.250000000000000000 \\ 0.750000000000000000 \\ 0.500000000000000000 \end{bmatrix}$$

Gewichtskraft der Platte:

```
> G:=<0, 0, -G_Pl>;
```

$$G := \begin{bmatrix} 0 \\ 0 \\ -10000 \end{bmatrix}$$

Die Eiheitsvektoren in Richtung der drei Stäbe:

```
> rCE:=rAE - rAC;
  rBF:=rAF - rAB;
  rDG:=rAG - rAD;
  S1E:=normalize(rCE);
  S2E:=normalize(rBF);
  S3E:=normalize(rDG);
```

$$rCE := \begin{bmatrix} 1. \\ -0.500000000000000000 \\ -1.50000000000000000 \end{bmatrix} \quad rBF := \begin{bmatrix} 1. \\ 0. \\ -0.500000000000000000 \end{bmatrix}$$

$$rDG := \begin{bmatrix} 0.500000000000000000 \\ 0.500000000000000000 \\ -1. \end{bmatrix}$$

$$S1E := [0.5345224839, -0.2672612420, -0.8017837259]$$

$$S2E := [0.8944271908, 0., -0.4472135954]$$

$$S3E := [0.4082482906, 0.4082482906, -0.8164965812]$$

Ermittlung der Systemmatrix durch die Summe der Monente um A:

```
> Smatr:=evalm(augment(crossprod(rAC,S1E),crossprod(rAB,S2E),crossprod(rAD,S3E)));
```

$$Smatr := \begin{bmatrix} 0.2672612420 & -0.6708203931 & -1.632993163 \\ 0.9354143469 & 0. & 0.8164965812 \\ -0.1336306210 & -1.341640786 & -0.4082482906 \end{bmatrix}$$

Bestimmung der "rechten Seite":

```
> rs:=crossprod(-rG,G);
```

$$rs := [7500.000000, -2500.000000, 0.]$$

Lösen des Gleichungssystems:

```
> S:=linsolve(Smatr,rs);
```

$S := [\,1585.448043,\ 1326.481003,\ -4878.221093\,]$

virtuelle Kraft "1" am Knoten D in x-Richtung:

```
> FDv:=<1,0,0>;
```

$$FDv := \begin{bmatrix} 1 \\ 0 \\ 0 \end{bmatrix}$$

rechte Seite des Gleichungssystem infolge FDv:

```
> rsDv:=-crossprod(rAD,FDv);
```

$rsDv := -[\,0.,\ 1.,\ -1.5\,]$

Ermittlung der virtuellen Stabkräfte:

```
> SDv:=linsolve(Smatr,rsDv);
```

$SDv := [\,-1.268358435,\ -1.061184803,\ 0.2283422642\,]$

Werte, die zur Berechnung der Stablängenänderungen benötigt werden:

Elastizitätsmodul:

```
> E1:=210000: E2:=E1: E3:=E1:
  E:=<E1 | E2 |E3>;
```

$E := [\,210000,\ 210000,\ 210000\,]$

Querschnittswerte:

```
> A1:=20: A2:=30: A3:=40:
  A:=<A1 | A2 |A3>;
```

$A := [\,20,\ 30,\ 40\,]$

Stablängen:

```
> L1:=norm(rCE,2): L2:=norm(rBF,2):  L3:=norm(rDG,2):
  L:=1000 * <L1 | L2 | L3>; # Einheit [mm]
```

$L := [\,1870.82869299999994,\ 1118.03398900000002,\ 1224.74487099999988\,]$

Ermittlung der Verschiebung uD des Punktes D in x-Richtung:

```
> uD:=sum('S[i]*SDv[i]*L[i]/(E[i]*A[i])','i'=1..3);
```

$uD := -1.307951964$

Aufgabe 5.2

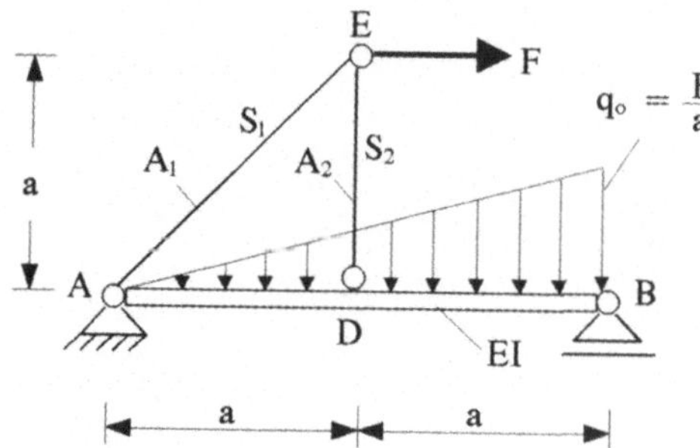

Bild 5.3 Gemischtverband mit Belastung

Für den mit Einzellast und linear ansteigender Streckenlast belasteten Gemischtverband (Balken und Stäbe, siehe Bild 5.3) sind in die Horizontalverschiebung u_E und in B die Drehung ϕ_B zu ermitteln. Anmerkung: Knicken des Stabes 2 wird nicht untersucht.

Zahlenwerte: $F = 20$ kN, $a = 2.5$ m, $E = 210000\ \mathrm{N/mm^2}$, $A_1 = 5\mathrm{cm}^2$, $A_2 = 3\mathrm{cm}^2$, $I = 4 \cdot 10^4 \mathrm{cm}^4$

Lösungsweg zu Aufgabe 5.2

- Ermittlung der Auflagerkräfte infolge vorgegebener Lasten:

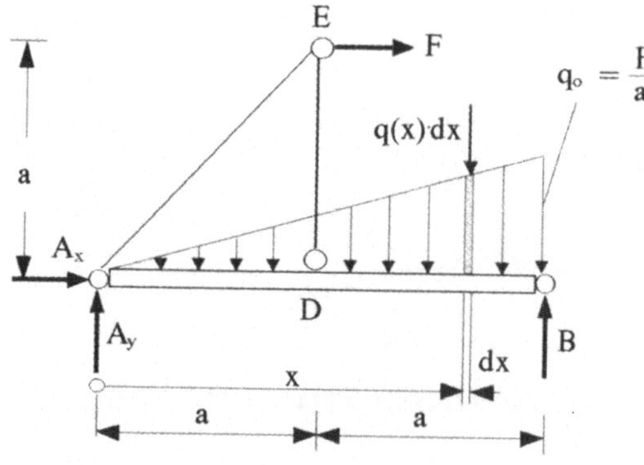

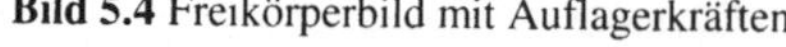

Bild 5.4 Freikörperbild mit Auflagerkräften

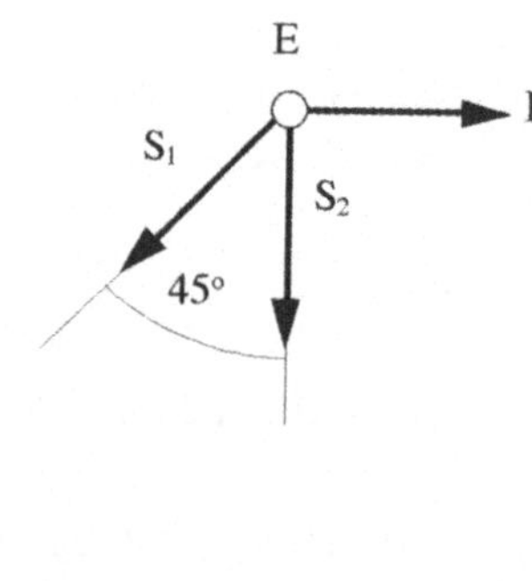

Bild 5.5 Kräfte am Knoten E

Die Auflagerkraft A_x ergibt sich aus dem Gleichgewicht der Kräfte in x-Richtung (siehe Freikörperbild 5.4) zu $A_x = -F$, die Auflagerkraft A_y aus dem Momentengleichgewicht um B:

$$A_y = \frac{1}{2 \cdot a} \cdot \left[-F \cdot a + \int_0^{2 \cdot a} q(x) \cdot (2 \cdot a - x)\, dx \right]$$

- Gleichgewicht am Knoten E:

  Aus dem Schnitt um Knoten E (siehe Bild 5.5) ergeben sich die Stabkräfte zu:

  $S_1 = F \cdot \sqrt{2}$, $S_2 = -F$.

- Ermittlung von Querkraft und Momentenlinie:

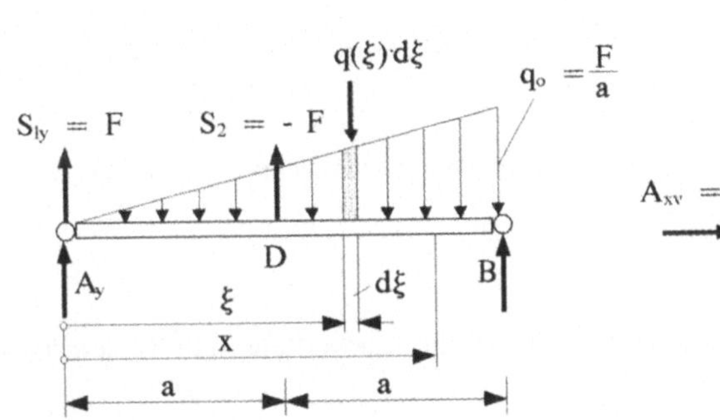

Bild 5.6 Freikörperbild für Balken

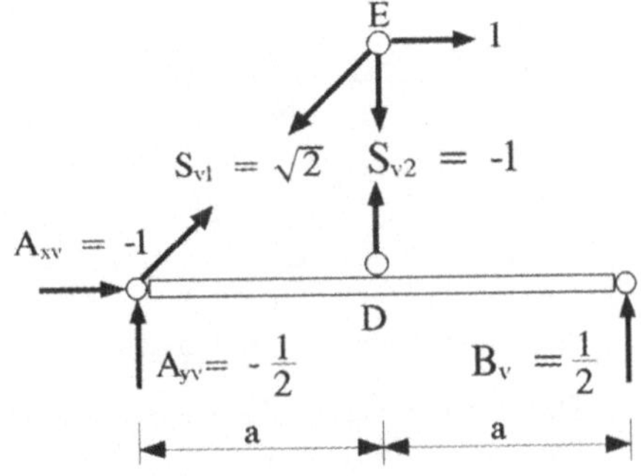

Bild 5.7 Virtuelle Kraft „1“ in E

Die Querkraftlinie wird für zwei Abschnitte definiert. Nach Bild 5.6 ergibt sich

für $x \le a$: $Q(x) = (A_y + S_{1y}) - \int_0^x q(\xi)\, d\xi$

für $x > a$: $Q(x) = (A_y + S_{1y} + S_2) - \int_0^x q(\xi)\, d\xi$, wobei für die aktuellen Werte (siehe Bild 5.6) die Summe aus S_{1y} und S_2 verschwindet.

Hinweis: Im Punkt A heben sich die x-Komponenten von Auflagerkraft und Stabkraft auf.

Die Momentenlinie ergibt sich durch Integration der Querkraftline gemäß (2.3) mit $M_o = 0$.

- Lastfall virtuelle Last „1“ in E:

  Bild 5.7 zeigt das Freikörperbild für den Balken und die Kräfte am Knoten E mit Angabe der Ergebnisse.

  Die Querkraft wird wieder bereichsweise definiert:

  für $x \le a$: $Q_v(x) = A_{yv} + \frac{S_{v1}}{\sqrt{2}}$

für x > a: $Q_v(x) = A_{yv}$ (die Stabkräfte gehen in diesem Bereich wiederum nicht ein).

Die Momentenlinie ergibt sich wiederum durch Integration gemäß (2.3).

- Lastfall virtuelles Moment „1" in B:

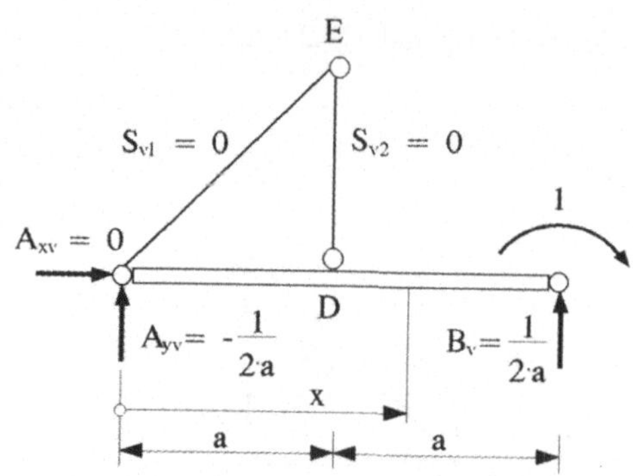

Der Lastfall ist sehr einfach, der Momentenverlauf lässt sich sofort aus Bild 5.8 ableiten zu:

$$M_v(x) = -\frac{x}{2 \cdot a}$$

Bild 5.8 virtuelles Moment „1" in B

- Berechnung von u_E und ϕ_B:

  Die Berechnung erfolgt nach (5.1) bis (5.5), wobei die Auswertung mithilfe der Pogramme durchgeführt wird.

Lösung der Aufgabe 5.2 mithilfe von Mathcad

ORIGIN:= 1 $\qquad$ kN := 1000N

Elastizitätsmodul, Längen, Querschnittswerte:

$E_1 := 210000 \frac{N}{mm^2}$ $\qquad E_2 := E_1$ $\qquad a := 2.5m$ $\qquad L_1 := a \cdot \sqrt{2}$ $\qquad L_2 := a$

$A_1 := 5cm^2$ $\qquad A_2 := 3cm^2$ $\qquad I := 4 \cdot 10^4 cm^4$ $\qquad EI := I \cdot 210000 \frac{N}{mm^2}$

Lastfall Einzellast (F) und linear ansteigende Streckenlast (q(x)) :

$F := 20kN$ $\qquad q_o := \frac{F}{a}$ $\qquad q_o = 8\frac{kN}{m}$ $\qquad q(x) := q_o \cdot \frac{x}{2 \cdot a}$

Summe der Kräfte in x-Richtung liefert: $\qquad A_x := -F$

Bereich: $\qquad x := 0m, 0.01m .. 2 \cdot a$

Aus Summe der Momente um B ergibt sich:

$$A_y := \frac{1}{2 \cdot a} \cdot \left[-F \cdot a + \int_0^{2 \cdot a} q(x) \cdot (2 \cdot a - x)\, dx \right] \qquad A_y = -3.333 \times 10^3\ N$$

Aus dem Gleichgewicht der Kräfte an Knoten E ergeben sich die Stabkräfte zu:

$S_1 := F \cdot \sqrt{2}$ $\quad S_2 := -F$ $\quad S_{1y} := F$ $\quad S_1 = 28.284kN$ $\quad S_2 = -20kN$ $\quad S_{1y} = 20kN$

Querkraftverlauf:

$$Q(x) := \begin{cases} \left(A_y + S_{1y} - \int_0^x q(\xi)\, d\xi \right) & \text{if } x \le a \\ \left(A_y - \int_0^x q(\xi)\, d\xi \right) & \text{if } x > a \end{cases}$$

Momentenverlauf: $M(x) := \int_0^x Q(\xi)\, d\xi$ *Auflagerkraft B:* $B := -Q(2 \cdot a)$ $\quad B = 23.333kN$

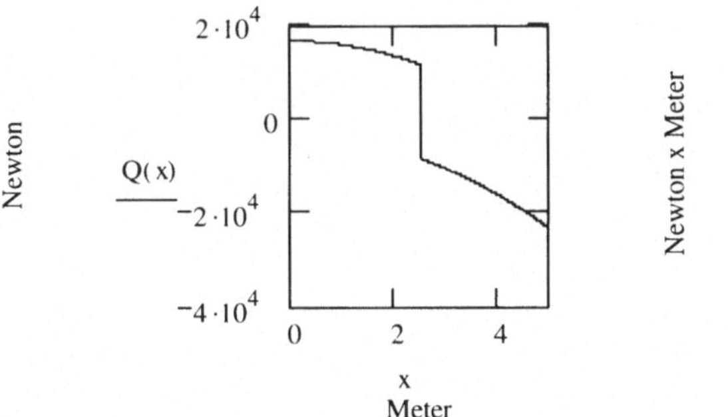

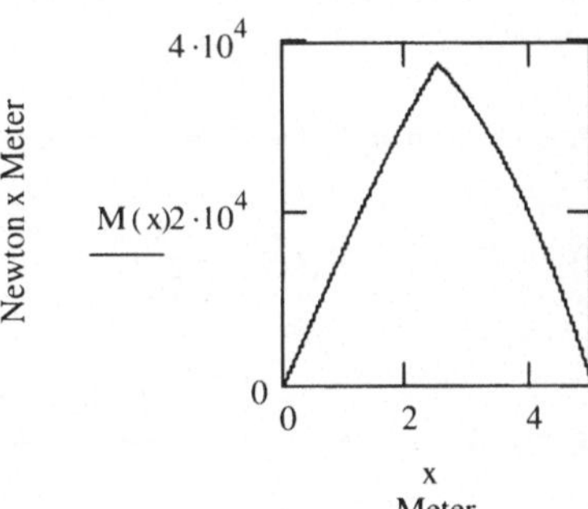

Lastfall virtuelle Last "1" in E horizontal wirkend:

Auflagerkraft in A: $A_{yv} := \frac{-1}{2}$ $\quad A_{xv} := -1$ *Stabkräfte:* $S_{v_1} := \sqrt{2}$ $\quad S_{v_2} := -1$

Querkraft:

$$Q_v(x) := \begin{cases} A_{yv} + \frac{S_{v_1}}{\sqrt{2}} & \text{if } x \le a \\ A_{yv} & \text{if } x > a \end{cases}$$

Momentenverlauf: $M_v(x) := \int_0^x Q_v(\xi)\, d\xi$

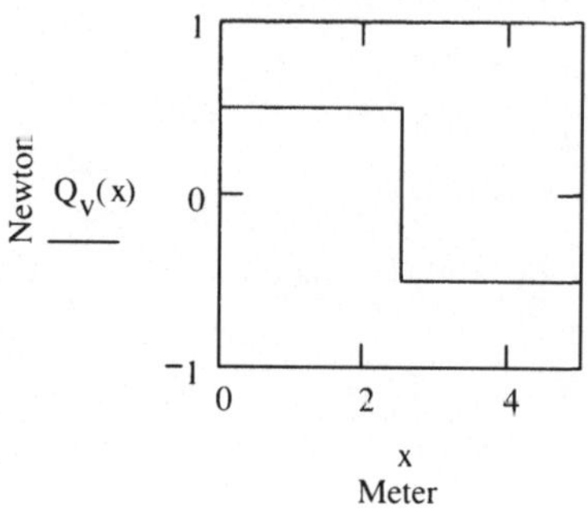

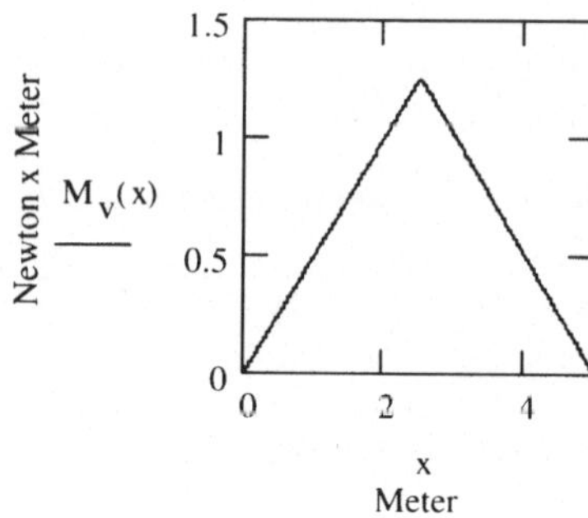

Berechnung von u_E:

$$u_E := \sum_{i=1}^{2} \frac{S_i \cdot S_{V_i} \cdot L_i}{E_i \cdot A_i} + \int_0^{2\cdot a} \frac{M(x) \cdot M_V(x)}{EI} \, dx \qquad u_E = 3.148\text{mm}$$

Anmerkung: Gewöhnlich wird die Normalkraftverformung im Balken nicht berücksichtigt, da sie gegenüber der Biegeverformung vernachlässigbar klein ist. Im vorliegenden Fall ist sie exakt Null, da im Balken keine Normalkraft auftritt.

Lastfall virtuelles Moment "1" in B zur Ermittlung der Drehung ϕ_B:

Momentenverlauf:

$$M_V(x) := -\frac{x}{2\cdot a}$$

Berechnung von ϕ_B:

$$\phi_B := \int_0^{2\cdot a} \frac{M(x) \cdot M_V(x)}{EI} \, dx \qquad \phi_B = -6.366 \times 10^{-4} \qquad \phi_B = -0.036\text{Grad}$$

Lösung der Aufgabe 5.2 mithilfe von Matlab

Matlab m-Files für die Aufgabe 5.2

```
% Aufgabe 5.2
% Ermittlung der Auflagerreaktionen eines statisch bestimmten
% Gemischtverbandes mit Strecken- und Einzellast
F=20000;            % N
a=2500;             % mm
E= 210000;          % N/mm^2
A=[500; 300];       % mm^2
LS=[a*sqrt(2);a]    % mm
I=4e8;              % mm^4
q0=qx_5_2(2*a,a,F); % N/mm
```

```
L=2*a;                  % mm
warning off MATLAB:quad:MinStepSize
Ay=(1/L)*(-F*a+quad(@int1_5_2,0,(2*a),'','',a,F)) % N
S=[F*sqrt(2); -F];                                % N
S1y=F;                                            % N
steps=10000;
x_ver=0:(L/steps):L;                              % mm
Querx=zeros(1,steps+1);                           % N
for k=1:steps+1
    Querx(k)=Querx_5_2(x_ver(k),a,F,Ay,S1y);      % N
end
B=-Querx_5_2(L,a,F,Ay,S1y)                        % N
subplot(2,2,1); plot(x_ver,Querx);
ylabel('Q(x) / N');
Mx=zeros(1,steps+1);                              % Nmm
for m=1:(steps+1)
   Mx(m)=(L/steps)*trapz(Querx(1:m));             % Nmm
end
subplot(2,2,2); plot(x_ver,Mx);
ylabel('M(x) / Nmm');
% Aufbringen der virtuellen Last "1" in E horizontal
% Ayv=-1/2; Axv=-1; Sv1=sqrt(2); Sv2=-1;
Ayv=-1/2; Axv=-1; Sv=[sqrt(2); -1];               % 1
for k=1:steps+1
    Qvx(k)=Qvx_5_2(x_ver(k),a,Ayv,Sv(1));         % N
end
subplot(2,2,3); plot(x_ver,Qvx);
ylabel('Q_v(x) / N'); xlabel('x / mm');
Mvx=zeros(1,steps+1);                             % Nmm
for m=1:(steps+1)
    Mvx(m)=(L/steps)*trapz(Qvx(1:m));     % Nmm
end
subplot(2,2,4); plot(x_ver,Mvx);
ylabel('M_v(x) / Nmm'); xlabel('x / mm');
ue1=sum(S.*Sv.*LS./(E.*A))+(1/(E*I))*trapz(x_ver,Mx.*Mvx)
% Lastfall virtuelles Moment "1" im rechten Auflager B
Mvx=x_ver./L;                             % Nmm
phiB=(1/(E*I))*trapz(x_ver,Mx.*Mvx);      % rad
phiB_g=phiB*180/pi                        % Grad
% Ende Aufgabe 5.2
```

```
function int=int1_5_2(x,a,F)
% Integrand zum Momentengleichgewicht zur Auflagerkraft Ay
int=qx_5_2(x,a,F).*((2.*a)-x);

function Q=Querx_5_2(x,a,F,Ay,S1y);
% Querkraft an der Stelle x
if x<=a
    Q=(Ay+S1y)-quad(@qx_5_2,0,x,'','',a,F);
else
    Q=Ay-quad(@qx_5_2,0,x,'','',a,F);
End

function q=qx_5_2(x,a,F)
% linear ansteigende Streckenlast mit Maximum F/a bei x=2a
q=F.*x./(2*a.^2);

function Qv=Qvx_5_2(x,a,Ayv,Sv1)
% Querkraftverlauf aufgrund der virtuellen Kraft in E
if x<=a
    Qv=Ayv+Sv1/sqrt(2);
else
    Qv=Ayv;
end
```

Ausgaben im Matlab „Command Window" ohne Leerzeilen

```
LS =  1.0e+003 *    3.5355
                    2.5000
Ay =        -3.3333e+003
B =          2.3333e+004
ue1 =        3.1483
phiB_g =     0.0365
```

Diagramme der Momentenverläufe siehe Mathcad-Lösung.

Lösung der Aufgabe 5.2 mithilfe von Maple

> restart;interface(imaginaryunit=j); # *Umbenennen der imaginären Einheit I in j*

Elastizitätsmodul, Längen, Querschnittswerte:

> E1:=210000; E2:=E1; a:=2.5*1000; L1:=a*sqrt(2); L2:=a;
  A1:=5 *100; A2:=3*100; I:= 4E8; EI:=I*210000;

$$E1 := 210000 \quad E2 := 210000 \quad a := 2500.0 \quad L1 := 2500.0\sqrt{2} \quad L2 := 2500.0$$

$$A1 := 500 \quad A2 := 300 \quad I := 0.4\;10^9 \quad EI := 0.840000\;10^{14}$$

Lastfall Einzellast (F) und linear ansteigende Streckenlast (q(x)):

```
> F:=20*1000; q0:=F/a; q:=x->q0*x/(2*a);
```

$$F := 20000$$

$$q0 := 8.000000000$$

$$q := x \rightarrow \frac{1}{2}\frac{q0\,x}{a}$$

Summe der Kräfte in x-Richtung liefert:

```
> Ax:=-F;
```

$$Ax := -20000$$

Aus Summe der Momente um B ergibt sich:

```
> Ay:=1/(2*a)*(-F*a + int(q(x)*(2*a-x),x=0..2*a));
```

$$Ay := -3333.333334$$

Aus dem Gleichgewicht der Kräfte an Knoten E ergeben sich die Stabkräfte zu:

```
> S1:=F*sqrt(2); S2:=-F; S1y:=F;
```

$$S1 := 20000\sqrt{2} \quad S2 := -20000 \quad S1y := 20000$$

Querkraftverlauf:

```
> Q:=x->piecewise(x<a, Ay + S1y- int(q(xi),xi=0..x),x>a, Ay- int(q(xi),xi=0..x)):
  Q(x);
  plot(Q(x),x=0..5E3, -4E4..2E4,labels=["x","Q(x)"]):
```

$$\begin{cases} 16666.66667 - 0.0008000000000x^2 & x < 2500.0 \\ -3333.333334 - 0.0008000000000x^2 & 2500.0 < x \end{cases}$$

Momentenverlauf:

```
> M:=x->int(Q(xi), xi=0..x):
  M(x);
  plot(M(x),x=0..5E3,0..4E7,labels=["x","M(x)"]):
```

$$\begin{cases} 16666.66667x - 0.0002666666667x^3 & x \leq 2500. \\ -3333.333334x - 0.0002666666667x^3 + 0.5000000001\,10^8 & 2500. < x \end{cases}$$

Auflagerkraft B:

```
>B:=-Q(2*a);
```

$$B := 23333.33333$$

Lastfall virtuelle Last "1" in E horizontal - Auflagerkraft in A:

```
> Ayv:=-1/2; Axv:=-1;
```

$$Ayv := \frac{-1}{2} \quad Axv := -1$$

Stabkräfte:

```
> Sv1:=sqrt(2); Sv2:=-1;
```

$$Sv1 := \sqrt{2} \quad Sv2 := -1$$

Querkraft:

```
> Qv:=x->piecewise(x<a, Ayv + Sv1/sqrt(2),x>a, Ayv):
  Qv(x);
```

$$\begin{cases} \frac{1}{2} & x < 2500.0 \\ \frac{-1}{2} & 2500.0 < x \end{cases}$$

Momentenverlauf:

```
> Mv:=x->int(Qv(xi), xi=0..x):
  Mv(x);
```

$$\begin{cases} 0.5000000000\ x & x \le 2500. \\ -0.5000000000\, x + 2500. & 2500. < x \end{cases}$$

```
> plot(Qv(x),x=0..5E3, -1..1,labels=["x","Qv(x)"]):
> plot(Mv(x),x=0..5E3, 0..1.5E3,labels=["x","Mv(x)"]):
```

Berechnung von uE:

```
> uE:=sum('S||i*Sv||i*L||i/(E||i*A||i)','i'=1..2) + int(M(x)*Mv(x)/EI,x=0..2*a);
  evalf(%);
```

$$uE := 1.801215278 + 0.9523809524\sqrt{2}$$

$$3.148085337$$

Lastfall virtuelles Moment "1" in B zur Ermittlung der Drehung ϕB :

Momentenverlauf:

```
> Mv:=x->-x/(2*a);
```

$$Mv := x \to -\frac{1}{2}\frac{x}{a}$$

Berechnung von ϕB :

```
> Phi_B:=int(M(x)*Mv(x)/EI,x=0..2*a);
```

$$Phi\_B := -0.0006365740742$$

```
> evalf(convert( Phi_B,degrees ));
```

$$-0.03647300780$$

$$-0.03647300780\ degrees$$

Aufgabe 5.3

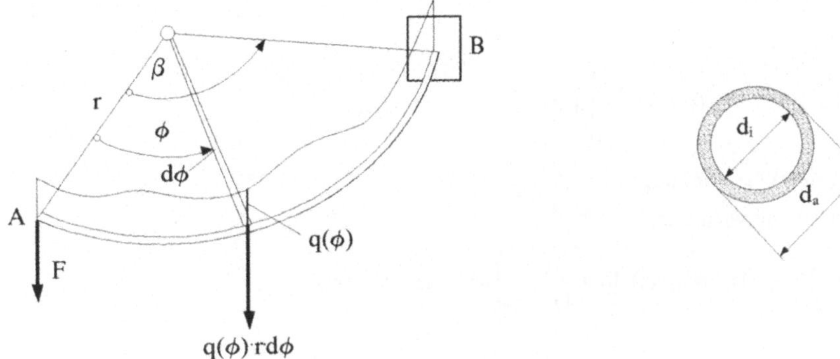

Bild 5.9 Kreisbogen mit Belastung senkrecht zu seiner Ebene

Für den in B eingespannten Bogen mit r = 1.5 m, Öffnungswinkel $\beta = \pi$ ist für folgende Lastfälle die Vertikalverschiebung w_A des Punktes A zu ermitteln:

a) Belastung am freien Ende mit F (Zahlenwert: F = 2 kN),

b) Belastung mit konstanter Streckenlast q_o (Zahlenwert q_o = 1.5 kN/m),

c) Belastung mit linear mit dem Winkel ansteigender Streckenlast, die an der Stelle $\beta = \pi$ den Wert q_o annimmt (Zahlenwert q_o = 1.5 kN/m).

Weitere Zahlenwerte:

E = 210000 N/mm², G = 80000 N/mm², d_a = 100 mm, d_i = 80 mm

Lösungsweg zu Aufgabe 5.3

- Ermittlung der Momentenlinien für die virtuelle Kraft 1:

  Die Momentenlinien ergeben sich gemäß Aufgabe 2.4, wobei statt „F" der Wert „1" zu setzen ist:

  Biegung: $M_{Bv}(\alpha) = -r \cdot \sin(\alpha)$, Torsion: $M_{Tv} = r \cdot (1-\cos(\alpha))$

- Momentenlinien für die Lasten werden direkt von Aufgabe 2.4 übernommen:

  Fall a) Biegung: $M_B(\alpha) = -F \cdot r \cdot \sin(\alpha)$, Torsion: $M_T(\alpha) = F \cdot r \cdot (1-\cos(\alpha))$

  Fall b) Biegung: $M_B(\alpha) = -r^2 \cdot q_o \cdot \int\limits_0^\alpha \sin(\alpha - \phi)\, d\phi$,

  Torsion: $M_T(\alpha) = r^2 \cdot q_o \cdot \int\limits_0^\alpha (1-\cos(\alpha-\phi))\, d\phi$

Fall c) Biegung: $M_B(\alpha) = -r^2 \cdot \int_0^{\alpha} q(\phi) \cdot \sin(\alpha - \phi)\, d\phi$

Torsion: $M_T(\alpha) = r^2 \cdot \int_0^{\alpha} q(\phi) \cdot (1 - \cos(\alpha - \phi))\, d\phi$

- Ermittlung der Verschiebung:
  Die Verschiebung wird über
  $$w_A = \frac{r}{EI} \cdot \int_0^{\pi} M_{Bv}(\alpha) \cdot M_B(\alpha)\, d\alpha + \frac{r}{GI_T} \cdot \int_0^{\pi} M_{Tv}(\alpha) \cdot M_T(\alpha)\, d\alpha$$
  ermittelt.

Lösung der Aufgabe 5.3 mithilfe von Mathcad

$kN := 1000N$

$F := 2kN$ $\quad q_o := 1.5\frac{kN}{m}$ $\quad r := 1.5m$ $\quad d_a := 100mm$ $\quad d_i := 80mm$

$E := 210000\frac{N}{mm^2}$ $\quad G := 80000\frac{N}{mm^2}$

Berechnung der Biege- und Torsionssteifigkeit: $\quad I := \frac{\pi}{64} \cdot \left(d_a{}^4 - d_i{}^4\right)$ $\quad I_T := 2 \cdot I$

$EI := E \cdot I$ $\quad GI_T := G \cdot I_T$ $\quad EI = 6.086 \times 10^{11}\, N \cdot mm^2$ $\quad GI_T = 4.637 \times 10^{11}\, N \cdot mm^2$

Lastfall vertikale virtuelle Kraft "1" in A (wird für alle Belastungsfälle benötigt):

Biegemoment: $M_{Bv}(\alpha) := -r \cdot \sin(\alpha)$ $\quad$ *Torsionsmoment:* $M_{Tv}(\alpha) := r \cdot (1 - \cos(\alpha))$

Beispiel a) vertikale Last F in A

Biegemoment: $M_B(\alpha) := -F \cdot r \cdot \sin(\alpha)$ $\quad$ *Torsionsmoment:* $M_T(\alpha) := F \cdot r \cdot (1 - \cos(\alpha))$

Berechnung der Verschiebung in A :

$$w_A := \frac{r}{EI} \cdot \int_0^{\pi} M_{Bv}(\alpha) \cdot M_B(\alpha)\, d\alpha + \frac{r}{GI_T} \cdot \int_0^{\pi} M_{Tv}(\alpha) \cdot M_T(\alpha)\, d\alpha \qquad w_A = 86.019mm$$

Beispiel b) konstante Streckenlast:

Biegemoment: $M_B(\alpha) := -r^2 \cdot \int_0^{\alpha} q_o \cdot \sin(\alpha - \phi)\, d\phi$

Torsionsmoment: $M_T(\alpha) := r^2 \cdot \int_0^{\alpha} q_o \cdot (1 - \cos(\alpha - \phi))\, d\phi$

Berechnung der Verschiebung in A :

$$w_A := \frac{r}{EI} \cdot \int_0^{\pi} M_{Bv}(\alpha) \cdot M_B(\alpha)\, d\alpha + \frac{r}{GI_T} \cdot \int_0^{\pi} M_{Tv}(\alpha) \cdot M_T(\alpha)\, d\alpha \qquad w_A = 105.769\text{mm}$$

Beispiel c) linear anwachsende Streckenlast $q(\phi) := q_o \cdot \frac{\phi}{\pi}$:

Biegemoment: $M_B(\alpha) := -r^2 \cdot \int_0^{\alpha} q(\phi) \cdot \sin(\alpha - \phi)\, d\phi$

Torsionsmoment: $M_T(\alpha) := r^2 \cdot \int_0^{\alpha} q(\phi) \cdot (1 - \cos(\alpha - \phi))\, d\phi$

Berechnung der Verschiebung in A :

$$w_A := \frac{r}{EI} \cdot \int_0^{\pi} M_{Bv}(\alpha) \cdot M_B(\alpha)\, d\alpha + \frac{r}{GI_T} \cdot \int_0^{\pi} M_{Tv}(\alpha) \cdot M_T(\alpha)\, d\alpha \qquad w_A = 24.989\text{mm}$$

Lösung der Aufgabe 5.3 mithilfe von Matlab

Matlab m-Files für die Aufgabe 5.3

```
% Aufgabe 5.3
% Ermittlung der Auflagerreaktionen eines statisch unbestimmten
% Gemischtverbandes mit Strecken- und Einzellast
F=2000;                 % N
q0=1.5;                 % N/mm
r=1500;                 % mm
da=100;                 % mm
di= 80;                 % mm
E= 210000;              % N/mm^2
G=  80000;              % N/mm^2
% Biege- und Torsionssteifigkeit
```

```
I=(pi/64)*(da^4-di^4); IT=2*I;
EI=E*I; GIT=G*IT;   % Nmm^2
% Beispiel a) vertikale Last F in A
% Integration mit "quad"
warning off MATLAB:quad:MinStepSize
wAa=(r/EI).*quad('MBvMBa_5_3',0,pi,'','',r,F)+...
    (r/GIT).*quad('MTvMTa_5_3',0,pi,'','',r,F)
% Beispiel b) konstante Streckenlast q0
% Vermeidung geschachtelter "quad"-Aufrufe: "trapz" verwendet
steps=100;
al=0:pi/steps:pi;
MBv=zeros(1,steps+1);MTv=zeros(1,steps+1);
MBb=zeros(1,steps+1);MTb=zeros(1,steps+1);
for m=1:steps+1
    MBv(m)=MBv_5_3(al(m),r);
    MTv(m)=MTv_5_3(al(m),r);
    MBb(m)=-(r^2).*quad('inMBb_5_3',0,al(m),'','',al(m),q0);
    MTb(m)=(r^2).*quad('inMTb_5_3',0,al(m),'','',al(m),q0);
end
wAb=(r/EI)*trapz(al,MBv.*MBb)+(r/GIT)*trapz(al,MTv.*MTb)
% Beispiel c) linear wachsende Streckenlast q0(phi/pi)
MBc=zeros(1,steps+1);MTc=zeros(1,steps+1);
for m=1:steps+1
    MBc(m)=-(r^2).*quad('inMBc_5_3',0,al(m),'','',al(m),q0);
    MTc(m)=(r^2).*quad('inMTc_5_3',0,al(m),'','',al(m),q0);
end
wAc=(r/EI)*trapz(al,MBv.*MBc)+(r/GIT)*trapz(al,MTv.*MTc)
% Ende Aufgabe 5.3

function MBvMBa=MBvMBa_5_3(alpha,r,F)
% Biege-Integrand im Beispiel a)
MBvMBa=MBv_5_3(alpha,r).*MBa_5_3(alpha,r,F);

function MBa=MBa_5_3(alpha,r,F)
% Biegemoment durch Kraft F
MBa=-F.*r.*sin(alpha);

function MTvMTa=MTvMTa_5_3(alpha,r,F)
% Torsions-Integrand im Beispiel a)
MTvMTa=MTv_5_3(alpha,r).*MTa_5_3(alpha,r,F);

function MTv=MTv_5_3(alpha,r)
% Torsionsmoment durch virtuelle Kraft "1"
MTv=r.*(1-cos(alpha));

function MTa=MTa_5_3(alpha,r,F)
% Torsionsmoment durch Kraft F
MTa=F.*r.*(1-cos(alpha));

function inMBb=inMBb_5_3(phi,alpha,q0);
% Integrand für das Biegemoment Beispiel b)
inMBb=q0.*sin(alpha-phi);

function inMTb=inMTb_5_3(phi,alpha,q0);
% Integrand für das Torsionsmoment Beispiel b)
inMTb=q0.*(1-cos(alpha-phi));
```

```
function inMBc=inMBc_5_3(phi,alpha,q0);
% Integrand für das Biegemoment Beispiel c)
inMBc=(q0.*phi./pi).*sin(alpha-phi);

function inMTc=inMTc_5_3(phi,alpha,q0);
% Integrand für das Torsionsmoment Beispiel c)
inMTc=(q0.*phi./pi).*(1-cos(alpha-phi));
```

Ausgaben im Matlab „Command Window" ohne Leerzeilen

```
wAa =   86.0192
wAb =  105.7725
wAc =   24.9903
```

Lösung der Aufgabe 5.3 mithilfe von Maple

> restart;interface(imaginaryunit=j); # *Umbenennen der imaginären Einheit I in j*

Vorgegebene Werte:

> F:=2000; q0:=1.5; r:=1.5*1000; da:=100; di:=80;
E:=210000; G:=80000;

$$F := 2000 \quad q0 := 1.5 \quad r := 1500.0 \quad da := 100 \quad di := 80 \quad E := 210000 \quad G := 80000$$

Berechnung der Biege- und Torsionssteifigkeit:
> I:=(Pi/64)*(da^4-di^4); IT:=2*I;
EI:=E*I; GIT:=G*IT;

$$I := 922500\,\pi \quad IT := 1845000\,\pi \quad EI := 193725000000\,\pi \quad GIT := 147600000000\,\pi$$

Lastfall vertikale virtuelle Kraft "1" in A (wird für alle Belastungsfälle benötigt):
Biegemoment:
> MBv:=alpha->-r*sin(alpha);

$$MBv := \alpha \rightarrow -r\sin(\alpha)$$

Torsionsmoment:
> MTv:=alpha->r*(1-cos(alpha));

$$MTv := \alpha \rightarrow r\,(1-\cos(\alpha))$$

Beispiel a) vertikale Last F in A:
Biegemoment:
> MB:=alpha->-F*r*sin(alpha);;

$$MB := \alpha \rightarrow -F\,r\sin(\alpha)$$

Torsionsmoment:
> MT:=alpha->F*r*(1-cos(alpha));

$$MT := \alpha \to F\, r\, (1 - \cos(\alpha))$$

Berechnung der Verschiebung wA:

```
> wA:=(r/EI)*int(MBv(alpha)*MB(alpha),alpha=0..Pi) + (r/GIT)*int(MTv(alpha)*MT(alpha),alpha=0..Pi);
  evalf(%);
```

$$wA := \frac{270.2371730}{\pi}$$

$$86.01916376$$

Beispiel b) konstante Streckenlast qo
Biegemoment:

```
> MB:=alpha->-r^2*int(q0*sin(alpha-Phi),Phi=0..alpha);
```

$$MB := \alpha \to -r^2 \int_0^{\alpha} q0 \sin(\alpha - \Phi)\, d\Phi$$

Torsionsmoment:

```
> MT:=alpha->r^2*int(q0*(1-cos(alpha-Phi)),Phi=0..alpha);
```

$$MT := \alpha \to r^2 \int_0^{\alpha} q0\, (1 - \cos(\alpha - \Phi))\, d\Phi$$

Berechnung der Verschiebung wA:

```
> wA:=(r/EI)*int(MBv(alpha)*MB(alpha),alpha=0..Pi) + (r/GIT)*int(MTv(alpha)*MT(alpha),alpha=0..Pi);
  evalf(%);
```

$$wA := \frac{332.2837588}{\pi}$$

$$105.7692054$$

Beispiel c) linear anwachsende Streckenlast

```
> q:=Phi->q0*Phi/Pi;
```

$$q := \Phi \to \frac{q0\, \Phi}{\pi}$$

Biegemoment:

```
> MB:=alpha->-r^2*int(q(Phi)*sin(alpha-Phi),Phi=0..alpha);
```

$$MB := \alpha \to -r^2 \int_0^{\alpha} q(\Phi) \sin(\alpha - \Phi)\, d\Phi$$

Torsionsmoment:

```
> MT:=alpha->r^2*int(q(Phi)*(1-cos(alpha-Phi)),Phi=0..alpha);
```

$$MT := \alpha \to r^2 \int_0^{\alpha} q(\Phi)\, (1 - \cos(\alpha - \Phi))\, d\Phi$$

Berechnung der Verschiebung wA:

```
> wA:=(r/EI)*int(MBv(alpha)*MB(alpha),alpha=0..Pi) +
(r/GIT)*int(MTv(alpha)*MT(alpha),alpha=0..Pi);
evalf(%);
```

$$wA := \frac{78.50406649}{\pi}$$

$$24.98862046$$

5.2 Statisch unbestimmte Systeme

Grundlagen:

Das in Kapitel 5.1 dargestellte Verfahren zur Ermittlung von Verschiebungen soll nun zur Lösung statisch unbestimmter Systeme eingesetzt werden. Hier reichen die statischen Gleichungen nicht aus, um Auflagerreaktionen und Schnittgrößen zu ermitteln.

Zur Herleitung der Formel zur Berechnung der sog. „statisch Überzähligen" betrachten wir das Beispiel gemäß Bild 5.10. Das System ist statisch unbestimmt gelagert, da zu den drei Auflagerreaktionen in A (Einspannung) eine weitere in B hinzu kommt. Damit stehen den vier unbekannten Auflagerreaktionen nur die drei Gleichgewichtsbedingungen in der Ebene gegenüber.

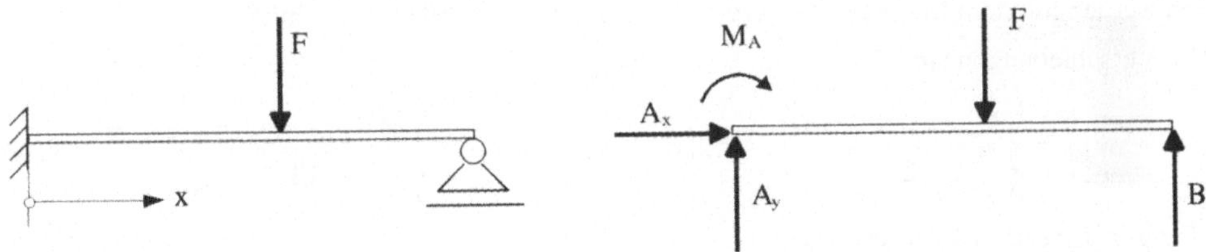

Bild 5.10 Statisch unbestimmt gelagerter Balken **Bild 5.11** Freikörperbild

Wir wählen z.B. die Auflagerreaktion im Punkt B als „statisch Überzählige" X. Wir nehmen X (im Gegensatz zur Auflagerkraft B in Bild 5.11) nach unten gerichtet an, damit sich infolge X eine Verschiebung nach unten ergibt (es gilt also B = -X).

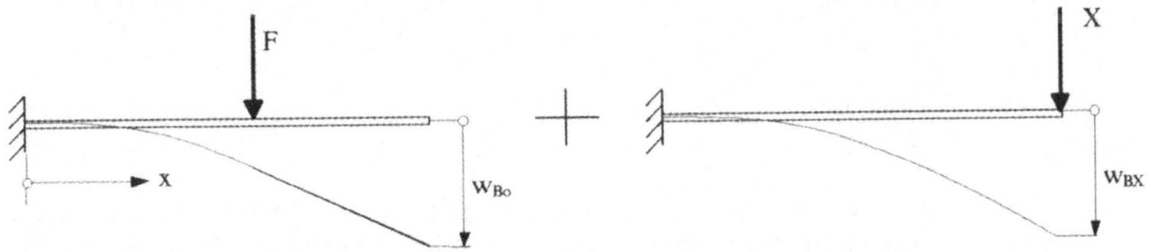

Bild 5.12 Teilsystem mit Last (Nullsystem) **Bild 5.13** Teilsystem mit statisch Überzähliger X

Das System nach Bild 5.10 betrachten wir nun als Überlagerung zweier statisch bestimmter Teilsysteme (siehe Bilder 5.12 und 5.13)

In beiden Teilsystemen kann sich der Punkt B verschieben. Im sog. „Nullsystem" (d.h. statisch Überzählige X =0) ergibt sich unter der gegebenen Belastung die Verschiebung w_{Bo}, im zweiten Teilsystem unter der noch unbekannten Kraft X die Verschiebung w_{BX}.

Die Verschiebung im tatsächlichen System ergibt sich durch Überlagerung der Teillösungen zu:

$$w_B = w_{Bo} + w_{BX} \qquad (5.6)$$

Die Kraft X wird nun aus der Bedingung ermittelt, dass die Verschiebung w_B im tatsächlichen System wegen des in B vorhanden Lagers verschwinden muss:

$$w_{Bo} + w_{BX} = 0 \qquad (5.7)$$

Diese Beziehung wird „Verträglichkeitsbedingung" genannt, da sie die wirklichen Verhältnisse im Lager wiedergibt.

Zur Berechnung der Verschiebungen muss der Verlauf der Biegemomente $M_o(x)$ im Nullsystem, $M_X(x)$ infolge der Kraft X bekannt sein.

An dieser Stelle sei darauf hingewiesen, dass der Großbuchstabe „X" die unbekannte Kraft (statisch Überzählige) kennzeichnet, der Kleinbuchstabe „x" die Koordinate in Längsrichtung des Balkens. Beide dürfen nicht verwechselt werden.

Die beiden Verschiebungen w_{Bo} und w_{BX} ermitteln wir mit Hilfe des Prinzips der virtuellen Kräfte, wozu wir in B in Richtung von X eine Kraft „1" anbringen. Dieses System wird „Einssystem" genannt, da die Belastung dem Fall X = 1 entspricht. Die entsprechenden Schnittgrößen werden mit dem Index „v" versehen, da es sich um virtuelle Größen handelt.

Die Verschiebungen sind:

$$w_{Bo} = \int_0^L \frac{M_o(x) \cdot M_v(x)}{EI} dx \quad (5.8a) \qquad \text{und} \qquad w_{BX} = \int_0^L \frac{M_X(x) \cdot M_v(x)}{EI} dx \quad (5.8b)$$

Nun gilt (Linearität vorausgesetzt):

$$M_X(x) = X \cdot M_v(x) \quad (5.9) \qquad \text{und damit aus (5.8b)} \quad w_{BX} = X \int_0^L \frac{M_v^2(x)}{EI} dx\,. \quad (5.10)$$

Nach Einsetzen von (5.8a) und (5.10) in die Verträglichkeitsbedingung (5.7) erhalten wir für die statisch Überzählige:

$$X = -\frac{\int_0^L \frac{M_o(x) \cdot M_v(x)}{EI} dx}{\int_0^L \frac{M_v^2(x)}{EI} dx}\,. \qquad (5.11)$$

Das zur Herleitung betrachtete Beispiel ist „äußerlich statisch unbestimmt", d.h. es ist eine Auflagerreaktion mehr vorhanden als nach den Gleichgewichtsbedingungen berechnet werden kann. Die Formel (5.11) gilt aber gleichermaßen auch für „innerlich statisch unbestimmte"

Systeme (siehe dazu Aufgabe 5.4). In diesem Fall ist X eine innere Schnittgröße wie beispielsweise eine Stabkraft oder ein Biegemoment.

Die Formel soll nun für den allgemeinen Fall erweitert werden, dass neben Biegemomenten auch Torsionsmomente und Stabkräfte in der zu untersuchenden Struktur auftreten. Dies geschieht durch Hinzufügen der entsprechenden Anteile für die Formänderungsenergien in Zähler und Nenner. Es wird in diesem Fall wieder zwischen Biegemoment M_B und Torsionsmoment M_T durch die entsprechende Indizierung unterschieden.

$$X = -\frac{\sum_{i=1}^{n} \frac{S_{o_i} \cdot S_{v_i} \cdot L_i}{EA_i} + \int_0^L \frac{M_{Bo}(x) \cdot M_{Bv}(x)}{EI} dx + \int_0^L \frac{M_{To}(x) \cdot M_{Tv}(x)}{GI_T} dx}{\sum_{i=1}^{n} \frac{S_{v_i}^2 \cdot L_i}{EA_i} + \int_0^L \frac{M_{Bv}^2(x)}{EI} dx + \int_0^L \frac{M_{Tv}^2(x)}{GI_T} dx} \tag{5.12}$$

Wenn erforderlich, so kann auch noch der Einfluss von Normalkraft- und Querkraftverformung im Balken hinzugefügt werden. Beide Anteile sind für die im Folgenden behandelten Beispiele vernachlässigbar klein und werden deshalb nicht berücksichtigt.

Nach (5.12) werden zur Lösung statisch unbestimmter Aufgaben nur noch „Nullsystem" und „Einssystem" betrachtet. Für diese sind die entsprechenden Schnittgrößen zu ermitteln und in die Formel zur Berechnung der statisch Überzähligen einzusetzen.

Ist die Überzählige X bekannt, so ergeben sich alle Größen durch Überlagerung der Werte aus den beiden Teilsystemen. Dies gilt für Auflagerreaktionen, Schnittgrößen aber auch Verformungen. So ergibt sich z.B. für die Biegemomente:

$$M_B(x) = M_{Bo}(x) + X \cdot M_{Bv}(x) \tag{5.13}$$

Aufgabe 5.4

Für den innerlich statisch unbestimmten Gemischtverband (Balken, Stäbe) ermittle man die Auflagerkräfte, die Stabkräfte und die Momentenline für den Balken.

Zahlenwerte:

$F = 20$ kN, $a = 2.5$ m, $E = 210000$ N/mm^2, $A_1 = 5$ cm^2, $A_2 = 3$ cm^2, $A_3 = 5$ cm^2, $I = 4 \cdot 10^4$ cm^4

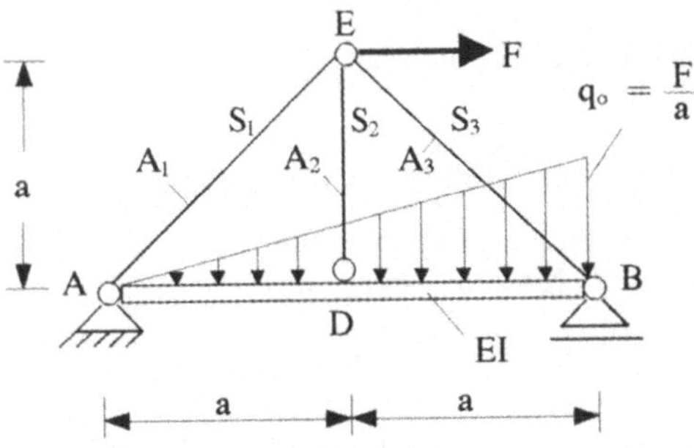

Bild 5.14 Statisch unbestimmter Gemischtverband

Lösungsweg zu Aufgabe 5.4

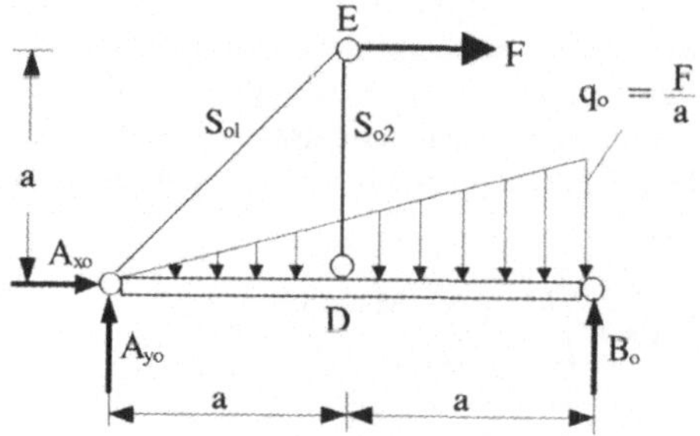

Bild 5.15 Freikörperbild für „Nullsystem"

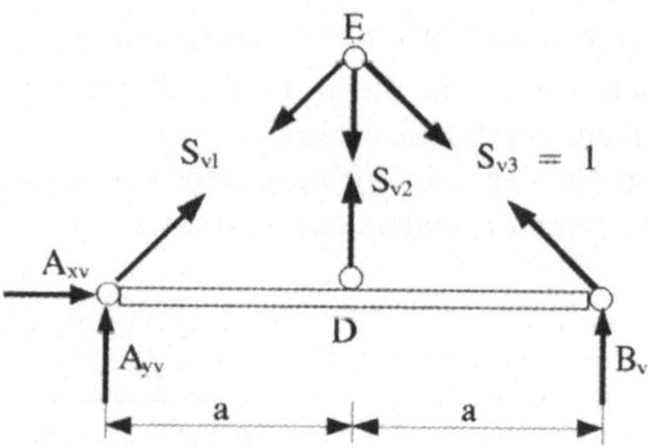

Bild 5.16 Freikörperbild für „Einssystem"

- Ermittlung der statischen Größen im „Nullsystem":

  Als Nullsystem wählen wir das System ohne Stab S_3. Das System entspricht damit Aufgabe 5.2. Wir können damit die Ergebnisse (nach entsprechender zusätzlicher Indizierung mit „o" für Nullsystem) übernommen werden.

  Auflagerkräfte: $A_{xo} = -20\text{kN}$, $A_{yo} = -3.333\text{kN}$, $B_o = 23.333\text{kN}$,

  Stabkräfte: $S_{o_1} = 20 \cdot \sqrt{2}\text{kN}$, $S_{o_2} = -20\text{kN}$, $S_{o_3} = 0$

  Die Querkraft wird wiederum bereichsweise definiert:

$$x \le a: \quad Q_o(x) = (A_{yo} + \frac{S_{o_1}}{\sqrt{2}}) - \int_0^x q(\xi)\,d\xi\,,$$

$$x > a: \quad Q_o(x) = A_{yo} - \int_0^x q(\xi)\,d\xi\,.$$

  Die Momentenlinie $M_o(x)$ wird durch Integration gemäß (2.3) gewonnen.

- Ermittlung der statischen Größen infolge der virtuellen Stabkraft $S_{v_3} = 1$ im „Einssystem":

  Auflagerkräfte treten keine auf, da das Aufbringen der Kraft $S_{v_3} = 1$ einen inneren Belastungszustand darstellt, der keine Auswirkungen auf die Lagerreaktionen hat. Aus Bild 5.16 lassen sich durch Gleichgewicht der Kräfte am Knoten E sofort angeben:

$$S_{v_1} = 1, \; S_{v_2} = -\sqrt{2}\,.$$

  Die Querkraft ergibt sich aus den auf den Balken wirkenden Kräften (Bild 5.16) zu:

$$x \le a: \quad Q_v(x) = \frac{S_{v_1}}{\sqrt{2}}\,,$$

$$x > a:\; Q_v(x) = \frac{S_{v_1}}{\sqrt{2}} + S_{v_2}.$$

Die Momentenlinie $M_v(x)$ wird durch Integration gemäß (2.3) gewonnen.

- Berechnung der statisch Überzähligen $X = S_3$:

  Die Berechnung erfolgt gemäß Formel (5.12), wobei der Anteil aus Torsions-Verformung entfällt. Da bei dieser Aufgabe keine Torsionsmomente auftreten, wurde darauf verzichtet, die Biegemomente zusätzlich mit „B“ zu indizieren. Die Indizierung mit „B“ erfolgt stets nur dann, wenn eine Unterscheidung gegenüber gleichzeitig vorhandenen Torsionsmomenten erforderlich ist.

- Berechnung der im statisch unbestimmten System auftretenden Größen (Auflager, Stabkräfte, Biegemomente):

  Die Berechnung erfolgt durch Superposition. Für die Auflagerkräfte kann dies entfallen, da die Kräfte im Nullsystem auch die tatsächlichen Auflagerkräfte sind. Als Beispiel sei für die Stabkräfte angeführt:

  $S_i = S_{o_i} + X \cdot S_{v_i}$

Lösung der Aufgabe 5.4 mithilfe von Mathcad

ORIGIN:= 1 $\quad$ kN := 1000N

Elastizitätsmodul, Längen, Querschnittswerte:

$E_1 := 210000\frac{N}{mm^2}$ $\quad E_2 := E_1$ $\quad E_3 := E_1$ $\quad a := 2.5m$ $\quad L_1 := a\cdot\sqrt{2}$ $\quad L_2 := a$ $\quad L_3 := L_1$

$A_1 := 5cm^2$ $\quad A_2 := 3cm^2$ $\quad A_3 := A_1$ $\quad I := 4\cdot 10^4 cm^4$ $\quad EI := I\cdot 210000\frac{N}{mm^2}$

Statik im "Nullsystem" (siehe Aufgabe 5.2):

$F := 20kN$ $\quad q_o := \frac{F}{a}$ $\quad q_o = 8\frac{kN}{m}$ $\quad q(x) := q_o\cdot\frac{x}{2\cdot a}$ $\quad x := 0m, 0.01m .. 2\cdot a$

Lösungen entsprechend Aufgabe 5.2:

Auflagerkräfte: $\quad A_{xo} := -20kN$ $\quad A_{yo} := -3.333kN$ $\quad B_o := 23.333kN$

Stabkräfte: $\quad S_{o_1} := 20\cdot\sqrt{2}\,kN$ $\quad S_{o_2} := -20kN$ $\quad S_{o_3} := 0N$

Anmerkung: Es sei darauf hingewiesen, dass die Stabkräfte doppelt indiziert sind, der erste Index "o" ist ein "optischer" Index und kennzeichnet die Größen im "Nullsystem", der zweite Index kennzeichnet die Nummer des Stabes und dient dazu die Summation gemäß Formel (5.12) zu vereinfachen, es handelt sich also um einen Index, der die Komponente eines Feldes bezeichnet. Mathcad setzt ihn automatisch nochmals tiefer. Die Reihenfolge der Indizierung muss die "opische" Indizierung zuerst erfolgen!

Querkraftverlauf:

$$Q_o(x) := \begin{cases} \left[\left(A_{yo} + \dfrac{S_{o_1}}{\sqrt{2}}\right) - \displaystyle\int_0^x q(\xi)\, d\xi\right] & \text{if } x \le a \\ \left(A_{yo} - \displaystyle\int_0^x q(\xi)\, d\xi\right) & \text{if } x > a \end{cases}$$

Momentenverlauf: $M_o(x) := \int_0^x Q_o(\xi)\, d\xi$ *Verlauf des Momentes: siehe Aufgabe 5.2*

Statik im "Einssystem" (virtuelle Last "1" in Richtung des Stabes S_3):

Auflagerkräfte: $A_{xv} := 0$ $A_{yv} := 0$ $B_v := 0$

Stabkräfte: $S_{v_1} := 1$ $S_{v_2} := -\sqrt{2}$ $S_{v_3} := 1$

Querkraftverlauf:

$$Q_v(x) := \begin{cases} \dfrac{S_{v_1}}{\sqrt{2}} & \text{if } x \le a \\ \left(\dfrac{S_{v_1}}{\sqrt{2}} + S_{v_2}\right) & \text{if } x > a \end{cases}$$

Momentenverlauf: $M_v(x) := \int_0^x Q_v(\xi)\, d\xi$

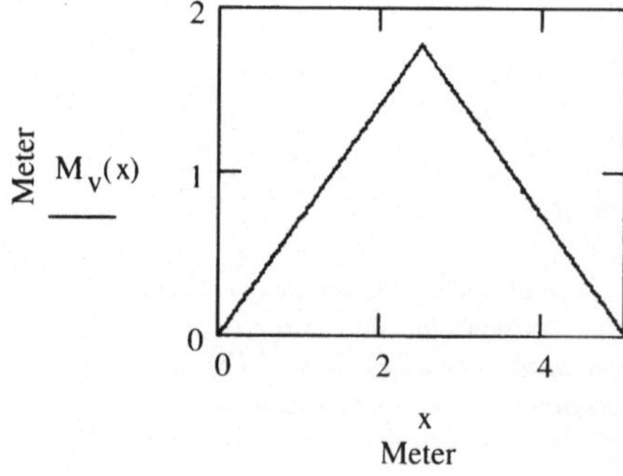

Berechnung der statisch Überzähligen $X = S_3$:

$$X := -\left[\frac{\displaystyle\sum_{i=1}^{3} \frac{S_{o_i} \cdot S_{v_i} \cdot L_i}{E_i \cdot A_i} + \int_0^{2\cdot a} \frac{M_o(x) \cdot M_v(x)}{EI}\,dx}{\displaystyle\sum_{i=1}^{3} \frac{\left(S_{v_i}\right)^2 \cdot L_i}{E_i \cdot A_i} + \int_0^{2\cdot a} \frac{M_v(x)^2}{EI}\,dx}\right] \qquad X = -16.768\text{kN}$$

Berechnung der Auflagerkräfte (Überlagerung wird formal durchgeführt, wenn auch hier nicht erforderlich, da das System innerlich statisch unbestimmt ist und die Auflagerkräfte deshalb im Nullsystem bereits die endgültigen Kräfte sind):

$A_x := A_{xo} + X \cdot A_{xv}$ $\quad$ $A_y := A_{yo} + X \cdot A_{yv}$ $\quad$ $B := B_o + X \cdot B_v$

$A_x = -20\text{kN}$ $\quad$ $A_y = -3.333\text{kN}$ $\quad$ $B = 23.333\text{kN}$

Berechnung der Stabkräfte:

$$S := S_o + X \cdot S_v \qquad S = \begin{pmatrix} 11.516 \\ 3.714 \\ -16.768 \end{pmatrix} \text{kN}$$

Momentenverlauf: $\quad M(x) := M_o(x) + X \cdot M_v(x)$

Biegemoment in D: $\quad M_D := M(a) \quad M_D = 7.859\text{kN}\cdot\text{m}$

Biegemomentenlinie:

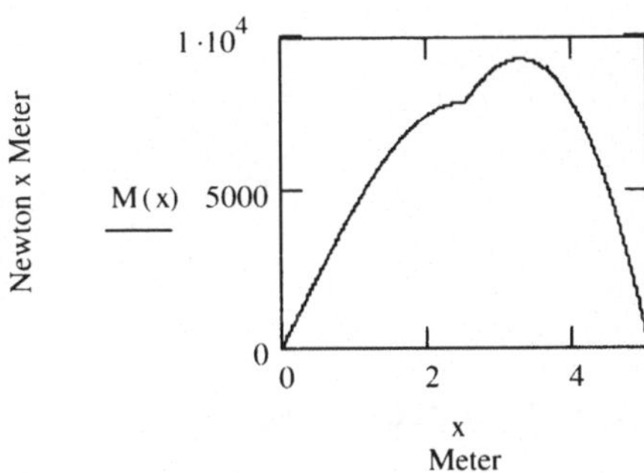

Suche des Maximums des Biegemomentes. Dazu ist zunächst die Querkraft zu ermitteln:

$Q(x) := Q_o(x) + X \cdot Q_v(x)$

Bestimmung der Nullstelle der Querkraft:

wurzel(Q(x), x, 2.6m, 3.5m) = 3.264m $\qquad$ x_{Mmax} := wurzel(Q(x), x, 2.6m, 3.5m)

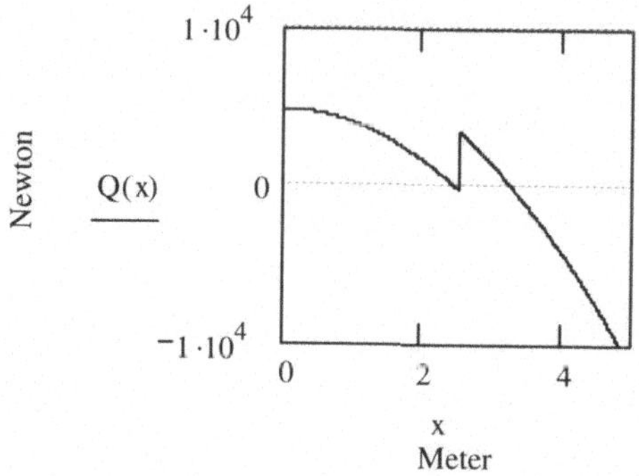

$x_{Mmax} = 3.264\text{m}$

$M_{max} := M(x_{Mmax})$

$M_{max} = 9.259\text{kN}\cdot\text{m}$

Lösung der Aufgabe 5.4 mithilfe von Matlab

Matlab m-Files für die Aufgabe 5.4

```
% Aufgabe 5.4
% Ermittlung der Auflagerreaktionen eines statisch bestimmten
% Gemischtverbandes mit Strecken- und Einzellast
F=20000;                              % N
a=2500;                               % mm
ESt= 210000;                          % N/mm^2
E=ones(3,1)*ESt;                      % N/mm^2
A=[500; 300; 500];                    % mm^2
LS=[a*sqrt(2);a;a*sqrt(2)];           % mm
I=4e8;                                % mm^4
EI=I*ESt;                             % Nmm^2
q0=F/a;                               % N/mm
L=2*a;                                % mm
steps=1000;
x=0:(L/steps):L;                      % rad
% Uebernahme der Loesungen aus Aufgabe 5.2
Ax0=-20000; Ay0=-3333; B0=23.333;
S0=[20000*sqrt(2); -20000; 0];
% Querkraftveralauf
Q0=zeros(1,steps+1);
qx=zeros(1,steps+1);
M0=zeros(1,steps+1);
Mv=zeros(1,steps+1);
for m=1:steps+1
    qx=qx_5_3(x,a,F);
end
for m=1:steps+1
    if x(m)<=a
        Q0(m)=(Ay0+S0(1)/sqrt(2))-L/steps*trapz(qx(1:m));
    else
        Q0(m)=Ay0-L/steps*trapz(qx(1:m));
    end
end
for m=1:steps+1
    M0(m)=L/steps*trapz(Q0(1:m));
end
% Statische Betrachtung im "1"-System
```

```
Axv=0; Ayv=0; Bv=0;
Sv=[1;-sqrt(2);1];
Qv=zeros(1,steps+1);
for m=1:steps+1
    if x(m)<=a
        Qv(m)=Sv(1)/sqrt(2);
    else
        Qv(m)=Sv(1)/sqrt(2)+Sv(2);
    end
end
for m=1:steps+1
    Mv(m)=L/steps*trapz(Qv(1:m));
end
subplot(3,1,1);
plot(x,Mv);
ylabel('Mv / Nmm');
% Ermittlung der statisch Ueberzaehligen X=S3
Sum_Nenn=sum(S0.*Sv.*LS./(E.*A));
Sum_Zaehl=sum(Sv.^2.*LS./(E.*A));
int_Nenn=(1/EI)*(L/steps)*trapz(M0.*Mv);
int_Zaehl=(1/EI)*(L/steps)*trapz(Mv.^2);
X=-(Sum_Nenn+int_Nenn)/(Sum_Zaehl+int_Zaehl)
% Berechnung der Auflagerkraefte
Ax=Ax0+X*Axv
Ay=Ay0+X*Ayv
B=B0+X*Bv
% Berechnung der Stabkraefte
S=S0+X.*Sv
% Verlauf des Biegemoments M(x) und Biegemoment in D M(a)
Mx=M0+X.*Mv;
subplot(3,1,2);
plot(x,Mx);
ylabel('M(x) / Nmm');
MD=Mx(find(x==a))
Qx=Q0+X*Qv;
subplot(3,1,3);
plot(x,Qx);
ylabel('Q(x) / N');
xlabel('x / mm');
MxMax=max(Mx)
xMmax=x(find(Mx==max(Mx)))
% Ende Aufgabe 5.4

function q=qx_5_3(x,a,F)
% linear ansteigende Streckenlast mit Maximum F/a bei x=2a
q=F.*x./(2*a.^2);
```

Ausgaben im Matlab „Command Window" ohne Leerzeilen

```
X = -1.6771e+004
Ax =      -20000
Ay =       -3333
B =   23.3330
S =  1.0e+004 *     1.1514
                    0.3717
```

```
                -1.6771
MD =    7.8544e+006
MxMax =    9.2523e+006
xMmax =         3265

Darstellung des Verlaufs der Schnittgrößen siehe Mathcad-
Lösung.
```

Lösung der Aufgabe 5.4 mithilfe von Maple

> restart;interface(imaginaryunit=j); *# Umbenennen der imaginären Einheit I in j*

Elastizitätsmodul, Längen, Querschnittswerte:

```
> E1:=210000; E2:=E1; E3:=E1; a:=2.5*1000;
  L1:=a*sqrt(2); L2:=a; L3:=L1;
  A1:=5*100; A2:=3*100; A3:=A1;
  I:=4E4*10^4; EI:=I*E1;
```

$$E1 := 210000 \quad E2 := 210000 \quad E3 := 210000 \quad a := 2500.0$$

$$L1 := 2500.0\sqrt{2} \quad L2 := 2500.0 \quad L3 := 2500.0\sqrt{2}$$

$$A1 := 500 \quad A2 := 300 \quad A3 := 500$$

$$I := 0.40000\ 10^{9} \quad EI := 0.8400000000\ 10^{14}$$

Statik im "Nullsystem" (siehe Aufgabe 5.2):

```
> F:=20*1000; q0:=F/a; q:=x->q0*x/(2*a);
```

$$F := 20000$$

$$q0 := 8.000000000$$

$$q := x \rightarrow \frac{1}{2}\frac{q0\,x}{a}$$

Lösungen entsprechend Aufgabe 5.2:

```
> Ax0:=-20*1000; Ay0:=-3.333*1000; B0:=23.333*1000;
  S01:=20*sqrt(2)*1000; S02:=-20*1000; S03:=0;
```

$$Ax0 := -20000 \quad Ay0 := -3333.000 \quad B0 := 23333.000$$

$$S01 := 20000\sqrt{2} \quad S02 := -20000 \quad S03 := 0$$

Querkraftverlauf:

```
> Q0:=x->piecewise(x<a,((Ay0 + S01/sqrt(2) - int(q(xi),xi=0..x)),x>a, Ay0 -
int(q(xi),xi=0..x)));
```

$$Q0 := x \rightarrow \text{piecewise}\left(x < a,\ Ay0 + \frac{S01}{\sqrt{2}} - \int_0^x q(\xi)\,d\xi,\ a < x,\ Ay0 - \int_0^x q(\xi)\,d\xi\right)$$

Momentenverlauf:
Verlauf des Momentes: siehe Aufgabe 5.2

```
> M0:=x->int(Q0(xi),xi=0..x);
```

$$M0 := x \rightarrow \int_0^x Q0(\xi)\,d\xi$$

Statik im "Einssystem" (virtuelle Last "1" in Richtung des Stabes S3):

Auflagerkräfte:

```
> Axv:=0; Ayv:=0; Bv:=0;
```

$$Axv := 0 \quad Ayv := 0 \quad Bv := 0$$

Stabkräfte:

```
> Sv1:=1; Sv2:=-sqrt(2); Sv3:=01;
```

$$Sv1 := 1 \quad Sv2 := -\sqrt{2} \quad Sv3 := 1$$

Querkraftverlauf:

```
> Qv:=x->piecewise(x<a,Sv1/sqrt(2), x>a, Sv1/sqrt(2) + Sv2);
```

$$Qv := x \rightarrow \text{piecewise}\left(x < a,\ \frac{Sv1}{\sqrt{2}},\ a < x,\ \frac{Sv1}{\sqrt{2}} + Sv2\right)$$

Momentenverlauf:

```
> Mv:=x->int(Qv(xi),xi=0..x);
```

$$Mv := x \rightarrow \int_0^x Qv(\xi)\,d\xi$$

Berechnung der statisch Überzähligen X = S3:

```
> X:=-(sum('(S0||i*Sv||i*L||i)/(E||i*A||i)', 'i'=1..3) + int(M0(x)*Mv(x)/EI,x=0..2*a))/(sum('((Sv||i)^2*L||i)/(E||i*A||i)','i'=1..3) + int((Mv(x))^2/EI,x=0..2*a) );
  evalf(X);
```

$$X := -\frac{2.377336153 + 0.7936507937\sqrt{2}}{0.0001413690476 + 0.00004761904760\sqrt{2}}$$

$$-16768.17163$$

Berechnung der Auflagerkräfte (Überlagerung wird formal durchgeführt, wenn auch nicht erforderlich):

```
> Ax:=Ax0 + X*Axv; Ay:=Ay0 + X*Ayv; B:=B0 + X*Bv;
```

$$Ax := -20000 \quad Ay := -3333.000 \quad B := 23333.000$$

Berechnung der Stabkräfte:

```
> S:=evalf([seq (S0||i + X*Sv||i,i=1..3)]);
```

$$S := [\,11516.09961,\ 3713.77573,\ -16768.17163\,]$$

Momentenverlauf:

```
> M:=x->M0(x) + X*Mv(x);
```

$$M := x \rightarrow \mathrm{M0}(x) + X\,\mathrm{Mv}(x)$$

Biegemoment in D:

```
> MD:=evalf(M(a));# Einheit [Nmm] !
```

$$MD := 0.785861366\ 10^{7}$$

Querkraftverlauf:

```
> Q:=x->Q0(x) + X*Qv(x);
```

$$Q := x \rightarrow \mathrm{Q0}(x) + X\,\mathrm{Qv}(x)$$

Die Plots der Verläufe werden unterdrückt

```
> plot(M(x),x=0..5000,0..1E7,labels=["x","M(x)"]):
  plot(Q(x),x=0..5000,-1E4..1E4,labels=["x","Q(x)"]):
```

Suche des Maximums des Biegemomentes:

Bestimmung der Nullstelle der Querkraft

```
> xMax:=fsolve(Q(x)=0,x=2600..3500);
  Mmax:=evalf(M(xMax)); # Einheit [Nmm] !
```

$$xMax := 3264.178279$$

$$Mmax := 0.926455374\ 10^{7}$$

Darstellung des Verlaufs der Schnittgrößen siehe Mathcad-Lösung.

6 Kinematik

6.1 Kinematik des Massenpunktes in der Ebene

Grundlagen:

Die Kinematik beschreibt die Bewegung des Massepunktes in der Ebene, ohne auf die Kräfte einzugehen, die zur Erzeugung der Bewegung erforderlich sind oder sich als Führungskräfte ergeben. Beschrieben wird der Zusammenhang zwischen Weg (Ortsvektor), Geschwindigkeit und Beschleunigung.

Dabei kann die Bewegung (siehe Bilder 6.1a bis 6.1c) in drei verschiedenen Koordinatensystemen dargestellt werden. Es ist sinnvoll die Darstellung zu wählen, die der jeweiligen Aufgabenstellung angepasst ist. Zur Lösung der Aufgabe 6.2 werden alle drei Darstellungen betrachtet.

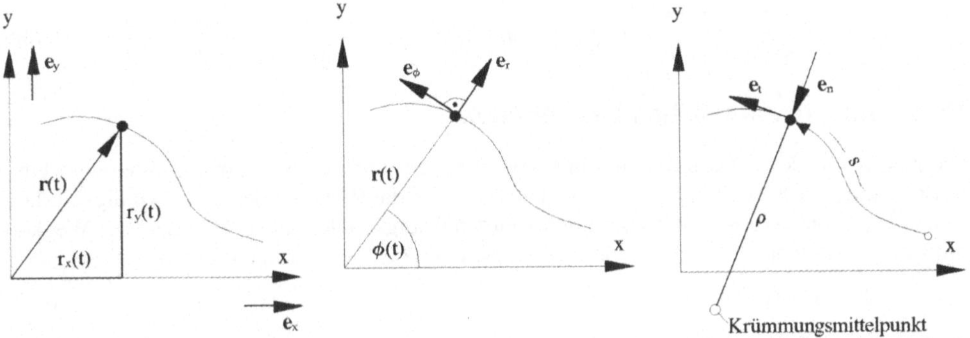

Bild 6.1a Kartesische Koordinaten **Bild 6.1b** Polarkoordinaten **Bild 6.1c** Natürliche Koordinaten

Darstellung in Kartesischen Koordinaten

Der Ortsvektor $\mathbf{r}(t)$ wird durch die entsprechenden x- und y- Komponenten mit Hilfe der Einheitsvektoren $\mathbf{e}_x$ und $\mathbf{e}_y$ dargestellt als:

$$\mathbf{r}(t) = r_x(t) \cdot \mathbf{e}_x + r_y(t) \cdot \mathbf{e}_y. \qquad (6.1)$$

Geschwindigkeit und Beschleunigung ergeben sich als Ableitung des Ortsvektors nach der Zeit. Da die Einheitsvektoren in x- und y-Richtung konstant sind, ergeben sich die Komponenten der Geschwindigkeit als Ableitungen der jeweiligen Komponenten nach der Zeit:

$$v_x(t) = \frac{d\,r_x(t)}{dt} \quad (6.2a) \qquad \text{und} \qquad v_y(t) = \frac{d\,r_y(t)}{dt}, \quad (6.2b)$$

die Komponenten der Beschleunigung zu:

$$a_x(t) = \frac{d^2 r_x(t)}{dt^2} \quad (6.3a) \qquad \text{und} \qquad a_y(t) = \frac{d^2 r_y(t)}{dt^2}, \quad (6.3b)$$

Darstellung in Polarkoordinaten

Der Ortsvektor $\mathbf{r}(t)$ wird mithilfe des Einheitsvektors $\mathbf{e}_r$ in r-Richtung dargestellt als:

$$\mathbf{r}(t) = r(t) \cdot \mathbf{e}_r. \quad (6.4)$$

Beim Differenzieren nach der Zeit muss der Einheitsvektor mit differenziert werden, da er bei der Bewegung des Massepunktes auf einer gekrümmten Bahn seine Richtung ändert. Für die Geschwindigkeit ergeben sich die Komponenten in r- und ϕ -Richtung zu:

$$v_r(t) = \frac{d\,r(t)}{dt} \quad (6.5a) \qquad \text{und} \qquad v_\phi(t) = r(t) \cdot \frac{d\,\phi(t)}{dt}, \quad (6.5b)$$

die Komponenten der Beschleunigung zu:

$$a_r(t) = \frac{d^2 r(t)}{dt^2} - r \cdot \left[\frac{d\,\phi(t)}{dt}\right]^2 \quad (6.6a) \quad \text{und} \quad a_\phi(t) = r(t) \cdot \frac{d^2 \phi(t)}{dt^2} + 2 \cdot \frac{d\,r(t)}{dt} \cdot \frac{d\,\phi(t)}{dt} \quad (6.6b)$$

Darstellung in natürlichen Koordinaten

Die hier verwendeten Vektoren sind der Vektor $\mathbf{e}_n$, der auf den Krümmungsmittelpunkt hinweist, und $\mathbf{e}_t$, der in Richtung der Tangenten weist. Da die Richtung der Geschwindigkeit tangential zur Bahnkurve ist und der Betrag der Geschwindigkeit der ersten Ableitung der Wegkoordinate s entspricht, lässt sich die Geschwindigkeit als Vektor wie folgt angeben:

$$\mathbf{v}(t) = v(t) \cdot \mathbf{e}_t \quad (6.7)$$

mit dem Betrag der Geschwindigkeit:

$$v(t) = \frac{d\,s(t)}{dt}. \quad (6.8)$$

Für die Beschleunigung in Normalen- und Tangentialrichtung erhält man nach Differenzieren der Geschwindigkeit unter Berücksichtigung der Veränderlichkeit der Richtung des tangentialen Einheitsvektors $\mathbf{e}_t$:

$$a_n(t) = \frac{v(t)^2}{\rho} \quad (6.9a) \qquad \text{und} \qquad a_t(t) = \frac{d\,v(t)}{dt}, \quad (6.9b)$$

worin ρ der Krümmungsradius der Bahnkurve im betrachteten Punkt ist, der sich im Allgemeinen von Bahnpunkt zu Bahnpunkt verändert. Ausnahme ist die Bewegung des Massepunktes auf einer Kreisbahn. In diesem Falle lassen sich die Beziehungen (6.5) und (6.6) in die Beziehungen (6.8) und (6.9) überführen.

Aufgabe 6.1

Ein Autofahrer startet mit seinem Wagen zu einer Fahrt. Drei Abschnitte der Fahrt sollen betrachtet werden.

1. Abschnitt: Er beschleunigt $\Delta t_1 = 7$ s lang mit der Beschleunigung $a_1 = 5$ m/s^2.
2. Abschnitt: Er bremst mit der Beschleunigung $a_2 = -3$ m/s^2 so lange (Zeitdauer Δt_2), bis die Geschwindigkeit noch ein Drittel der Geschwindigkeit beträgt, die er am Ende des ersten Abschnitts erreicht hatte.
3. Abschnitt: Er fährt mit der erreichten Geschwindigkeit $\Delta t_3 = 20$ s lang weiter.

Ermitteln Sie die Zeit Δt_2 , den Gesamtweg, sowie den Verlauf von Geschwindigkeit v(t) und Weg x(t) in Abhängigkeit von der Zeit t (t vom Start aus gezählt) und stellen Sie v(t) und x(t) grafisch dar.

Lösungsweg zu Aufgabe 6.1

Bei dieser Aufgabenstellung interessieren nur Geschwindigkeit und Weg, die Form der Bahnkurve und insbesondere Richtungsänderungen werden nicht berücksichtigt. Die Bewegung kann deshalb für die Berechnung wie eine gradlinige Bewegung in x-Richtung betrachtet werden.

- Formeln für Geschwindigkeit v und Weg x:

  Für konstante Beschleunigung a, Anfangszeit t_o, Anfangsgeschwindigkeit v_o und Anfangsweg x_o ergeben sich folgende Beziehungen:

  $$v(t) = v_0 + a \cdot (t - t_0) \quad \text{und} \quad x(t) = x_0 + v_0 \cdot (t - t_0) + \frac{a \cdot (t - t_0)^2}{2}$$

  Diese Formeln werden auf die einzelnen Abschnitte durch Einsetzen der konkreten Werte angewendet.

- Aus der Formel für die Geschwindigkeit ergibt sich Δt_2 zu:

  $$\Delta t_2 = \frac{\frac{v_{20}}{3} - v_{20}}{a_2}.$$

- Diagramm für v(t) und x(t):

  Dazu werden Geschwindigkeit und Weg bereichsweise definiert, wobei die vorher in den einzelnen Teilabschnitten ermittelten Funktionen eingesetzt und dann im Diagramm für die gesamte Zeitdauer dargestellt werden.

Lösung der Aufgabe 6.1 mithilfe von Mathcad

$km := 1000m$ $\qquad$ $h := 3600s$

Bei konstanter Beschleunigung innerhalb eines Teilabschnittes gelten allgemein die folgenden Beziehungen für Geschwindigkeit v und Weg x:

$$v(t,t_o,a,v_o) := a\cdot(t-t_o)+v_o$$

$$x(t,t_o,a,v_o,x_o) := \frac{a\cdot(t-t_o)^2}{2}+v_o\cdot(t-t_o)+x_o$$

1. Abschnitt: $t_{1o} := 0s$ $a_1 := 5\frac{m}{s^2}$ $v_{1o} := 0\frac{m}{s}$ $x_{1o} := 0m$ *Zeitdauer:* $\Delta t_1 := 7s$

Verlauf von Geschwindigkeit und Weg:

$v_1(t) := v(t,t_{1o},a_1,v_{1o})$

$x_1(t) := x(t,t_{1o},a_1,v_{1o},x_{1o})$

Zeit am Ende des ersten Abschnitts:

$t_{1E} := \Delta t_1$

$t_{1E} = 7s$

Geschwindigkeit am Ende des ersten Abschnitts:

$v_{1E} := v_1(t_{1E})$ $v_{1E} = 35\frac{m}{s}$ $v_{1E} = 126\frac{km}{h}$

Weg, der bis zum Ende des ersten Abschnittes zurückgelegt wurde:

$x_{1E} := x_1(t_{1E})$ $x_{1E} = 122.5m$

2. Abschnitt: $t_{2o} := t_{1E}$ $a_2 := -3\frac{m}{s^2}$ $v_{2o} := v_{1E}$ $x_{2o} := x_{1E}$

Zeitdauer für den zweiten Abschnitt:

$$\Delta t_2 := \frac{\frac{v_{2o}}{3}-v_{2o}}{a_2} \qquad \Delta t_2 = 7.778s$$

Verlauf von Geschwindigkeit und Weg:

$v_2(t) := v(t,t_{2o},a_2,v_{2o})$

$x_2(t) := x(t,t_{2o},a_2,v_{2o},x_{2o})$

Zeit am Ende des zweiten Abschnitts:

$t_{2E} := t_{1E}+\Delta t_2$

$t_{2E} = 14.778s$

Geschwindigkeit am Ende des zweiten Abschnitts:

$v_{2E} := v_2(t_{2E})$ $v_{2E} = 11.667\frac{m}{s}$ $v_{2E} = 42\frac{km}{h}$

Gesamtweg, der bis zum Ende des zweiten Abschnittes zurückgelegt wurde:

$x_{2E} := x_2(t_{2E})$ $x_{2E} = 303.981m$

Weg, der im zweiten Teilabschnitt zurückgelegt wurde:

$x_{Teil2} := x_{2E} - x_{1E}$ $\qquad x_{Teil2} = 181.481\,m$

3. Abschnitt: $t_{3o} := t_{2E}$ $\qquad a_3 := 0\frac{m}{s^2}$ $\qquad v_{3o} := v_{2E}$ $\qquad x_{3o} := x_{2E}$ $\qquad \Delta t_3 := 20s$

Verlauf von Geschwindigkeit und Weg:

$v_3(t) := v(t, t_{3o}, a_3, v_{3o})$

$x_3(t) := x(t, t_{3o}, a_3, v_{3o}, x_{3o})$

Zeit am Ende des dritten Abschnitts:

$t_{3E} := t_{2E} + \Delta t_3$

$t_{ges} := t_{3E}$ $\qquad t_{ges} = 34.778s$

Endgeschwindigkeit:

$v_E := v_3(t_{3E})$ $\qquad v_E = 11.667\frac{m}{s}$ $\qquad v_E = 42\frac{km}{h}$

Gesamtweg:

$x_{gesamt} := x_3(t_{3E})$ $\qquad x_{gesamt} = 537.315m$

Weg, der im dritten Teilabschnitt zurückgelegt wurde:

$x_{Teil3} := x_{gesamt} - x_{2E}$ $\qquad x_{Teil3} = 233.333m$

Darstellung von Geschwindigkeit und Weg in Abhängigkeit von der Zeit, die vom Start aus gezählt ist:

$t := 0s, 0.01s .. t_{ges}$

$$v(t) := \begin{vmatrix} v_1(t) & \text{if } t \le t_{1E} \\ v_2(t) & \text{if } t_{1E} < t \le t_{2E} \\ v_3(t) & \text{if } t > t_{2E} \end{vmatrix}$$

$$x(t) := \begin{vmatrix} x_1(t) & \text{if } t \le t_{1E} \\ x_2(t) & \text{if } t_{1E} < t \le t_{2E} \\ x_3(t) & \text{if } t > t_{2E} \end{vmatrix}$$

Geschwindigkeit:

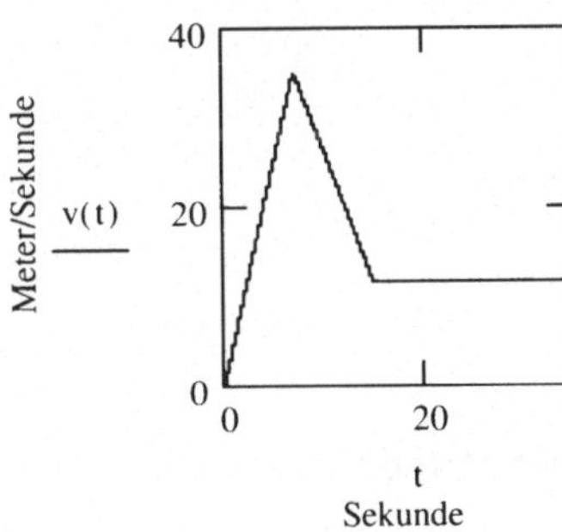

Weg:

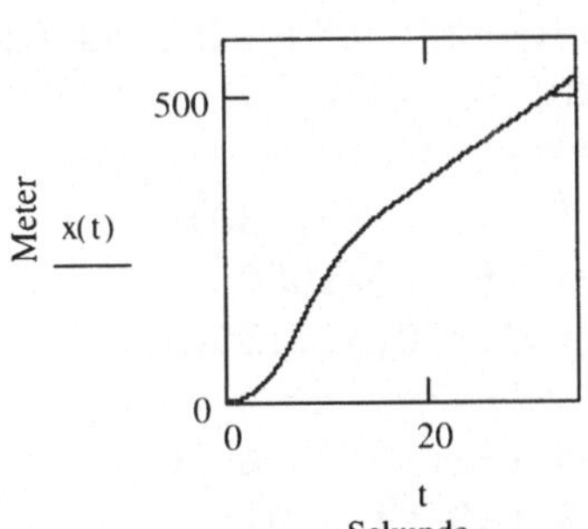

Lösung der Aufgabe 6.1 mithilfe von Matlab

Matlab m-Files für die Aufgabe 6.1

```
% Aufgabe 6.1
% Autofahrt nach drei Zeit-Weggesetzen
% erster Abschnitt: konstante Beschleunigung
t10=0;          % s ;  Anfangsbedingungen 1. Abschnitt
x10=0;          % m
v10=0;          % m/s
a1=5;           % m/s^2
delta_t1=7;     % s
t1E=delta_t1;   % s
step=0.1;       % s
v1E=v_6_1(delta_t1,t10,a1,v10)
v1E_kmph=v1E*60*60/1000
x1E=x_6_1(delta_t1,t10,a1,v10,x10)
t1=t10:step:t1E;      % Verlauf der Bewegungsgroeßen
v1=v_6_1(t1,t10,a1,v10);
x1=x_6_1(t1,t10,a1,v10,x10);
% zweiter Abschnitt: konstante Verzögerung
t20=t10+delta_t1; x20=x1E; v20=v1E; a2=-3;
delta_t2=(v20./3-v20)./a2
t2E=t20+delta_t2
v2E=v_6_1(t2E,t20,a2,v20)
v2E_kmph=v2E*60*60/1000
x2E=x_6_1(t2E,t20,a2,v20,x20)
x2diff=x2E-x1E
t2=t20:step:t2E;      % Verlauf der Bewegungsgroeßen
v2=v_6_1(t2,t20,a2,v20);
x2=x_6_1(t2,t20,a2,v20,x20);
% dritter Abschnitt: konstante Geschwindigkeit
x30=x2E; v30=v2E; t30=t2E; a3=0;
delta_t3=20;
t3E=t2E+delta_t3
v3E=v_6_1(t3E,t30,a3,v30)
v3E_kmph=v3E*60*60/1000
x3E=x_6_1(t3E,t30,a3,v30,x30)
x3diff=x3E-x2E
t3=t30:step:t3E;      % Verlauf der Bewegungsgroeßen
v3=v_6_1(t3,t30,a3,v30);
x3=x_6_1(t3,t30,a3,v30,x30);
```

```
t=[t1 t2 t3];            % Gesamtverlauf ueber die Zeit t
x=[x1 x2 x3];
v=[v1 v2 v3];
a=[a1.*ones(size(t1)) a2.*ones(size(t2)) a3.*ones(size(t3))];
subplot(1,3,1); plot(t,a); legend('a / m/s^2');
axis([0 max(t) min(a)-1 max(a)+1]);
subplot(1,3,2); plot(t,v); legend('v / m/s');
axis([0 max(t) min(v) max(v)]);
xlabel('t / s');
subplot(1,3,3); plot(t,x); legend('x / m');
axis([0 max(t) min(x) max(x)]);
% Ende Aufgabe 6.1

function v=v_6_1(t,t0,a,v0)
% Geschwindigkeit einer gleichfoermig beschleunigten
% Bewegung
v=a.*(t-t0)+v0;

function x=x_6_1(t,t0,a,v0,x0)
% Weg einer gleichfoermig beschleunigten Bewegung
x=(a.*(t-t0).^2)./2 +v0.*(t-t0)+x0;
```

Ausgaben im Matlab „Command Window“ ohne Leerzeilen

```
v1E =    35
v1E_kmph =    126
x1E =  122.5000
delta_t2 =     7.7778
t2E =   14.7778
v2E =   11.6667
v2E_kmph =    42.0000
x2E =  303.9815
x2diff =  181.4815
t3E =   34.7778
v3E =   11.6667
v3E_kmph =    42.0000
x3E =  537.3148
x3diff =  233.3333
```

Verlauf von Geschwindigkeit und Weg siehe Mathcad-Lösung

Lösung der Aufgabe 6.1 mithilfe von Maple

```
> restart;
```

Bei konstanter Beschleunigung innerhalb eines Teilabschnittes gelten allgemein die folgenden Beziehungen für Geschwindigkeit v und Weg x:

```
> v:=(t,t0,a,v0)->a*(t-t0) + v0;
  x:=(t,t0,a,v0,x0)->a*(t-t0)^2/2 + v0*(t-t0) + x0;
```

$$v := (t, t0, a, v0) \to a\,(t - t0) + v0$$

$$x := (t, t0, a, v0, x0) \to \frac{1}{2}\,a\,(t - t0)^2 + v0\,(t - t0) + x0$$

1. Abschnitt:

```
> t1_0:=0; a1:=5; v1_0:=0; x1_0:=00; Delta_t1:=7;
```

$$t1\_0 := 0 \quad a1 := 5 \quad v1\_0 := 0 \quad x1\_0 := 0 \quad Delta\_t1 := 7$$

Verlauf von Geschwindigkeit und Weg:

```
> v1:=t->v(t,t1_0,a1,v1_0):
  v1(t);
  x1:=t->x(t,t1_0,a1,v1_0,x1_0):
  x1(t);
```

$$5\,t$$

$$\frac{5\,t^2}{2}$$

Zeit am Ende des ersten Abschnitts:

```
> t1_E:=Delta_t1;
```

$$t1\_E := 7$$

Geschwindigkeit am Ende des ersten Abschnitts:

```
> v1_E:=v1(t1_E); # Einheit [m/s]
  convert( v1_E, 'units', 'm/s', 'km/h' ); # Maple 9
```

$$v1\_E := 35$$

$$126$$

Weg, der bis zum Ende des ersten Abschnittes zurückgelegt wurde:

```
> x1_E:=x1(t1_E);
```

$$x1\_E := \frac{245}{2}$$

2. Abschnitt:

```
> t2_0:=t1_E; a2:=-3; v2_0:=v1_E; x2_0:=x1_E;
```

$$t2\_0 := 7 \quad a2 := -3 \quad v2\_0 := 35 \quad x2\_0 := \frac{245}{2}$$

Zeitdauer für den zweiten Abschnitt:

```
> Delta_t2:=(v2_0/3-v2_0)/a2;
  evalf(%);
```

$$Delta\_t2 := \frac{70}{9}$$

$$7.777777778$$

Verlauf von Geschwindigkeit und Weg:

```
> v2:=t->v(t,t2_0,a2,v2_0):
v2(t);
x2:=t->x(t,t2_0,a2,v2_0,x2_0):
x2(t);
```

$$-3\,t + 56$$

$$-\frac{3\,(t-7)^2}{2} + 35\,t - \frac{245}{2}$$

Zeit am Ende des zweiten Abschnitts:

```
> t2_E:=t1_E + Delta_t2;
evalf(%);
```

$$t2\_E := \frac{133}{9}$$

$$14.77777778$$

Geschwindigkeit am Ende des zweiten Abschnitts:

```
> v2_E:=v2(t2_E); # Einheit [m/s]
  convert( v2_E, 'units', 'm/s', 'km/h' ); # Maple 9
```

$$v2\_E := \frac{35}{3}$$

$$42$$

Gesamtweg, der bis zum Ende des zweiten Abschnittes zurückgelegt wurde:

```
> x2_E:=x2(t2_E);
  evalf(%);
```

$$x2\_E := \frac{16415}{54}$$

$$303.9814815$$

Weg, der im zweiten Teilabschnitt zurückgelegt wurde:

```
> xTeil2:=x2_E - x1_E;
  evalf(%);
```

$$xTeil2 := \frac{4900}{27}$$

181.4814815

3. Abschnitt:

```
> t3_0:=t2_E; a3:=0; v3_0:=v2_E; x3_0:=x2_E; Delta_t3:=20;
```

$$t3\_0 := \frac{133}{9} \quad a3 := 0 \quad v3\_0 := \frac{35}{3} \quad x3\_0 := \frac{16415}{54} \quad Delta\_t3 := 20$$

Verlauf von Geschwindigkeit und Weg:

```
> v3:=t->v(t,t3_0,a3,v3_0):
  v3(t);
  x3:=t->x(t,t3_0,a3,v3_0,x3_0):
  x3(t);
```

$$\frac{35}{3}$$

$$\frac{7105}{54} + \frac{35\,t}{3}$$

Zeit am Ende des dritten Abschnitts:

```
> t3_E:=t2_E + Delta_t3:
  tges:=t3_E;
  evalf(%);
```

$$tges := \frac{313}{9}$$

34.77777778

Endgeschwindigkeit:

```
> vE:=v3(t3_E); # Einheit [m/s]
  convert( vE, 'units', 'm/s', 'km/h' ); # Maple 9
```

$$vE := \frac{35}{3}$$

42

Gesamtweg:

```
> xges:=x3(t3_E);
  evalf(%);
```

$$xges := \frac{29015}{54}$$

537.3148148

Weg, der im dritten Teilabschnitt zurückgelegt wurde:

```
> xTeil3:=xges - x2_E;
```

evalf(%);

$$xTeil3 := \frac{700}{3}$$

233.3333333

Darstellung von Geschwindigkeit und Weg in Abhängigkeit von der Zeit, die vom Start aus gezählt ist:

```
> v(t):=piecewise(t<=t1_E,v1(t),t2_E>t,v2(t),t>t2_E,v3(t));
  x(t):=piecewise(t<=t1_E,x1(t),t2_E>t,x2(t),t>t2_E,x3(t));
```

$$v(t) := \begin{cases} 5\,t & t \le 7 \\ -3\,t + 56 & t < \frac{133}{9} \\ \frac{35}{3} & \frac{133}{9} < t \end{cases} \qquad x(t) := \begin{cases} \frac{5\,t^2}{2} & t \le 7 \\ -\frac{3\,(t-7)^2}{2} + 35\,t - \frac{245}{2} & t < \frac{133}{9} \\ \frac{7105}{54} + \frac{35\,t}{3} & \frac{133}{9} < t \end{cases}$$

Die Ausgabe wird unterdrückt:

```
> plot(v(t),t=0..35,0..40,labels=["t","v(t)"]):
  plot(x(t),t=0..35,0..600,labels=["t","x(t)"]):
```

Diagramme für den Verlauf von Geschwindigkeit und Weg über der Zeit siehe Mathcad-Lösung.

Aufgabe 6.2

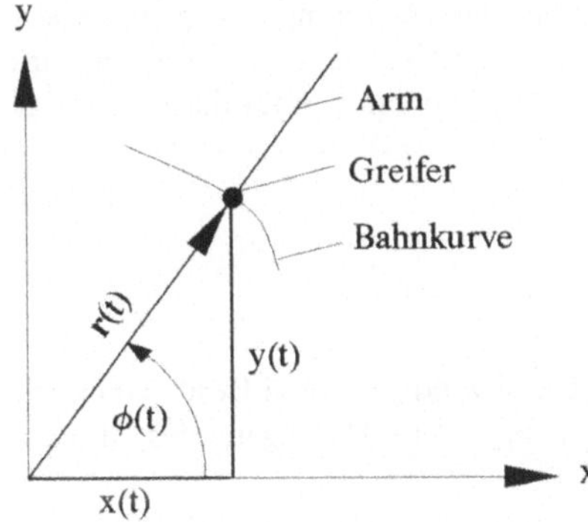

Bild 6.2 Handhabungsautomat mit Greifer

Ein Greifer (Massepunkt) bewegt sich vom Koordinatenursprung aus mit konstanter Geschwindigkeit $\dot{r} = v_o$ auf dem Arm eines Handhabungsautomaten nach außen. Der Arm selbst dreht sich mit konstanter Winkelgeschwindigkeit $\dot{\phi} = \omega_o$.

Es gelten die Zahlenwerte: $v_o = 1\,\mathrm{m/s}$, $\dot{\phi} = 1/\mathrm{s}$

Ermitteln Sie:

a) $r(t)$ und $\phi(t)$, wenn sich zum Zeitpunkt $t = 0$ s der Greifer im Koordinatenursprung befindet und der Arm des Hanhabungsautomaten horizontal liegt,

b) Geschwindigkeit und Beschleunigung des Greifers in Kartesischen Koordinaten sowie deren Werte beim Durchgang des Greifers durch die y-Achse (einschl. der Resultierenden),

c) Geschwindigkeit und Beschleunigung des Greifers in Polarkoordinaten sowie deren Werte beim Durchgang des Greifers durch die y-Achse (einschl. der Resultierenden),

d) Beschleunigung des Greifers beim Durchgang durch die y-Achse in natürlichen Koordinaten (einschl. der Resultierenden).

Anmerkung: Im Rahmen der Lösung dieser Aufgabe werden alle in 6.1 beschriebenen Darstellungsarten (Kartesische Koordinaten, Polarkoordinaten, natürliche Koordinaten) eingesetzt.

Lösungsweg zu Aufgabe 6.2

- Ermittlung von $r(t)$ und $\phi(t)$:

  Mit den vorgegebenen Geschwindigkeiten ergeben sich:

  $$r(t) = v_o \cdot t \quad \text{und} \quad \phi(t) = \omega_o \cdot t\,.$$

- Darstellung in Kartesischen Koordinaten:

  Die Koordinaten des Greifers in x- und y-Richtung sind:

  $$x(t) = r(t) \cdot \cos(\omega_o \cdot t) \quad \text{und} \quad y(t) = r(t) \cdot \sin(\omega_o \cdot t)\,.$$

  Daraus werden Geschwindigkeiten $v_x(t)$, $v_y(t)$ und Beschleunigungen $a_x(t)$, $a_y(t)$ durch ein- bzw. zweimaliges Differenzieren nach der Zeit ermittelt. Die Ableitungen können entweder „von Hand" oder mithilfe der Programme gebildet werden. Für den Durchgang des Greifers durch die y-Achse gilt $x(t) = 0$, d.h. $\cos(\omega_o \cdot t) = 0$, woraus sich für die zugehörige Zeit t_D ergibt:

  $$t_D = \frac{\frac{\pi}{2}}{\omega_o}\,.$$

  Durch Einsetzen der Zeit t_D in die Beziehungen für Geschwindigkeit und Beschleunigung ergeben sich die entsprechenden Werte v_{xD}, v_{yD}, a_{xD}, a_{yD}, beim Durchgang des Greifers durch die y-Achse.

- Darstellung in Polarkoordinaten:

  Für Geschwindigkeit und Beschleunigung in r- bzw. ϕ-Richtung gelten:

  $$v_r = v_o \,(\text{konstant}),\; v_\phi(t) = r(t) \cdot \omega_o \;\text{und}\; a_r(t) = -r(t) \cdot \omega_o^2\,,\; a_\phi = 2 \cdot v_o \cdot \omega_o\,.$$

  Einsetzen der Zeit t_D in die Beziehungen liefert wiederum die Werte beim Durchgang durch die y-Achse.

- Geschwindigkeit und Beschleunigung beim Durchgang durch die y-Achse in natürlichen Koordinaten:

  Mithilfe der berechneten x- und y-Komponenten beim Durchgang des Greifers durch die y-Achse können Geschwindigkeit und Beschleunigung wie folgt als Vektoren dargestellt werden:

$$v_D = \begin{bmatrix} v_{xD} \\ v_{yD} \\ 0 \end{bmatrix} \quad \text{und} \quad a_D = \begin{bmatrix} a_{xD} \\ a_{yD} \\ 0 \end{bmatrix}.$$

  Die resultierende Geschwindigkeit hat die Richtung der Tangenten an die Bahnkurve. Der Einheitsvektor in Richtung der Tangenten ist damit gegeben durch:

$$e_t = \frac{v_D}{|v_D|}.$$

  Den Einheitsvektor in Richtung auf den Krümmungsmittelpunkt erhält man über:

  $e_n = e_z \times e_t$, worin e_z der Einheitsvektor in z-Richtung ist: $e_z = \begin{bmatrix} 0 \\ 0 \\ 1 \end{bmatrix}$.

  Die Komponenten der Beschleunigung in t- und n-Richtung ergeben sich über die Skalarprodukte:

$$a_{tD} = a_D \cdot e_t \quad \text{und} \quad a_{nD} = a_D \cdot e_n .$$

Lösung der Aufgabe 6.2 mithilfe von Mathcad

Geschwindigkeit in r-Richtung: $v_o := 1\frac{m}{s}$ *Winkelgeschwindigkeit:* $\omega_o := \frac{1}{s}$

Zeit bis zum Durchgang durch die y-Achse: $t_D := \frac{\frac{\pi}{2}}{\omega_o}$ $t_D = 1.571\text{s}$

Zeitintervall, das betrachtet wird: $t := 0\text{s}, 0.01\text{s} .. 2\text{s}$

a) Bestimmung von r(t) und $\phi(t)$:

Abstand vom Ursprung: $r(t) := v_o \cdot t$

Winkel: $\phi(t) := \omega_o \cdot t$

b) Darstellung in Kartesischen Koordinaten:

x-Koordinate: $x(t) := r(t)\cdot\cos(\omega_0\cdot t)$

y-Koordinate: $y(t) := r(t)\cdot\sin(\omega_0\cdot t)$

Bahnkurve:

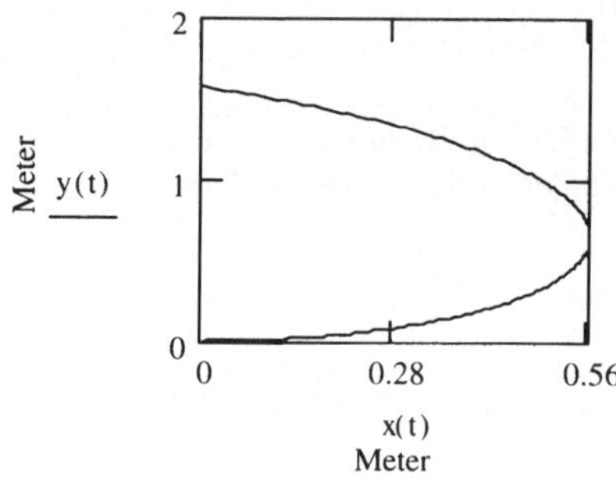

Geschwindigkeiten und Beschleunigungen werden als Ableitungen gebildet, wobei zum Differenzieren direkt Mathcad eingesetzt wird.

Der Leser möge zur Kontrolle den Weg "von Hand" beschreiten.

$v_x(t) := \frac{d}{dt}x(t)$ $v_y(t) := \frac{d}{dt}y(t)$ $a_x(t) := \frac{d}{dt}v_x(t)$ $a_y(t) := \frac{d}{dt}v_y(t)$

Verlauf von Geschwindigkeit und Beschleunigung über der Zeit:

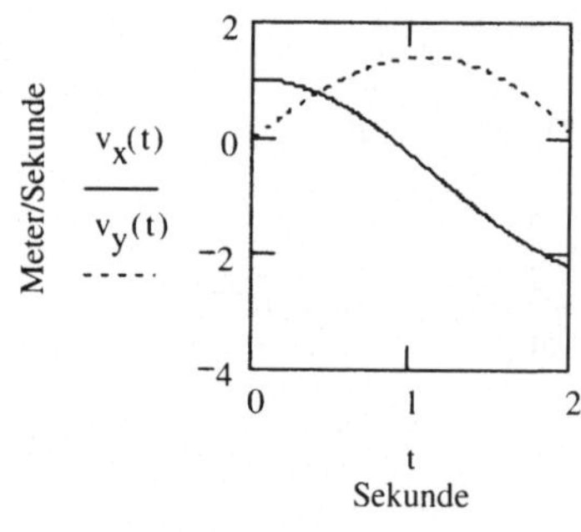

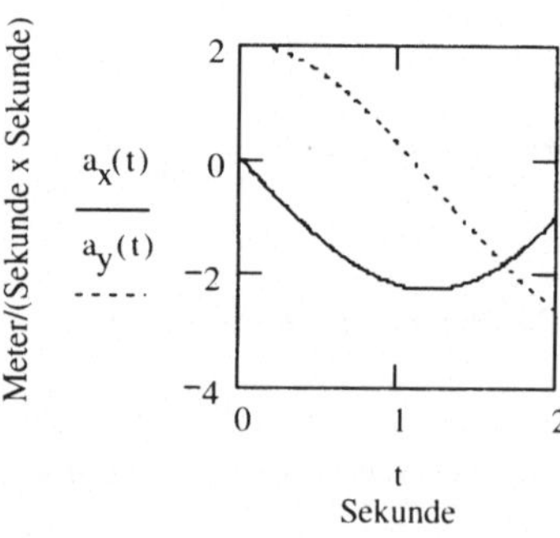

Geschwindigkeiten und Beschleunigungen beim Durchgang durch die y-Achse:

$v_{xD} := v_x(t_D)$ $v_{yD} := v_y(t_D)$ $v_{xD} = -1.571\frac{m}{s}$ $v_{yD} = 1\frac{m}{s}$

$a_{xD} := a_x(t_D)$ $a_{yD} := a_y(t_D)$ $a_{xD} = -2\frac{m}{s^2}$ $a_{yD} = -1.571\frac{m}{s^2}$

Resultierende: $v_{resD} := \sqrt{v_{xD}^2 + v_{yD}^2}$ $v_{resD} = 1.862\frac{m}{s}$

$a_{resD} := \sqrt{a_{xD}^2 + a_{yD}^2}$ $a_{resD} = 2.543\frac{m}{s^2}$

c) Darstellung in Polarkoordinaten:

Geschwindigkeit in r- und ϕ-Richtung: $v_r := v_o$ $v_\phi(t) := r(t)\cdot\omega_o$

Beschleunigung in r- und ϕ-Richtung: $a_r(t) := -r(t)\cdot\omega_o^2$ $a_\phi := 2\cdot v_o\cdot\omega_o$

Geschwindigkeit und Beschleunigung beim Durchgang durch die y-Achse:

$v_{rD} := v_o$ $v_{\phi D} := v_\phi(t_D)$ $v_{rD} = 1\frac{m}{s}$ $v_{\phi D} = 1.571\frac{m}{s}$

$a_{rD} := a_r(t_D)$ $a_{\phi D} := a_\phi$ $a_{rD} = -1.571\frac{m}{s^2}$ $a_{\phi D} = 2\frac{m}{s^2}$

Resultierende: $v_{resD} := \sqrt{v_{rD}^2 + v_{\phi D}^2}$ $v_{resD} = 1.862\frac{m}{s}$

$a_{resD} := \sqrt{a_{rD}^2 + a_{\phi D}^2}$ $a_{resD} = 2.543\frac{m}{s^2}$

d) Beschleunigung beim Durchgang durch die y-Achse in natürlichen Koordinaten:

Verwendung der Ergebnisse aus Teilaufgabe b):

$$v_D := \begin{pmatrix} v_{xD} \\ v_{yD} \\ 0 \end{pmatrix} \quad a_D := \begin{pmatrix} a_{xD} \\ a_{yD} \\ 0 \end{pmatrix} \quad v_D = \begin{pmatrix} -1.571 \\ 1 \\ 0 \end{pmatrix}\frac{m}{s} \quad a_D = \begin{pmatrix} -2 \\ -1.571 \\ 0 \end{pmatrix}\frac{m}{s^2}$$

Die Geschwindigkeit entspricht dem bereits ermittelten Wert v_D und hat die Richtung der Tangenten. Daraus ergibt sich der Einheitsvektor in Richtung der Tangenten zu:

$$e_t := \frac{v_D}{|v_D|} \quad e_t = \begin{pmatrix} -0.844 \\ 0.537 \\ 0 \end{pmatrix}$$

Bestimmung des Einheitsvektors e_n in Richtung der Normalen:

$$e_z := \begin{pmatrix} 0 \\ 0 \\ 1 \end{pmatrix} \qquad e_n := e_z \times e_t \qquad e_n = \begin{pmatrix} -0.537 \\ -0.844 \\ 0 \end{pmatrix}$$

Beschleunigung in Richtung der Tangenten: $a_{tD} := a_D \cdot e_t$ $\quad a_{tD} = 0.844 \frac{m}{s^2}$

Beschleunigung in Richtung der Normalen: $a_{nD} := a_D \cdot e_n$ $\quad a_{nD} = 2.399 \frac{m}{s^2}$

Resultierende der Beschleunigung (siehe auch Ergebnisse aus Teilaufgaben b und c):

$$a_{resD} := \sqrt{a_{nD}^2 + a_{tD}^2} \qquad a_{resD} = 2.543 \frac{m}{s^2}$$

Lösung der Aufgabe 6.2 mithilfe von Matlab

Matlab m-Files für die Aufgabe 6.2

```
% Aufgabe 6.2
% ebene Greiferbewegung in Polarkoordinaten
% Anfangsbedingungen
v0=1;                    % m/s
omega0=1;                % 1/s
tD=(pi/2)/omega0         % s
step=0.001;              % s
t=0:step:2;              % s
% a) Bewegung in Polarkoordinaten
r   =v0.*t;
phi =omega0.*t;
% b) in kartesischen Koordinaten
% entweder x=  r.*cos(omega0.*t); % y=  r.*sin(omega0.*t);
% oder mit den Matlab-Möglichkeiten noch eleganter formuliert:
[x, y]=pol2cart(phi,r);
subplot(2,2,1);plot(x,y);
axis equal;
ylabel('y / m'); xlabel('x / m');
subplot(2,2,2);polar(phi,r);
xlabel('r(phi) / m');
```

```
% Geschwindigkeit mittels numerischer Differenziation
% in kartesischen Koordinaten
vx=diff(x)./diff(t);
vy=diff(y)./diff(t);
subplot(2,2,3);
plot(t(1:length(vx)),vx,'b',t(1:length(vy)),vy,'-.k');
h = legend('v_x','v_y',2);
xlabel('t / s'); ylabel('v / m/s');
ax=diff(vx)./diff(t(1:length(vx)));
ay=diff(vy)./diff(t(1:length(vy)));
subplot(2,2,4);
plot(t(1:length(ax)),ax,'b',t(1:length(ay)),ay,'-.k');
h = legend('a_x','a_y',2);
xlabel('t / s'); ylabel('a / m/s^2');
iD=find(abs(t-tD)==min(abs(t-tD))); % Index der t für t=tD
vxD=vx(iD)
vyD=vy(iD)
axD=ax(iD)
ayD=ay(iD)
vresD=norm([vxD;vyD])
aresD=norm([axD;ayD])
% c) Darstellung in Polarkoordinaten
vr=diff(r)./diff(t);
omega=diff(phi)./diff(t);
vphi=r(1:length(omega)).*omega;
v_quad=vr.^2+vphi.^2;
ar=-omega.^2.*r(1:length(omega));
aphi=2.*diff(r)./diff(t(1:length(r))).*diff(phi)./...
     diff(t(1:length(phi)));
vrD=vr(iD)
vphiD=vphi(iD)
arD=ar(iD)
aphiD=aphi(iD)
vresDpol=norm([vrD vphiD])      % Resultierende
aresDpol=norm([arD aphiD])
% d) Beschleunigung bei y-Durchgang in natürlichen Koordinaten
vD=[vxD;vyD;0]
aD=[axD;ayD;0]
et=vD./norm(vD)      % Einheitvektoren (begleitendes Dreibein)
ez=[0;0;1]
en=cross(ez,et)
```

```
atD=aD'*et                 % Tangentialbeschleunigung
anD=aD'*en                 % Normalbeschleunigung
aresDnat=norm([anD;atD]) % Betrag der Beschleunigung
% Ende Aufgabe 6.2
```

Ausgaben im Matlab „Command Window" ohne Leerzeilen (Spaltenmatrizen in Zeilenform)

```
tD =     1.5708
vxD =   -1.5722
vyD =    0.9989
axD =   -1.9981
ayD =   -1.5744
vresD =     1.8627
aresD =     2.5439
vrD =     1
vphiD =     1.5710
arD =   -1.5710
aphiD =     2
vresDpol =     1.8623
aresDpol =     2.5432
vD =   -1.5722    0.9989         0
aD =   -1.9981   -1.5744         0
et =   -0.8441    0.5363         0
ez =     0     0     1
en =   -0.5363   -0.8441         0
atD =     0.8422
anD =     2.4004
aresDnat =     2.5439
```

Diagramme mit Bahnkurve, Geschwindigkeits- und Beschleunigungsverlauf siehe Mathcad-Lösung

Lösung der Aufgabe 6.2 mithilfe von Maple

> *restart; with(linalg):*

Geschwindigkeit in r-Richtung:

> v0:=1;

$$v0 := 1$$

Winkelgeschwindigkeit:

> omega0:=1;

$$\omega 0 := 1$$

Zeit bis zum Durchgang durch die y-Achse:

```
> tD:=Pi/2/omega0;
  evalf(%);
```

$$tD := \frac{\pi}{2} \quad 1.570796327$$

a) Bestimmung von r(t) und ϕ(t):

Abstand vom Ursprung:

```
> r:=t->v0*t;
```

$$r := t \to v0\ t$$

Winkel:

```
> Phi:=t->omega0*t;
```

$$\Phi := t \to \omega 0\ t$$

b) Darstellung in Kartesischen Koordinaten:

```
> x:=t->r(t)*cos(omega0*t);
  y:=t->r(t)*sin(omega0*t);
```

$$x := t \to \mathrm{r}(t)\cos(\omega 0\ t)$$

$$y := t \to \mathrm{r}(t)\sin(\omega 0\ t)$$

Bahnkurve: (Die Ausgabe wird unterdrückt, Darstellung siehe Mathcad-Lösung.)

```
> plot([x(t),y(t),t=0..2],0..0.6,0..2,labels=["x(t)","y(t)"]):
> vx:=D(x);
  ax:=D(vx);
  vy:=D(y);
  ay:=D(vy);
```

$$vx := t \to \cos(\omega 0\ t) - \mathrm{r}(t)\sin(\omega 0\ t)\ \omega 0$$

$$ax := t \to -2\sin(\omega 0\ t)\ \omega 0 - \mathrm{r}(t)\cos(\omega 0\ t)\ \omega 0^2$$

$$vy := t \to \sin(\omega 0\ t) + \mathrm{r}(t)\cos(\omega 0\ t)\ \omega 0$$

$$ay := t \to 2\cos(\omega 0\ t)\ \omega 0 - \mathrm{r}(t)\sin(\omega 0\ t)\ \omega 0^2$$

Verlauf von Geschwindigkeit und Beschleunigung über der Zeit: (Die Ausgabe wird unterdrückt, Darstellung siehe Mathcad-Lösung.)

```
> plot([vx(t),vy(t)],t=0..2,-3..2,labels=["t","v"],legend=["vx(t)","vy(t)"]):
  plot([ax(t),ay(t)],t=0..2,-3..2,labels=["t","a"],legend=["ax(t)","ay(t)"]):
```

Geschwindigkeiten und Beschleunigungen beim Durchgang durch die y-Achse:

```
> vxD:=vx(tD); vyD:=vy(tD);
  axD:=ax(tD); ayD:=ay(tD);
```

$$vxD := -\frac{\pi}{2} \qquad vyD := 1$$

$$axD := -2 \qquad ayD := -\frac{\pi}{2}$$

Resultierende:

```
> vresD:=sqrt(vxD^2 + vyD^2);
  evalf(%);
  aresD:=sqrt(axD^2 + ayD^2);
  evalf(%);
```

$$vresD := \frac{\sqrt{\pi^2+4}}{2} \qquad 1.862095889 \qquad aresD := \frac{\sqrt{16+\pi^2}}{2} \qquad 2.543108550$$

c) Darstellung in Polarkoordinaten

Geschwindigkeit in r- und ϕ-Richtung:

```
> vr:=v0;
  vPhi:=t->r(t)*omega0:
```

$$vr := 1$$

Beschleunigung in r- und ϕ-Richtung:

```
> ar:=t->-r(t)*omega0^2;
  aPhi:=2*v0*omega0;
```

$$ar := t \rightarrow -\mathrm{r}(t)\,\omega 0^2 \qquad aPhi := 2$$

Geschwindigkeit und Beschleunigung beim Durchgang durch die y-Achse:

```
> vrD:=v0; vPhiD:=vPhi(tD);
  arD:=ar(tD); aPhiD:=aPhi;
```

$$vrD := 1 \qquad vPhiD := \frac{\pi}{2}$$

$$arD := -\frac{\pi}{2} \qquad aPhiD := 2$$

Resultierende:

```
> vresD:=sqrt(vrD^2 + vPhiD^2);
  evalf(%);
  aresD:=sqrt(arD^2 + aPhiD^2);
  evalf(%);
```

$$vresD := \frac{\sqrt{\pi^2+4}}{2} \qquad 1.862095889$$

$$aresD := \frac{\sqrt{16+\pi^2}}{2} \qquad 2.543108550$$

d) Beschleunigung beim Durchgang durch die y-Achse in natürlichen Koordinaten:

Ergebnisse siehe Teilaufgabe b)

```
> vD:=<vxD, vyD,0>; aD:=<axD, ayD,0>;
```

$$vD := \begin{bmatrix} -\frac{\pi}{2} \\ 1 \\ 0 \end{bmatrix} \quad aD := \begin{bmatrix} -2 \\ -\frac{\pi}{2} \\ 0 \end{bmatrix}$$

Tangenteneinheitsvektor et:

```
> et:=normalize(vD);
  evalf(%);
```

$$et := \left[-\frac{\pi}{\sqrt{\pi^2+4}}, \frac{2}{\sqrt{\pi^2+4}}, 0 \right]$$

$$[\,-0.8435636083,\ 0.5370292722,\ 0.\,]$$

Bestimmung des Einheitsvektors en in Richtung der Normalen:

```
> ez:=<0, 0,1>;
  en:=crossprod(ez,et);
  evalf(%);
```

$$ez := \begin{bmatrix} 0 \\ 0 \\ 1 \end{bmatrix}$$

$$en := \left[-\frac{2}{\sqrt{\pi^2+4}}, -\frac{\pi}{\sqrt{\pi^2+4}}, 0 \right]$$

$$[\,-0.5370292722,\ -0.8435636083,\ 0.\,]$$

Beschleunigung in Richtung der Tangenten:

```
> atD:=dotprod(aD,et);
  evalf(%);
```

$$atD := \frac{\pi}{\sqrt{\pi^2+4}}$$

$$0.8435636083$$

Beschleunigung in Richtung der Normalen:

```
> anD:=dotprod(aD,en);
  evalf(%);
```

$$anD := \frac{4}{\sqrt{\pi^2+4}} + \frac{\pi^2}{2\sqrt{\pi^2+4}}$$

$$2.399125162$$

Resultierende der Beschleunigung (siehe auch Ergebnisse aus Teilaufgaben b und c):

```
> aresD:=sqrt(anD^2 + atD^2);
  evalf(%);
```

$$aresD := \sqrt{\left(\frac{4}{\sqrt{\pi^2+4}} + \frac{\pi^2}{2\sqrt{\pi^2+4}} \right)^2 + \frac{\pi^2}{\pi^2+4}} \qquad 2.543108551$$

6.2 Kinematik des starren Körpers in der Ebene

Grundlagen:

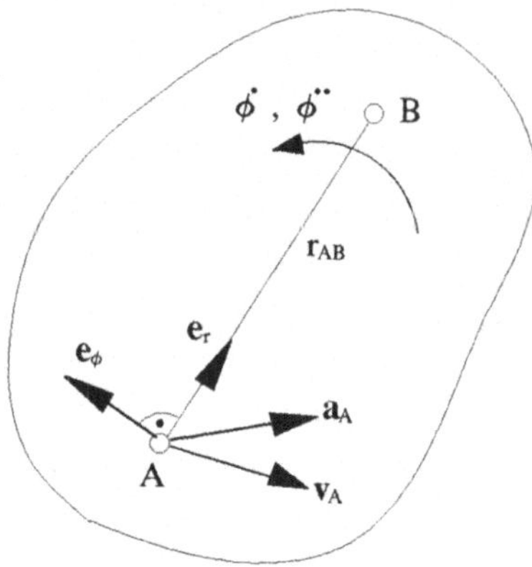

Sind im Punkt A eines starren Körpers Geschwindigkeit $\mathbf{v}_A$ und Beschleunigung $\mathbf{a}_A$ bekannt sowie Winkelgeschwindigkeit $\dot\phi$ und Winkelbeschleunigung $\ddot\phi$ des Körpers (siehe Bild 6.3), so lassen sich Geschwindigkeit $\mathbf{v}_B$ und Beschleunigung $\mathbf{a}_B$ eines beliebigen Punktes des Körpers ermitteln.

Bild 6.3 Kinematik des starren Körpers in der Ebene

Für die Geschwindigkeit ergibt sich:

$$\mathbf{v}_B = \mathbf{v}_A + v_\phi \cdot \mathbf{e}_\phi \quad (6.10) \qquad \text{mit} \qquad v_\phi = r_{AB} \cdot \dot\phi, \quad (6.11)$$

für die Beschleunigung:

$$\mathbf{a}_B = \mathbf{a}_A + a_\phi \cdot \mathbf{e}_\phi + a_r \cdot \mathbf{e}_r \quad (6.12)$$

$$\text{mit } a_\phi = r_{AB} \cdot \ddot\phi \quad (6.13) \qquad \text{und} \qquad a_r = -r_{AB} \cdot \dot\phi^2. \quad (6.14)$$

Aufgabe 6.3

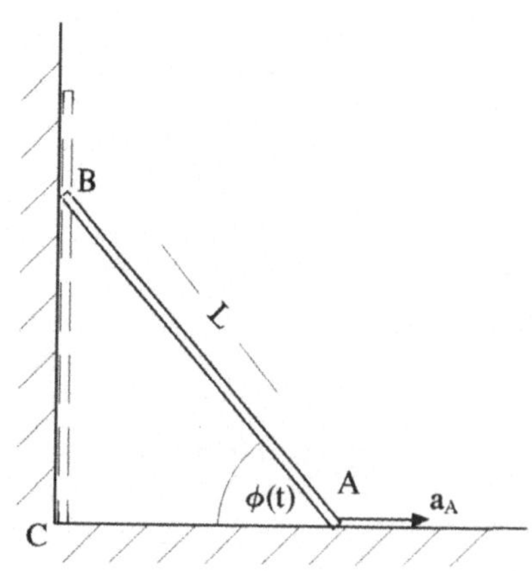

Bild 6.4 Rutschende Leiter

Eine Leiter der Länge L = 4 m lehnt zunächst an der vertikalen Wand BC. Zur Zeit t = 0 s wird in A die konstante Beschleunigung a_A = 4 m/s² vorgegeben, die Leiter rutscht in A auf dem horizontalen Fußboden und in B an der vertikalen Wand entlang.

a) Nach welcher Zeit t_E schlägt die Leiter mit dem Ende B auf dem Boden auf?

b) Ermitteln Sie den Verlauf von Geschwindigkeit $v_B(t)$ und Beschleunigung $a_B(t)$ in Abhängigkeit von der Zeit und stellen Sie den Verlauf jeweils grafisch dar.

Lösungsweg zu Aufgabe 6.3

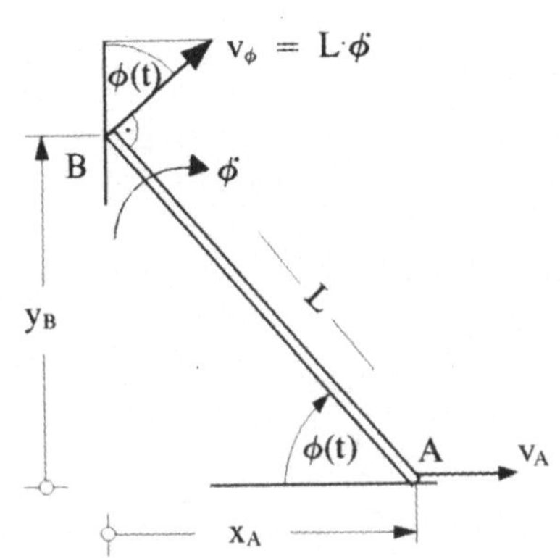

Bild 6.5 Geschwindigkeiten in A und B

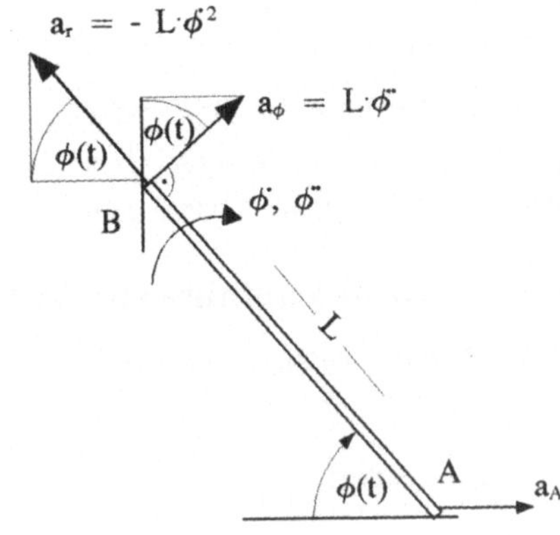

Bild 6.6 Beschleunigungen in A und B

- a) Ermittlung der Zeit t_E bis zum Aufschlagen der Leiter:

  Im Punkt A ist die Beschleunigung a_A in x-Richtung vorgegeben. Der Weg x_A, den der Punkt A zurücklegt ist damit:

  $x_A(t) = \frac{a_A \cdot t^2}{2}$, mit x = L ergibt sich die Zeit bis zum Aufschlag zu: $t_E = \sqrt{\frac{2 \cdot L}{a_A}}$

- b) Ermittlung von Geschwindigkeit v_B und Beschleunigung a_B im Punkt B:

  Für den Winkel $\phi(t)$ erhält man aus dem Dreieck ACB unmittelbar:

$$\phi(t) = a\tan\left(\frac{\sqrt{L^2 - x_A(t)^2}}{x_A(t)}\right),$$

woraus Winkelgeschwindigkeit und Winkelbeschleunigung durch Differenzieren ermittelt werden können und gemäß (6.10) bis (6.14) Geschwindigkeit und Beschleunigung des Punktes B. Sie ergeben sich zu:

$$v_B = v_\phi \cdot \cos(\phi) \quad \text{und} \quad a_B = a_\phi \cdot \cos(\phi) + a_r \cdot \sin(\phi)$$

mit

$$v_\phi = L \cdot \dot{\phi}, \quad a_\phi = L \cdot \ddot{\phi} \quad \text{und} \quad a_r = -L \cdot \dot{\phi}^2.$$

Anmerkung: Geschwindigkeit und Beschleunigung des Punktes A gehen nicht ein, da sie senkrecht auf den Richtungen von Geschwindigkeit und Beschleunigung im Punkt B stehen.

- Alternativlösung zu b):

  Geschwindigkeit und Beschleunigung des Punktes B lassen sich in diesem sehr einfachen geometrischen Fall auf direktem Weg ermitteln. Aus Bild 6.5 ist abzulesen:

  $y_B = L \cdot \sin(\phi)$, wobei ϕ wie oben angegeben eine Funktion der Zeit t ist.

  Durch einmaliges bzw. zweimaliges Differenzieren nach der Zeit, was den Programmen übertragen wird, können Geschwindigkeit und Beschleunigung in B ermittelt werden.

Lösung der Aufgabe 6.3 mithilfe von Mathcad

a) Ermittlung der Zeit bis zum Aufschlagen auf den Boden

$L := 4m \qquad a_A := 2\frac{m}{s^2} \qquad t := 0s, 0.001s .. 1.999s \qquad x(t) := \frac{a_A \cdot t^2}{2}$

Zeit bis zum Aufschlagen der Leiter auf dem Boden: $t_E := \sqrt{\frac{2 \cdot L}{a_A}} \qquad t_E = 2s$

b) Ermittlung von Geschwindigkeit und Beschleunigung des Punktes B

$$\phi(t) := \operatorname{atan}\left(\frac{\sqrt{L^2 - x(t)^2}}{x(t)}\right)$$

Winkel über der Zeit bis zum Aufschlagen der Leiter auf den Boden

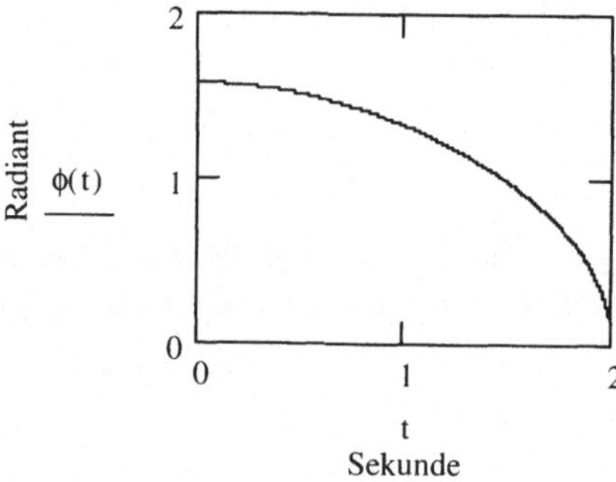

Winkelgeschwindigkeit:

$\phi_p(t) := \frac{d}{dt}\phi(t)$

Winkelbeschleunigung:

$\phi_{pp}(t) := \frac{d^2}{dt^2}\phi(t)$

Winkelgeschwindigkeit über der Zeit:

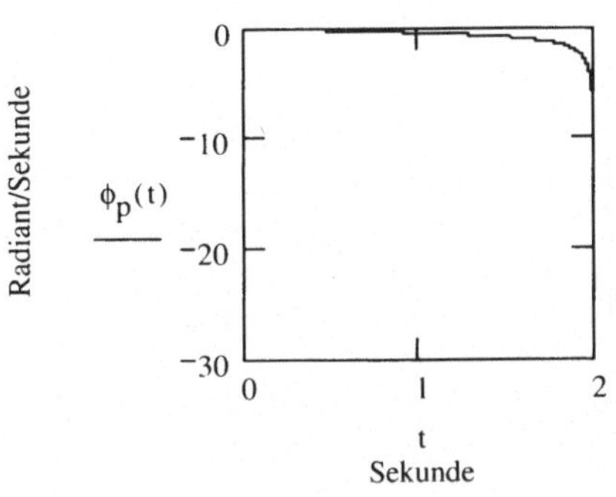

Winkelbeschleunigung über der Zeit:

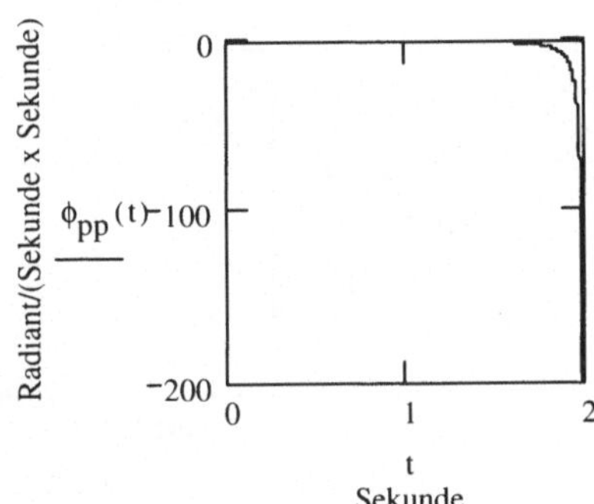

b) Geschwindigkeit des Punktes B (in vertikaler Richtung, nach oben positiv gezählt):

Berechnung über die Bewegung des Führungspunktes A und die Drehgeschwindigkeit:

$$v_B(t) := \phi_p(t) \cdot L \cdot \cos(\phi(t))$$

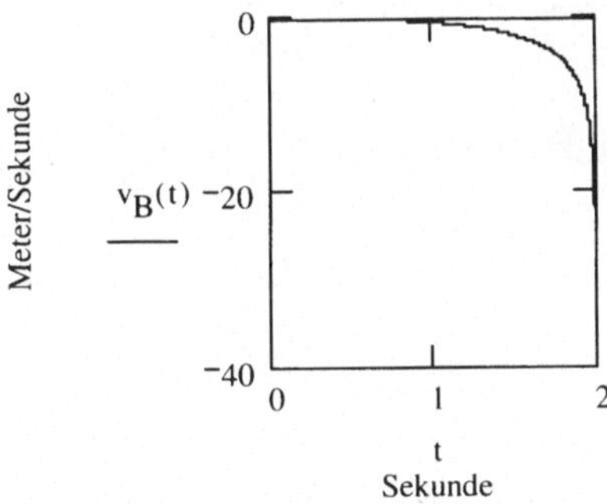

Ausschnitt:

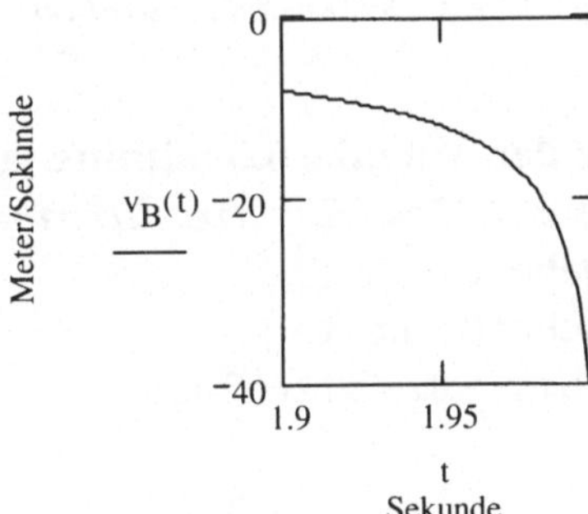

Beschleunigung des Punktes B (in vertikaler Richtung, nach oben positiv gezählt), Berechnung über die Bewegung des Führungspunktes A und Drehgeschwindigkeit und Drehbeschlenigung:

$$a_B(t) := -L \cdot \phi_p(t)^2 \cdot \sin(\phi(t)) + L \cdot \phi_{pp}(t) \cdot \cos(\phi(t))$$

Der Zeitpunkt des Aufschlagens der Leiter (t = 2s) muss aus der Rechnung ausgespart werden, da Geschwindigkeit und Beschleunigung des Punktes B im Moment des Aufschlagens unendlich groß werden. Die Änderungen werden im Diagramm gegen Ende des Bewegungsvorgangs sehr groß, deshalb wird im Folgenden die Beschleunigung im Zeitfenster $1.98\ s<t<1.999\ s$ *dargestellt:*

Beschleunigung des Punktes B über der Zeit:

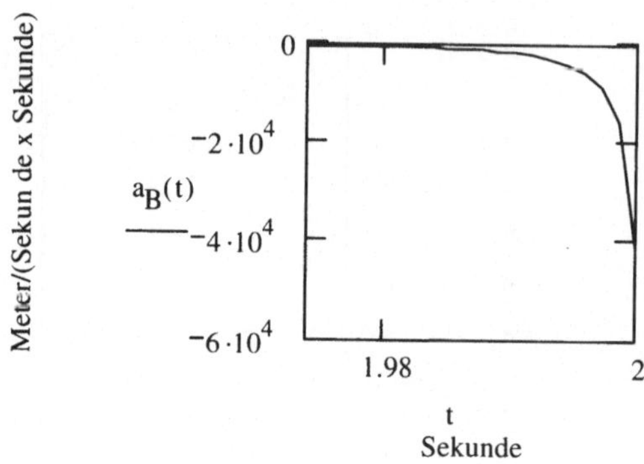

Alternativlösung: Berechnung von Geschwindigkeit und Beschleunigung des Punktes B auf direktem Wege durch Differenzieren von y_B nach der Zeit:

$$y_B(t) := L\cdot\sin(\phi(t)) \qquad v_B(t) := \frac{d}{dt}y_B(t) \qquad a_B(t) := \frac{d^2}{dt^2}y_B(t)$$

Auf die grafische Darstellung wird verzichtet, es ergeben sich dieselben Diagramme wie unter b).

Lösung der Aufgabe 6.3 mithilfe von Matlab

Matlab m-Files für die Aufgabe 6.3

```
% Aufgabe 6.3
% Rutschende Leiter
%Zeit bis zum Aufschlagen
L=4;                    % m
aA=2;                   % m/s^2
step=0.001              % s
t=1:step:2-0.001;       % s
x=aA.*t.^2./2;          % m
tE=sqrt(2*L/aA);        % s
% b) Geschwindigkeit und Beschleunigung des Punktes B
phi=atan2(sqrt(L^2-x.^2),x);
subplot(1,3,1); plot(t,phi); legend('\phi(t) / rad');
phiP=diff(phi)./diff(t);
% um 1 verminderter Indexvektor fuer Geschwindigkeiten:
lenP=1:length(phiP);
subplot(1,3,2); plot(t(lenP),phiP);legend('\phiP(t) / rad');
phiPP=diff(phiP)./diff(t(lenP));
% um 2 verminderter Indexvektor fuer Beschleunigungen:
```

```
lenPP=1:length(phiPP);
subplot(1,3,3); plot(t(lenPP), phiPP);
legend('\phiPP(t) / rad');
vB=phiP.*L.*cos(phi(lenP));
figure; subplot(1,3,1);
plot(t(lenP), vB); legend('v_B(t) / m/s');
subplot(1,3,2); plot(t(lenP),vB); legend('v_B(t) / m/s');
axis([1.9 2-0.001 -40 0]);
aB=L.*(-
phiP(lenPP).^2.*sin(phi(lenPP))+phiPP.*cos(phi(lenPP)));
subplot(1,3,3); plot(t(lenPP),aB); legend('a_B(t) / m/s^2');
% Ende Aufgabe 6.3
```

Diagramme siehe Mathcad-Lösung

Lösung der Aufgabe 6.3 mithilfe von Maple

> *restart;*

a) Ermittlung der Zeit bis zum Aufschlagen

```
> L:=4; aA:=2;
  x:=t->aA*t^2/2;
```

$$L := 4 \quad aA := 2 \quad x := t \to \frac{1}{2}\, aA\, t^2$$

Zeit bis zum Aufschlagen der Leiter auf dem Boden:

```
> tE:=sqrt(2*L/aA);
```

$$tE := 2$$

b) Ermittlung von Geschwindigkeit und Beschleunigung des Punktes B

```
> Phi:=t->arctan(sqrt(L^2-x(t)^2)/x(t));
```

$$\Phi := t \to \arctan\left(\frac{\sqrt{L^2 - \mathrm{x}(t)^2}}{\mathrm{x}(t)}\right)$$

Winkel über der Zeit bis zum Aufschlagen der Leiter auf den Boden: (Der Plot wird unterdrückt)

```
> plot(Phi(t),t=0..2,0..2,labels=["t","Phi(t)"]):
```

Winkelgeschwindigkeit: (die Anzeigen werden aus Gründen der Übersicht unterdrückt)

```
> Phi_p:=D(Phi):
```

Winkelbeschleunigung:

```
> Phi_pp:=(D@@2)(Phi):
```

Darstellung: (Die Plots werden unterdrückt)

```
> plot(Phi_p(t),t=0..2,-25..0,labels=["t","Phi_p(t)"]):
  plot(Phi_pp(t),t=0..2,-200..0,labels=["t","Phi_pp(t)"]):
```

b)Geschwindigkeit des Punktes B (in vertikaler Richtung, nach oben positiv gezählt):

Berechnung über die Bewegung des Führungspunktes A und die Drehgeschwindigkeit

```
> vB:=t->Phi_p(t)*L*cos(Phi(t));
```

$$vB := t \to \mathrm{Phi\_p}(t)\, L \cos(\Phi(t))$$

Darstellung: (Der Plot wird unterdrückt)

```
> plot(vB(t),t=0..2,-40..0,labels=["t","vB(t)"]):
```

Beschleunigung des Punktes B (in vertikaler Richtung, nach oben positiv gezählt), Berechnung über die Bewegung des Führungspunktes A und Drehgeschwindigkeit und Drehbeschlenigung:

```
> aB:=t->-L*Phi_p(t)^2*sin(Phi(t)) + L*Phi_pp(t)*cos(Phi(t));
```

$$aB := t \to -L\, \mathrm{Phi\_p}(t)^2 \sin(\Phi(t)) + L\, \mathrm{Phi\_pp}(t) \cos(\Phi(t))$$

Darstellung: (Der Plot wird unterdrückt)

```
> plot(aB(t),t=0..2,-40..0,labels=["t","aB(t)"]):
```

Alternativlösung: (die Anzeige von vB und aB wird unterdrückt, da sie sehr umfangreich ist)

```
> yB:=t->L*sin(Phi(t));
  vB:=D(yB):
  aB:=(D@@2)(yB):
```

$$yB := t \to L \sin(\Phi(t))$$

Diagramme siehe Mathcad-Lösung.

7 Kinetik

7.1 Kinetik des Massenpunktes in der Ebene

Grundlagen:

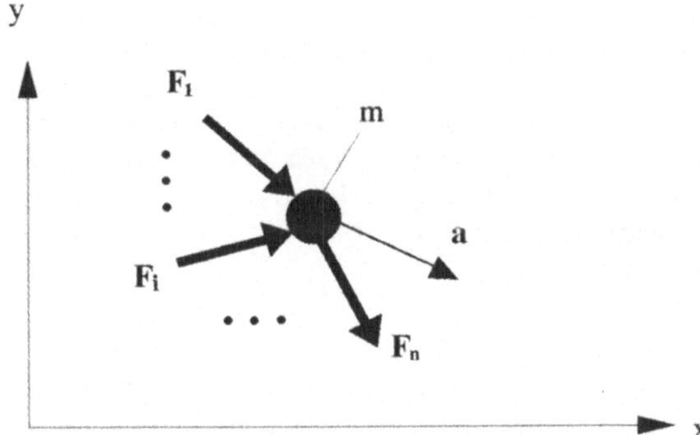

Bild 7.1 Massepunkt mit auf ihn wirkenden Kräften in der Ebene

Wirken auf einen Massepunkt in der Ebene n-Kräfte, so ergibt sich die Beschleunigung gemäß dem Axiom von Newton zu:

$$m \cdot \mathbf{a} = \sum_{i=1}^{n} \mathbf{F}_i \tag{7.1}$$

und in Komponentenform:

$$m \cdot \ddot{x} = \sum_{i=1}^{n} F_{xi} \quad (7.2a) \qquad \text{bzw.} \qquad m \cdot \ddot{y} = \sum_{i=1}^{n} F_{yi} \quad (7.2b)$$

Mit den aus diesen Beziehungen ermittelten Beschleunigungen können durch Integration über die Zeit Geschwindigkeit und Weg des Massepunktes in Abhängigkeit von der Zeit ermittelt werden (siehe Aufgabe 6.1).

Wir wollen zur Lösung der folgenden Aufgabe den Energiesatz heranziehen, der eine Umformung des Newtonschen Axioms darstellt. Der Energiesatz beschreibt den Zusammenhang der Energien von Anfangs- und Endzustand einer betrachteten Bewegung bzw. eines Bewegungsabschnittes.

Die Gesamtenergie der Ausgangslage (Index „A") ist:

$$W_A = W_{kinA} + W_{potA} \,. \tag{7.3}$$

Darin ist W_{kinA} die kinetische Energie, W_{potA} die potenzielle Energie:

$$W_{kinA} = \frac{1}{2} \cdot m \cdot v_A^2 \quad (7.4a) \qquad \text{und} \qquad W_{potA} = G \cdot h_A \,. \quad (7.4b)$$

Analog gilt für die Endlage (Index „E"):

$$W_E = W_{kinE} + W_{potE}, \tag{7.5}$$

$$W_{kinE} = \frac{1}{2} \cdot m \cdot v_E^2 \quad (7.6a) \qquad \text{und} \qquad W_{potE} = G \cdot h_E. \tag{7.6b}$$

In (7.4b) und (7.6b) sind h_A und h_E die Abstände des Massepunktes von einer willkürlich wählbaren horizontalen Bezugslinie für das Potenzial.

Es gilt nun für die Energien in Anfangs- und Endzustand:

$$W_E = W_A + W_{zugeführt}. \tag{7.7}$$

Darin ist $W_{zugeführt}$ der Energieanteil, der zwischen Ausgangs- und Endlage zugeführt wird. Dieser Anteil entspricht der Arbeit der auf den Massepunkt wirkenden äußeren Kräfte und Momente. Dabei sind Gewichtskräfte ausgenommen, da deren Arbeit bereits in der potenziellen Energie enthalten ist. $W_{zugeführt}$ kann auch negativ sein. Ein Beispiel hierfür ist die Arbeit, die durch Reibungskräfte erzeugt wird (siehe Aufgabe 7.1).

Aufgabe 7.1

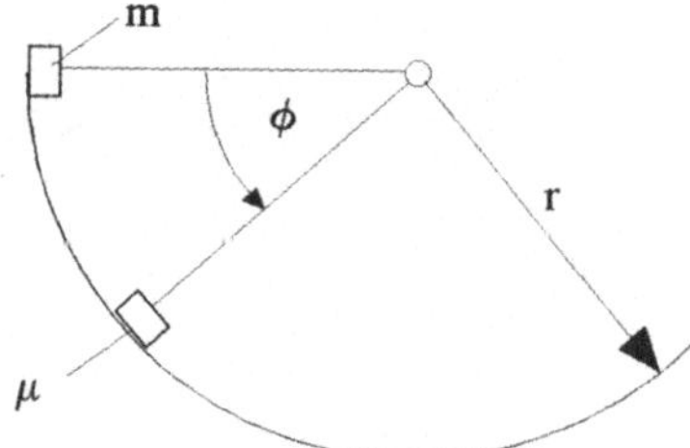

Bild 7.2 Rutschende Kiste auf rauer zylindrischer Bahn

Eine Kiste der Masse m rutscht an einer rauen Wand eines Zylinders (Radius r) von der Ruhelage $\phi = 0$ nach unten.

Ermitteln Sie in Abhängigkeit vom Winkel ϕ die Geschwindigkeit v der Kiste und die Kraft N, mit der die Kiste gegen die Wand gedrückt wird. Stellen Sie den Verlauf von Geschwindigkeit und Anpresskraft für den Winkelbereich $0^\circ \le \phi \le 90^\circ$ grafisch dar. Die Abmessungen der Kiste seien vernachlässigbar.

Hinweis:

Entwickeln Sie dazu ein Näherungsverfahren, indem Sie in Schritten von $\Delta\phi = 0.1^\circ$ mithilfe des Energiesatzes die Geschwindigkeit unter Berücksichtigung der Gewichts- und Reibungskraft berechnen. Setzen Sie zur Berechnung der Reibungskraft die jeweils im vorhergehenden Schritt ermittelte Anpresskraft ein. Hierzu ist das Newtonsche Axiom in Richtung normal zur Bahn zu formulieren. Kontrollieren Sie, dass sich für glatte Wand ($\mu = 0$)die exakte Lösung ergibt.

Lösungsweg zu Aufgabe 7.1

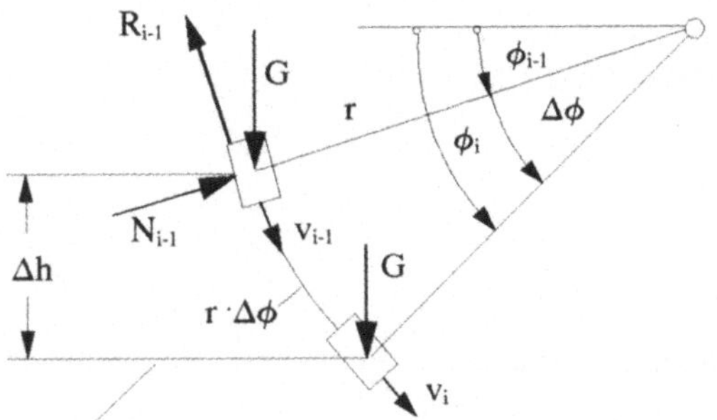

Bild 7.3 Intervall für die Näherungsrechnung

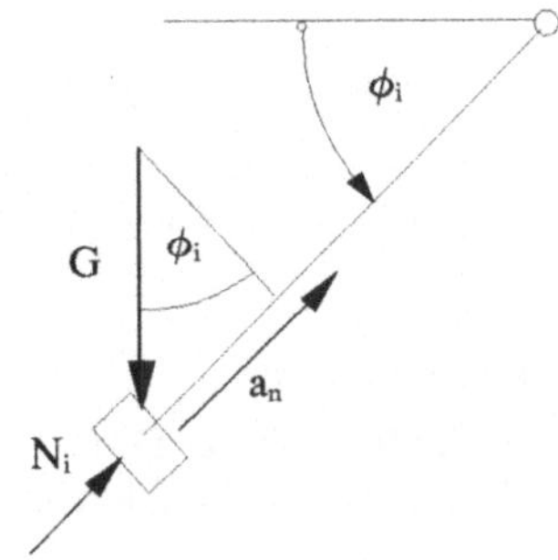

Bild 7.4 Kräfte auf die Kiste für Lage ϕ_i

- Ermittlung der Geschwindigkeit am Ende des betrachteten Intervalls:

  Aufgrund der in Bild 7.3 dargestellten Kräfte und Geschwindigkeiten für Ausgangs- und Endlage eines betrachteten Intervalls lässt sich mithilfe des Energiesatzes die Geschwindigkeit v_i am Ende des Intervalls ermitteln.

  Aus der Anpresskraft N_{i-1} in der Anfangslage ergibt sich die zugehörige Reibungskraft zu:

  $$R_{i-1} = \mu \cdot N_{i-1} .$$

  Sie wird im betrachteten Intervall als konstant betrachtet. In diesem Intervall ergibt sich damit die zugeführte Arbeit (negativ, da mechanische Energie in Wärmeenergie umgewandelt wird):

  $$\Delta W_{zugeführt} = -\mu \cdot N_{i-1} \cdot r \cdot \Delta\phi .$$

  Legt man die Bezugslinie für das Potenzial – wie in Bild 7.3 eingezeichnet – in die Endlage, so gilt:

  $$W_{potA} = m \cdot g \cdot r \cdot (\sin(\phi_i) - \sin(\phi_{i-1})) \text{ mit } \phi_i = \phi_{i-1} + \Delta\phi, \; W_{potE} = 0 .$$

  Damit erhält man aus dem Energiesatz für das betrachtete Intervall die Endgeschwindigkeit:

  $$v_i = \sqrt{v_{i-1}^2 + 2 \cdot g \cdot r \cdot (\sin(\phi_i) - \sin(\phi_{i-1})) - \mu \cdot N_{i-1} \cdot \Delta\phi \cdot r \cdot \frac{2}{m}} .$$

- Berechnung der Normalkraft am Ende des betrachteten Intervalls:

  Nachdem die Geschwindigkeit v_i bekannt ist, kann die zugehörige Normalkraft (Anpresskraft) mithilfe des Newtonschen Axioms in Richtung der Normalen (auf den Krümmungsmittelpunkt gerichtet) bestimmt werden (siehe Bild 7.4):

$$N_i = m \cdot a_n + m \cdot g \cdot \sin(\phi_i) \quad \text{mit} \quad a_n = \frac{v_i^2}{r}.$$

Damit wird die Normalkraft am Ende des betrachteten Intervalls:

$$N_i = m \cdot \left[\frac{v_i^2}{r} + g \cdot \sin(\phi_i)\right].$$

- Programmierung:

  Auf der Basis dieser Formeln kann ein Programm erstellt werden, das dann für alle Intervalle (Winkelschritte) durchgeführt wird.

Lösung der Aufgabe 7.1 mithilfe von Mathcad

$r := 1m \qquad \Delta\phi := 0.1Grad \qquad \phi_E := 90Grad \qquad masse := 1kg \qquad \mu := 0.2$

$\phi := 0Grad, \Delta\phi \,..\, \phi_E$

$n := \dfrac{\phi_E}{\Delta\phi} \qquad n = 900 \qquad i := 0..\,n \qquad \phi_i := i \cdot \Delta\phi$

Geschwindigkeit ohne Reibung (exakt): $\qquad v_{exakt_i} := \sqrt{2 \cdot g \cdot r \cdot \sin(\phi_i)}$

Geschwindigkeit für ϕ= 90 Grad: $\qquad v_{exakt_n} = 4.429\dfrac{m}{s}$

Initialisierung der Felder: $\qquad i := 0..\,n \qquad v_i := 0\dfrac{m}{s} \qquad N_i := 0N$

Näherungslösung für die Geschwindigkeit bei Berücksichtigung der Reibung:

$$v_{Näh}(v, N) := \left| \begin{array}{l} \text{for } i \in 1..\,n \\ \quad \left| \begin{array}{l} v_i \leftarrow \sqrt{\left(v_{i-1}\right)^2 + 2 \cdot g \cdot r \cdot \left(\sin(\phi_i) - \sin(\phi_{i-1})\right) - \mu \cdot N_{i-1} \cdot \Delta\phi \cdot r \cdot \dfrac{2}{masse}} \\ N_i \leftarrow masse \cdot \left[\dfrac{\left(v_i\right)^2}{r} + g \cdot \sin(\phi_i)\right] \end{array} \right. \\ v \end{array} \right.$$

$v := v_{Näh}(v, N)$

Ausgabe der näherungsweise berechneten Anpresskraft:

$$N_{Näh}(v, N) := \left| \begin{array}{l} \text{for } i \in 1..n \\ \quad \left| \begin{array}{l} v_i \leftarrow \sqrt{(v_{i-1})^2 + 2 \cdot g \cdot r \cdot (\sin(\phi_i) - \sin(\phi_{i-1})) - \mu \cdot N_{i-1} \cdot \Delta\phi \cdot r \cdot \frac{2}{masse}} \\ N_i \leftarrow masse \cdot \left[\frac{(v_i)^2}{r} + g \cdot \sin(\phi_i) \right] \end{array} \right. \\ N \end{array} \right.$$

$$N := N_{Näh}(v, N)$$

Vergleich von Geschwindigkeit mit und ohne Berücksichtigung der Reibung:

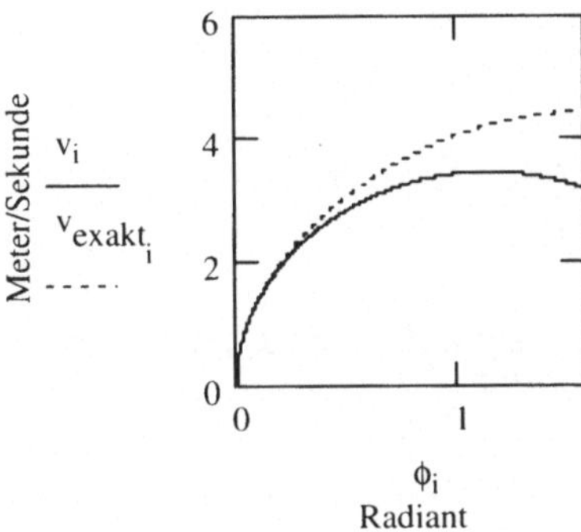

Verlauf der Anpresskraft über den Winkel:

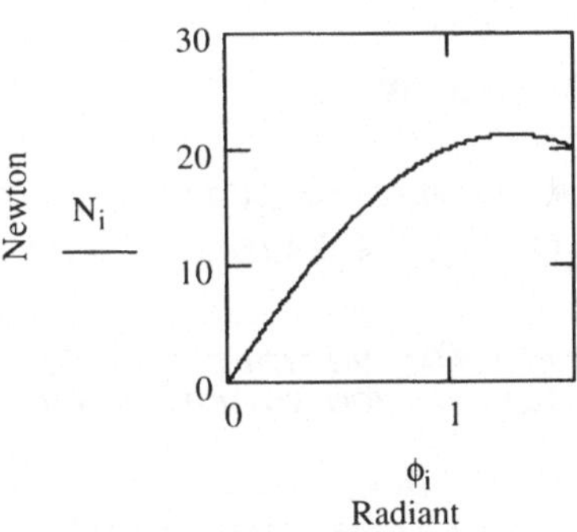

v_i: Geschwindigkeit für $\mu = 0.2$, $v_{exakt\,i}$: Geschwindigkeit für $\mu = 0$

Lösung der Aufgabe 7.1 mithilfe von Matlab

Matlab m-Files für die Aufgabe 7.1

```
% Aufgabe 7.1
% Rutschende Kiste auf rauer zylindrischer Bahn
g=9.81;                     % m/s^2
r=1;                        % m
m=1;                        % kg
phiStep_g=0.1;              % °
phiStep=phiStep_g*pi/180;   % rad
phiE_g=90;                  % °
```

```
phiE=phiE_g*pi/180;            % rad
mu=0.2;                        % 1
phi=0:phiStep:phiE;
n=length(phi)-1;
v_exakt=sqrt(2.*g.*r.*sin(phi));
v_exaktE=sqrt(2.*g.*r.*sin(phiE))
v_naeh=zeros(1,length(phi));
N=zeros(1,length(phi));
for k=2:n+1
    v_naeh(k)=sqrt(v_naeh(k-1)^2+2*g*r*(sin(phi(k))-sin(phi(k-
1)))-mu*N(k-1)*phiStep*r*2/m);
    N(k)=m*((v_naeh(k)^2/r)+g*sin(phi(k)));
end
subplot(1,2,1); plot(phi,v_exakt,'b',phi,v_naeh,'-.k');
legend('v_{exakt}','v_{naeh}',2);
xlabel('\phi_i / rad'); ylabel('v / m/s');
subplot(1,2,2); plot(phi,N,'k');
xlabel('\phi_i / rad'); ylabel('N / N');
% Ende Aufgabe 7.1
```

Ausgabe im Matlab „Command Window" ohne Leerzeilen

```
v_exaktE =     4.2426
```

Diagramme für Verlauf von Geschwindigkeit und Anpresskraft in Abhängigkeit vom Winkel siehe Mathcad-Lösung.

Lösung der Aufgabe 7.1 mithilfe von Maple

> restart;

Da Maple als Argument für trigonometrische Funktionen nur Radiant verarbeitet, wird hier eine andere Schrittweite *ΔΦ verwendet.*

> r:=1; Delta_Phi:=Pi/(2*1000); Phi_E:=Pi/2; masse:=1; mu:=0.2; g:=9.807;
n:=Phi_E/Delta_Phi;

$$r := 1 \quad Delta\_Phi := \frac{\pi}{2000} \quad Phi\_E := \frac{\pi}{2} \quad masse := 1 \quad \mu := 0.2$$

$$g := 9.807 \quad n := 1000$$

> Phi_i:=i->i*Delta_Phi;

$$Phi\_i := i \rightarrow i\ Delta\_Phi$$

Geschwindigkeit ohne Reibung (exakt):

```
> v_exakt:=i->sqrt(2*g*r*sin(Phi_i(i)));
```

$$v\_exakt := i \rightarrow \sqrt{2\, g\, r\, \sin(\text{Phi\_i}(i))}$$

Geschwindigkeit für ϕ = 90 Grad bzw. Pi/2:

```
> v_exakt(n);
```

$$4.428769581$$

Näherungslösung für die Geschwindigkeit bei Berücksichtigung der Reibung:

```
> v:=array(0..n):newton:=array(0..n):
  v[0]:= 0; newton[0]:=0;
```

$$v_0 := 0 \quad newton_0 := 0$$

```
> for i from 1 to n do
  v[i]:=evalf(sqrt(v[i-1]^2 + 2*g*r*(sin(Phi_i(i)) - sin(Phi_i(i-1))) - mu*newton[i-
1]*Delta_Phi*r*2/masse)):
  newton[i]:=evalf(masse*((v[i]^2)/r + g*sin(Phi_i(i)))):
  od:
> with(plots):
```

Vergleich von Geschwindigkeit mit und ohne Berücksichtigung der Reibung über den Winkel ϕ_i bzw. über i: (die Ausgabe wird unterdrückt)

```
> vi_p:=pointplot({seq([i,v[i]],i=0..n)},symbol=circle,symbolsize=5):
> vex_p:=pointplot({seq([i,v_exakt(i)],i=0..n)},symbol=point):
  display({vi_p,vex_p}):
```

Verlauf der Anpresskraft über den Winkel ϕ_i bzw. über i:

```
> newtoni_p:=pointplot({seq([i,newton[i]],i=0..n)}):
  display({newtoni_p}):
```

Diagramme für den Verlauf von Geschwindigkeit und Anpresskraft in Abhängigkeit vom Winkel siehe Mathcad-Lösung.

Aufgabe 7.2

Das skizzierte Schwingungssystem (siehe Bild 7.5) besteht aus einem starren Körper (Masse m) einer Feder (Federsteifigkeit c) und einem Dämpfer (Dämpferkonstante d).

Zum Zeitpunkt t = 0 s wird eine harmonisch wirkende Kraft $F(t) = F_0 \cdot \sin(\Omega \cdot t)$ aufgeschaltet. Gehen Sie von den allgemeinen Anfangsbedingungen $x(0) = x_0$ und $\dot{x}(0) = \dot{x}_0$ aus.

Stellen Sie die Bewegungsdifferenzialgleichungen für die Amplitude x(t) der Schwingung auf und lösen Sie diese allgemein. Stellen Sie die Schwingung grafisch dar, wobei folgende konkrete Zahlenwerte eingesetzt werden sollen:

m = 19 kg , c = 900 N/m, d = 3 Ns/m, F_o = 5 N, $x_o = 0\,\text{m}$, $\dot{x}_o = 0\,\text{m/s}$. Die Frequenz der Erregerkraft sei $f_E = 1.2\,\text{Hz}$.

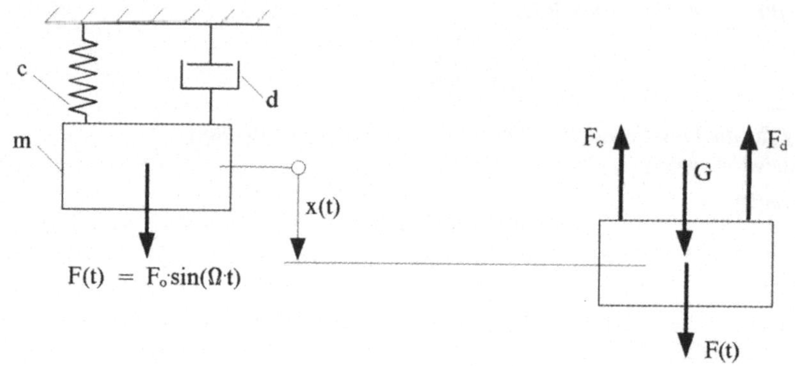

Bild 7.5 Schwingungssystem

Bild 7.6 Kräfte auf den Körper in ausgelenkter Lage

Lösungsweg zu Aufgabe 7.2

- Aufstellen der Differenzialgleichung:

  In der ausgelenkten Lage (siehe Bild 7.6) werden alle auf den Körper wirkenden Kräfte betrachtet und die Bewegungsdifferenzialgleichung mithilfe des Newtonschen Axioms aufgestellt:

  $$m \cdot \ddot{x} = -F_c - F_d + G + F_o \cdot \sin(\Omega \cdot t).$$

  Für die Federkraft gilt (lineares Federgesetz vorausgesetzt):

  $$F_c = c \cdot x + G.$$

  Der Anteil G rührt daher, dass bereits in der Ruhelage x = 0 das Gewicht des Körpers von der Feder aufgenommen wird.

  Für die Dämpferkraft gilt bei geschwindigkeitsproportionaler Dämpfung:

  $$F_d = d \cdot \dot{x}.$$

  F_c und F_d eingesetzt in das Newtonsche Axiom ergibt:

  $$m \cdot \ddot{x} = -(c \cdot x + G) - d \cdot \dot{x} + G + F_o \cdot \sin(\Omega \cdot t)$$

  und umgestellt:

  $$m \cdot \ddot{x} + d \cdot \dot{x} + c \cdot x = F_o \cdot \sin(\Omega \cdot t).$$

  Das Gewicht fällt heraus, es hat in diesem Fall keinen Einfluss auf die Schwingung (Gegenbeispiel: Pendel).

- Ermittlung der homogenen Lösung:

Ausgehend von der homogenen Differenzialgleichung

$$m \cdot \ddot{x} + d \cdot \dot{x} + c \cdot x = 0$$

werden zunächst mit dem Ansatz $x_h = C \cdot e^{\lambda \cdot t}$ die beiden komplexen Eigenwerte λ_1 und λ_2 ermittelt. Durch Einsetzen in den Ansatz und Umformung erhält man schließlich die homogene Lösung zu:

$$x_h = e^{-D \cdot \omega_o \cdot t} \cdot (A \cdot \cos(\omega \cdot t) + B \cdot \sin(\omega \cdot t)).$$

Darin sind:

$D = \dfrac{d}{2 \cdot \sqrt{m \cdot c}}$ das sog. Lehrsche Dämpfungsmaß,

$\omega_o = \sqrt{\dfrac{c}{m}}$ die Eigenkreisfrequenz ohne Berücksichtigung der Dämpfung,

$\omega = \omega_o \cdot \sqrt{1 - D^2}$ die Eigenkreisfrequenz der Schwingung unter Berücksichtigung der Dämpfung.

Die beiden Integrationskonstanten A und B werden später aus den Anfangsbedingungen ermittelt.

- Ermittlung des Partikularintegrals (der Partikularlösung):

Für das Partikularintegral wird angesetzt:

$$x_p = x_D \cdot \sin(\Omega \cdot t - \varepsilon).$$

Dabei wird davon ausgegangen, dass die Struktur mit der Frequenz der Erregerkraft schwingt, wobei sich aufgrund der Dämpfung eine Phasenverschiebung ε ergibt. x_D ist die Amplitude der Schwingung, der sog. „Dauerlösung", die sich nach Abklingen des Einschwingvorgangs einstellt. Einsetzen des Ansatzes in die homogene Differenzialgleichung ergibt:

$$x_D = x_{st} \cdot V_{dyn},$$

worin $x_{st} = \dfrac{F_o}{c}$ die sog. „statische Verschiebung" des Systems ist, die sich ergibt, wenn die Kraft F_o statisch wirkt.

$V_{dyn} = \dfrac{1}{\sqrt{(1-\eta^2)^2 + (2 \cdot D \cdot \eta)^2}}$ ist die sog. „dynamische Vergrößerung", mit der man die statische Verschiebung x_{st} multiplizieren muss, um die Amplitude der Schwingung zu erhalten, wenn die Anregung durch die Kraft nicht statisch sondern harmonisch erfolgt.

$\eta = \frac{\Omega}{\omega_o}$ ist das Verhältnis von Kreisfrequenz Ω der Erregung zu Eigenfrequenz ω_o (ohne Berücksichtigung der Dämpfung),

$\varepsilon = a\tan\left[\frac{2 \cdot D}{1-\eta^2}\right]$ ergibt sich für die Phasenverschiebung.

- Bilden der Gesamtlösung:

  Die Gesamtlösung ist die Summe aus homogener und partikularer Lösung:

  $x(t) = e^{-D \cdot \omega_o \cdot t} \cdot (A \cdot \cos(\omega \cdot t) + B \cdot \sin(\omega \cdot t)) + x_D \cdot \sin(\Omega \cdot t - \varepsilon)$.

  Die Konstanten A und B erhält man durch Einsetzen der beiden Anfangsbedingungen in die Gesamtlösung zu:

  $A = x_o + x_D \cdot \sin(\varepsilon)$ und $B = \frac{\dot{x}_o + D \cdot \omega_o \cdot x_o - x_D \cdot \Omega \cdot \cos(\varepsilon)}{\omega}$.

Anmerkung: Die Lösung der Differenzialgleichung kann man natürlich auch mithilfe der Programme ermitteln. Dieser Weg wurde hier nicht beschritten. Es wurde die geschlossene Lösung als Grundbaustein für ein Schwingungssystem mit einem Freiheitsgrad (Bewegungsmöglichkeit) angegeben. Später (siehe Aufgaben 7.4 und 7.5) sollen dann ausgehend von den hier angegebenen Formeln komplexere Schwingungssysteme behandelt werden, die ebenfalls nur einen Freiheitsgrad besitzen, aber aus mehreren Körpern, Federn und Dämpfern zusammengesetzt sind. In diesem Fall kommt dann wieder deutlicher der Vorteil beim Einsatz der Programme zum Tragen.

Lösung der Aufgabe 7.2 mithilfe von Mathcad

Daten für das Schwingungssystem: $masse := 19kg$ $c := 900\frac{N}{m}$ $d := 3N\cdot\frac{s}{m}$

Amplitude der erregenden Kraft: $F_o := 5N$

Frequenz der erregenden Kraft: $f_E := 1.2Hz$

Kreisfrequenz der erregenden Kraft: $\Omega := 2\cdot\pi\cdot f_E$ $\Omega = 7.54Hz$

Beginn der allgemeinen Berechnung der Schwingung:

Eigenkreisfrequenz des Schwingungssystems ohne Berücksichtigung der Dämpfung:

$\omega_o := \sqrt{\frac{c}{masse}}$ $\omega_o = 6.88247\frac{1}{s}$ *Frequenz:* $f_o := \frac{\omega_o}{2\cdot\pi}$ $f_o = 1.09538Hz$

Lehrsches Dämpfungsmaß: $D := \frac{d}{2 \cdot \sqrt{c \cdot masse}}$ $D = 0.011$

Eigenkreisfrequenz des Schwingungssystems mit Berücksichtigung der Dämpfung:

$\omega := \omega_o \cdot \sqrt{1 - D^2}$ $\omega = 6.88202 \frac{1}{s}$ *Frequenz:* $f := \frac{\omega}{2 \cdot \pi}$ $f = 1.09531 Hz$

Berechnung der Amplitude der Dauerlösung:

Frequenzverhältnis: $\eta := \frac{\Omega}{\omega_o}$ $\eta = 1.096$

statische Auslenkung: $x_{st} := \frac{F_o}{c}$ $x_{st} = 5.556mm$

dynamische Vergrößerung: $V_{dyn} := \frac{1}{\sqrt{\left(1 - \eta^2\right)^2 + (2 \cdot D \cdot \eta)^2}}$ $V_{dyn} = 4.957$

D.h., durch die harmonische Anregung ist der dynamische Ausschlag etwa 5 mal so groß wie der Ausschlag, der sich bei statischer Wirkung der Kraftamplitude ergeben würde.

Amplitude der Dauerlösung: $x_D := x_{st} \cdot V_{dyn}$ $x_D = 27.542mm$

Berechnung der Phasenverschiebung und der Integrationskonstanten unter Berücksichtigung der Anfangsbedingungen

(Anmerkung: x_{op} entspricht der Anfangsgeschwindigkeit.)

$\varepsilon := \operatorname{atan}\left(\frac{2 \cdot D}{1 - \eta^2}\right)$ $\varepsilon = -0.114$ *(im Bogenmaß)*

$A := x_o + x_D \cdot \sin(\varepsilon)$ $B := \frac{x_{op} + D \cdot \omega_o \cdot x_o - x_D \cdot \Omega \cdot \cos(\varepsilon)}{\omega}$

$A = -3.136mm$ $B = -29.978mm$

Schwingungsverlauf:

$$x(t) := e^{-D \cdot \omega_o \cdot t} \cdot (A \cdot \cos(\omega \cdot t) + B \cdot \sin(\omega \cdot t)) + x_D \cdot \sin(\Omega \cdot t - \varepsilon)$$

Ende der allgemeinen Berechnung der Schwingung.

Darstellung des Schwingungsverlaufs im Zeitfenster $t := 0s, 0.01s .. 60s$

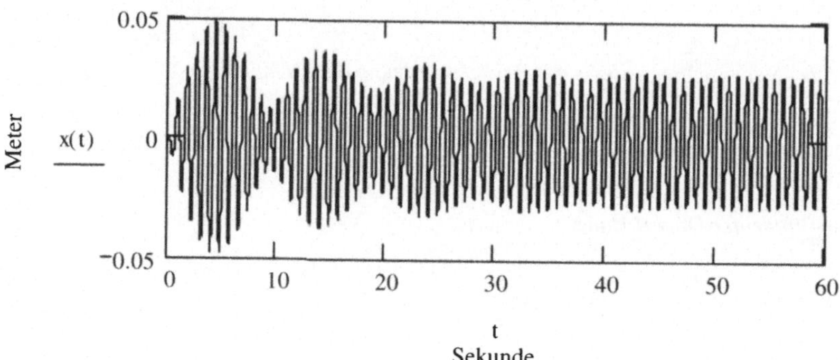

Diskussion des Ergebnisses: Das System befindet sich zum Zeitpunkt t = 0 s des Aufschaltens der Kraft in Ruhe. Es kommt zunächst durch das Anregen der Eigenschwingung des Systems zu einem Überschwingen gegenüber dem eingeschwungenen Zustand, bei dem die Eigenschwingung infolge der Dämpfung abgeklungen ist und nur noch die sog. Dauerlösung übrig bleibt. Dies ist etwa ab 60 s der Fall. Belegt wird dies durch das folgende Diagramm, in dem die homogene Lösung für sich dargestellt ist.

homogene Lösung: $x_h(t) := e^{-D\cdot\omega_0\cdot t}\cdot(A\cdot\cos(\omega\cdot t) + B\cdot\sin(\omega\cdot t))$

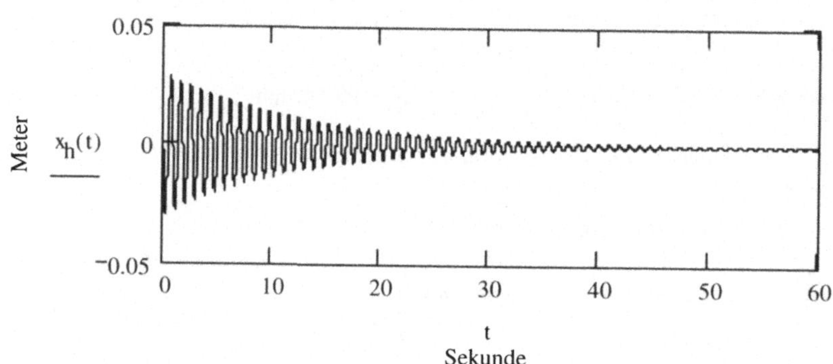

Lösung der Aufgabe 7.2 mithilfe von Matlab

Matlab m-Files für die Aufgabe 7.2

```
% Aufgabe 7.2 Einmassenschwinger
m=19;                         % kg
c=900;                        % N/m
d=3;                          % Ns/m
F0=5 ;                        % N
fE=1.2;                       % Hz
```

```
% Ermittlung der abhängigen Größen,
% Beginn der allgemeinen Berechnung der Schwingung:
Om=2*pi*fE                   % Erregerkreisfrequenz
om0=sqrt(c/m)                % ungedaempfte Eigenkreisfrequenz
f0=om0/(2*pi)                % ungedaempfte Eigenfrequenz
D=d/(2*sqrt(c*m))            % Lehrsche Daempfung
om=om0*sqrt(1-D^2)           % Eigenkreisfrequenz
f=om/(2*pi)                  % Eigenfrequenz
% Ermittlung der Vergroeßerungsfunktion (Ampl.-frequenzgang)
etha=Om/om0                  % Frequenzverhaeltnis (Abstimmung)
xst=F0/c                     % Statische Auslenkung
Vdyn=1/sqrt((1-etha^2)^2+(2*D*etha)^2)
xD=xst*Vdyn                  % Amplitude, eingeschwungen
eps=atan(2*D/(1-etha^2))     % Phasenverschiebung
% Anfangsbedingungen
x0=0;                        % m, Anfangsauslenkung
xP0=0;                       % m/s,  Anfangsgeschwindigkeit
A=x0+xD*sin(eps);            % Koeffizient des Sinus-Anteils
B=(xP0+D*om0*x0-xD*Om*cos(eps))/om % "  des Cosinus-Anteils
arg='exp(-D*om0*t)*(A*cos(om*t)+B*sin(om*t))+xD*sin(Om*t-eps)';
arh='exp(-D*om0*t)*(A*cos(om*t)+B*sin(om*t))';
x=inline(arg,'t','D','om0','om','A','B','xD','Om','eps');
xh=inline(arh,'t','D','om0','om','A','B');
step=0.01;
tver=0:step:60;
xver=zeros(1,length(tver));
xhver=zeros(1,length(tver));
for k=1:length(tver)
    xver(k)=x(tver(k),D,om0,om,A,B,xD,Om,eps);
    xhver(k)=xh(tver(k),D,om0,om,A,B);
end
% Ende der allgemeinen Berechnung der Schwingung.
subplot(2,1,1); plot(tver,xver);
xlabel('t / s'); ylabel('x(t)');
subplot(2,1,2); plot(tver,xhver);
xlabel('t / s'); ylabel('x_h(t)');
% Ende Aufgabe 7.2
```

Ausgabe im Matlab „Command Window" ohne Leerzeilen

```
Om =      7.5398
om0 =     6.8825
```

```
f0 =      1.0954
D =       0.0115
om =      6.8820
f =       1.0953
etha =    1.0955
xst =     0.0056
Vdyn =    4.9575
xD =      0.0275
eps =    -0.1141
A =      -0.0031
B =      -0.0300
```

Diagramme mit Verlauf von Gesamtschwingung und homogenem Anteil siehe Mathcad-Lösung.

Lösung der Aufgabe 7.2 mithilfe von Maple

> restart;

Daten für das Schwingungssystem:
> masse:=19; c:=900; d:=3;

$$masse := 19 \quad c := 900 \quad d := 3$$

Amplitude der erregenden Kraft:
> F0:=5;

$$F0 := 5$$

Frequenz der erregenden Kraft:
> fE:=1.2;

$$fE := 1.2$$

Kreisfrequenz der erregenden Kraft:
> Omega:=2*Pi*fE;
evalf(%);

$$\Omega := 2.4\,\pi$$

$$7.539822370$$

Beginn der allgemeinen Berechnung der Schwingung:

Eigenkreisfrequenz des Schwingungssystems ohne Berücksichtigung der Dämpfung:
> omega0:=evalf(sqrt(c/masse));

$$\omega 0 := 6.882472015$$

Frequenz:
> f0:=evalf(omega0/(2*Pi));

$$f0 := 1.095379442$$

Lehrsche Dämpfung:

```
> D_:=d/(2*sqrt(c*masse)); # D ist durch Maple festgelegt und kann nicht benutzt werden
  evalf(%);
```

$$D\_ := \frac{\sqrt{19}}{380}$$

$$0.01147078669$$

Eigenkreisfrequenz des Schwingungssystems mit Berücksichtigung der Dämpfung:

```
> omega:=omega0*sqrt(1-D_^2);
  evalf(%);
```

$$\omega := 0.01811176846\sqrt{144381}$$

$$6.882019206$$

Frequenz:

```
> f:=omega/(2*Pi);
```

$$f := \frac{0.009055884230\sqrt{144381}}{\pi}$$

Berechnung der Amplitude der Dauerlösung:

Frequenzverhältnis:

```
> eta:=Omega/omega0;
  evalf(%);
```

$$\eta := 0.3487119155\,\pi$$

$$1.095510792$$

statische Auslenkung:

```
> xst:=F0/c; #Einheit [m]
  evalf(%);
  evalf(convert( xst, 'units', 'm', 'mm' )); #Maple 9
```

$$xst := \frac{1}{180}$$

$$0.005555555556$$

$$5.555555556$$

dynamische Vergrößerung:

```
> Vdyn:=evalf(1/(sqrt((1-eta^2)^2+(2*D_*eta)^2)));
```

$$Vdyn := 4.957471704$$

Durch die harmonische Anregung ist der dynamische Ausschlag etwa 5 mal so groß wie der Ausschlag, der sich bei statischer Wirkung der Kraftamplitude ergeben würde.

Amplitude der Dauerlösung:

```
> xD:=xst*Vdyn;
  evalf(convert( xD, 'units', 'm', 'mm' )); #Maple 9
```

$$xD := 0.003972653466$$

$$3.972653466$$

Berechnung der Phasenverschiebung und der Integrationskonstanten unter Berücksichtigung der Anfangsbedingungen:

```
> x0:=0:  x0p:=0:
  epsilon:=arctan(2*D_/(1-eta^2));
  evalf(%);
```

$$\varepsilon := \arctan\left(\frac{\sqrt{19}}{190\,(1 - 0.1216000000\,\pi^2)}\right)$$

$$-0.1141272968$$

```
> A:=x0 + xD*sin(epsilon):
  evalf(convert( A, 'units', 'm', 'mm' )); #Maple 9
```

$$-3.136419001$$

```
> B:=(x0p + D_*omega0*x0 - xD*Omega*cos(epsilon))/omega:
  evalf(convert( B, 'units', 'm', 'mm' )); #Maple 9
```

$$-29.97771045$$

Schwingungsverlauf:

```
> x:=t->exp(-D_*omega0*t)*(A*cos(omega*t) + B*sin(omega*t)) + xD*sin(Omega*t-epsilon);
```

$$x := t \to e^{(-D\_\ \omega 0\ t)}\,(A\cos(\omega\,t) + B\sin(\omega\,t)) + xD\sin(\Omega\,t - \varepsilon)$$

Darstellung des Schwingungsverlaufs im Zeitfenster: (Die Ausgabe wird unterdrückt)

```
> plot(x(t),t=0..60,-0.05..0.05,labels=["t","x(t)"]):
```

homogene Lösung:

```
> xh:=t->exp(-D_*omega0*t)*(A*cos(omega*t) + B*sin(omega*t));
  plot(xh(t),t=0..60,-0.05..0.05,labels=["t","x(t)"]):
```

$$xh := t \to e^{(-D\_\ \omega 0\ t)}\,(A\cos(\omega\,t) + B\sin(\omega\,t))$$

Ender der allgemeinen Berechnung der Schwingung.

Diagramme mit Verlauf von Gesamtschwingung und homogenem Anteil in Abhängigkeit von der Zeit siehe Mathcad-Lösung.

7.2 Kinetik des starren Körpers in der Ebene

Grundlagen:

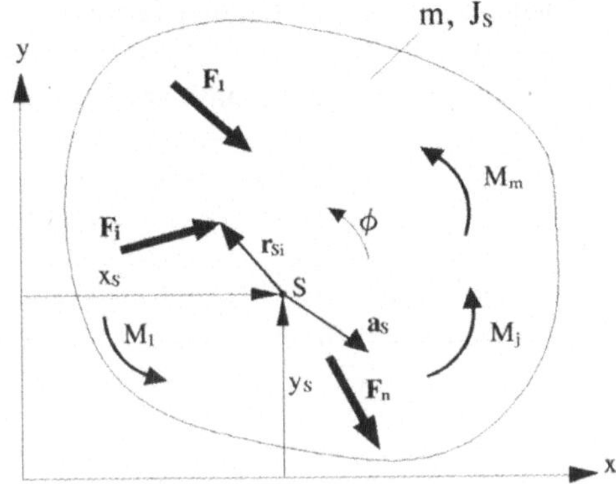

Bild 7.7 Körper in der Ebene mit Belastung durch Kräfte und Momente

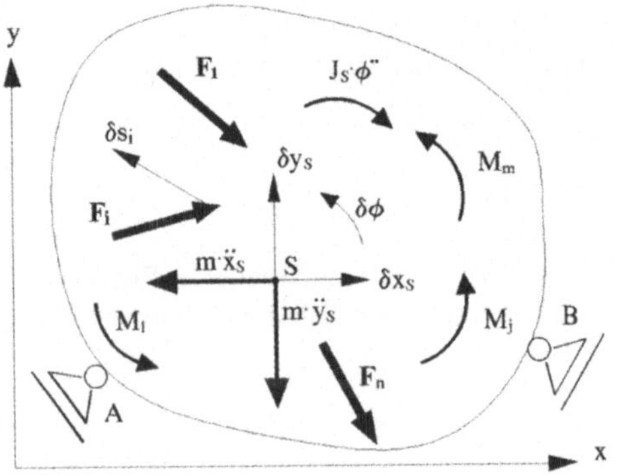

Bild 7.8 Körper in der Ebene mit zusätzlichen d´Alembert-Kräften und -Momenten

Wirken auf einen ausgedehnten Körper n-Kräfte (siehe Bild 7.7), so ergibt sich für die Beschleunigung des Schwerpunktes mit dem Axiom von Newton:

$$m \cdot \mathbf{a}_S = \sum_{i=1}^{n} \mathbf{F}_i , \tag{7.8}$$

in Komponentenform:

$$m \cdot \ddot{x}_S = \sum_{i=1}^{n} F_{xi} \quad (7.9a) \qquad \text{und} \qquad m \cdot \ddot{y}_S = \sum_{i=1}^{n} F_{yi} \, . \quad (7.9b)$$

Zusätzlich gilt der Momentensatz um den Schwerpunkt, mit dessen Hilfe die Drehbeschleunigung $\ddot{\phi}$ ermittelt wird:

$$J_S \cdot \ddot{\phi} = \sum M_S \, . \tag{7.10}$$

J_S ist das Massentägheitsmoment des Körpers um die durch den Schwerpunkt gehende z-Achse.

Auf der rechten Seite der Gleichung (7.10) geht die Summe aller auf den Körper wirkenden Momente um den Schwerpunkt ein. Es handelt sich dabei um die Summe aller Momente, die sich aus den n-Kräften ergeben (z-Komponente des entsprechenden Vektorproduktes) zuzüglich der Summe der m-Einzelmomente, die auf den Körper wirken:

$$\sum M_S = \left(\sum_{i=1}^{n} \mathbf{r}_{Si} \times \mathbf{F}_i\right)_z + \sum_{j=1}^{m} M_j \,. \tag{7.11}$$

1. Umformung: Energiesatz

Auch hier ist die Umformung der dynamischen Gleichungen möglich, die zum Energiesatz führt, in dem jetzt gegenüber Kapitel 7.1 ein weiterer Term auftritt, der die Drehenergie beschreibt. Mit der Winkelgeschwindigkeit $\omega = \phi$ ergibt sich zusätzlich zur Translationsenergie die Rotationsenergie zu:

$$W_{kin\_rot} = \frac{1}{2} \cdot J_S \cdot \omega^2 \,. \tag{7.12}$$

In den Termen, die die kinetische Energie der Translation beschreiben, ist die Geschwindigkeit des Massepunktes durch die Geschwindigkeit des Schwerpunktes des ausgedehnten Körpers zu ersetzen:

$$W_{kin\_trans} = \frac{1}{2} \cdot m \cdot v_S^2 \,. \tag{7.13}$$

2. Umformung: Prinzip der virtuellen Verrückungen mit d´Alembert-Trägheitstermen.

Für eine Reihe von Aufgabenstellungen ist es zweckmäßig, die im Folgenden beschriebene Umformung heranzuziehen, insbesondere dann, wenn innere Kräfte (z.B. Gelenkkräfte) und äußere Kräfte (z.B. Auflagerkräfte) gar nicht erst als Unbekannte in die Rechnung eingehen sollen.

Zunächst werden im Schwerpunkt nach d´Alembert entgegen der tatsächlichen Beschleunigungen die Massen-Kräfte $m \cdot \ddot{x}_S$ und $m \cdot \ddot{y}_S$ und das Trägheitsmoment $J_S \cdot \ddot{\phi}$ als weitere äußere Kräfte und Momente eingetragen (siehe Bild 7.8). Durch diese Trägheits-Terme wird das System ins Gleichgewicht gesetzt. Aus der Dynamik wird somit Statik. Lässt man nun das System eine infinitesimale virtuelle (gedachte) Verrückung ausführen, die den Randbedingungen (hier: Lagerung in den Punkten A und B) genügt, so leisten alle Kräfte und Momente (ausgenommen die Lagerkräfte!) die virtuelle Arbeit:

$$\delta W = -m \cdot \ddot{x}_S \cdot \delta x_S - m \cdot \ddot{y}_S \cdot \delta x_S - J_S \cdot \ddot{\phi} \cdot \delta\phi + \sum_{i=1}^{n} \mathbf{F}_i \cdot \delta \mathbf{s}_i + \sum_{j=1}^{m} M_j \cdot \delta\phi \,. \tag{7.14}$$

Bei $\mathbf{F}_i \cdot \delta \mathbf{s}_i$ handelt es sich um ein Skalarprodukt.

Da das System im Gleichgewicht ist, verschwindet die virtuelle Arbeit δW :

$$\delta W = 0 \,. \tag{7.15}$$

Sofern es sich um Aufgabenstellungen mit nur einem Freiheitsgrad handelt, wie dies für die im Folgenden behandelten Aufgaben der Fall ist, lassen sich alle Verrückungen (Verschiebungen und Drehungen) durch eine unabhängige Verrückung ausdrücken. Welche man zweckmäßigerweise wählt und aus (7.15) ermittelt, hängt dabei von der Aufgabenstellung ab.

Aufgabe 7.3

Eine Leiter der Masse m = 10 kg und der Länge L = 4 m lehnt zunächst an der senkrechten Wand BC. Es wird zur Zeit t = 0 s in A die konstante Beschleunigung $a_A = 2$ m/s^2 vorgegeben .

Die Leiter rutscht mit dem Ende A auf dem horizontalen Fußboden und mit dem Ende B an der vertikalen Wand entlang (siehe Bild 7.9)

Ermitteln Sie:

a) den Verlauf F(t) der in A angreifenden äußeren Kraft, die erforderlich ist, damit sich die beschriebene Bewegung einstellt,

b) den Verlauf B(t) der Kontaktkraft im Punkt B. (Verlauf jeweils bis unmittelbar vor dem Aufschlag der Leiter auf den Boden).

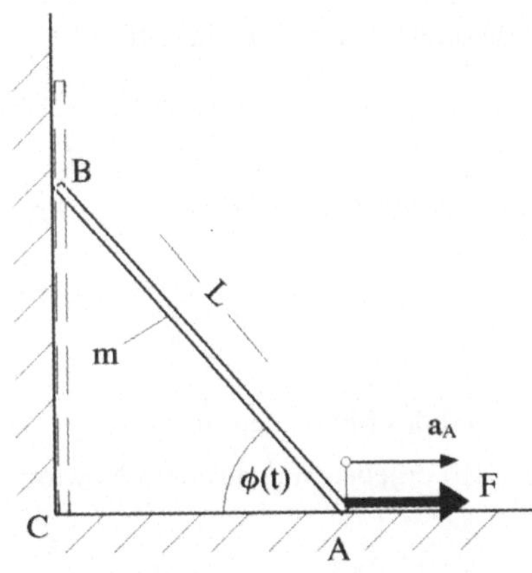

Bild 7.9 Rutschende Leiter mit vorgegebener Beschleunigung im Punkt A

Lösungsweg zu Aufgabe 7.3

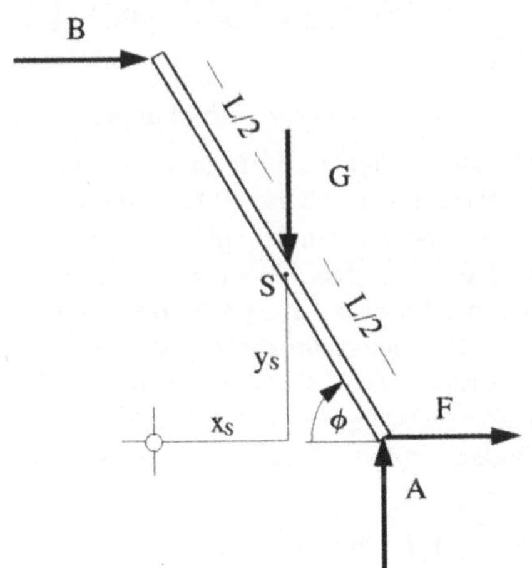

Bild 7.10 Freikörperbild

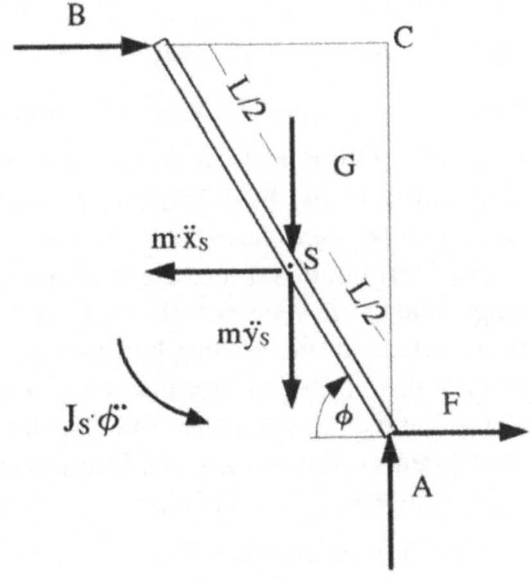

Bild 7.11 Kräfte und d´Alembert-Terme

- Ermittlung von Weg $x_A(t)$ und Winkel $\phi(t)$:

Aufgrund der vorgegebenen Beschleunigung a_A des Punktes A wird zunächst durch Integration über die Zeit $x_A(t)$ und damit $\phi(t)$ bestimmt (siehe auch Lösung der Aufgabe 6.3):

$$x_A(t) = \frac{1}{2} \cdot a_A \cdot t^2, \quad \phi(t) = a\tan\left[\frac{\sqrt{L^2 - x_A(t)}}{x_A(t)}\right]$$

- Ermittlung der Beschleunigung des Schwerpunktes und der Winkelbeschleunigung:

Die Winkelbeschleunigung wird durch zweimaliges Ableiten von $\phi(t)$ nach der Zeit gebildet. Das Bilden der Ableitung wird jeweils dem Programm übertragen. Für $y_S(t)$ gilt:

$$y_S(t) = \frac{L}{2} \cdot \sin(\phi(t)),$$

das Bilden der Ableitung zur Ermittlung der Beschleunigung wird wiederum dem Programm übertragen. Für die x-Koordinate des Schwerpunkts gilt:

$$x_S(t) = \frac{x_A}{2} \quad \text{und damit} \quad \ddot{x}_S = \frac{a_A}{2}.$$

- Ermittlung von F(t) mithilfe des Newtonschen Axioms und des Momentensatzes:

Mit den auf den Stab wirkenden Kräften (siehe Bild 7.10) ergeben sich aus dem Newtonschen Axiom und dem Momentensatz:

$$m \cdot \ddot{x}_S = F + B, \quad m \cdot \ddot{y}_S = A - G, \quad J_S \cdot \ddot{\phi} = (B \cdot \sin(\phi) - F \cdot \sin(\phi) - A \cdot \cos(\phi)) \cdot \frac{L}{2}.$$

Durch Eliminieren der Kräfte A und B und Einsetzen der Beziehungen für die Beschleunigungen kann dann die Kraft F = F(t) ermittelt werden.

- Variante: Ermittlung der Kraft F(t) mithilfe des Prinzips der virtuellen Verrückungen:

In das Freikörperbild werden zusätzlich die d´Alembert-Trägheitskräfte und - momente eingetragen (siehe Bild 7.11). Mit diesem „Trick" wird aus der dynamischen Aufgabenstellung eine statische. Die Kraft kann direkt aus dem Momentengleichgewicht um den Punkt C ermittelt werden, die Auflagerkräfte A und B gehen dabei nicht in die Momentengleichung ein. Diesen sehr einfachen Weg möge der Leser zur Kontrolle beschreiten. Im Hinblick auf die Lösung komplexerer Aufgaben (z.B. Übungsaufgabe 7.2) soll hier das Prinzip der virtuellen Verrückungen angewendet werden. Dazu wird eine infinitesimale Verrückung des Systems um die Gleichgewichtslage zugelassen, die die Randbedingungen des Systems (Gleiten in A und B auf Wand bzw. Boden) erfüllen. Dadurch gehen die Auflagerkräfte ebenfalls nicht ein.

Für die Verschiebung des Punktes A in Richtung der Kraft F ergibt sich:

$$\delta x_A = \frac{dx_A}{dt} \cdot \delta t \quad \text{und damit} \quad \delta x_A = \dot{x}_A \cdot \delta t.$$

Für die anderen noch benötigten Verrückungen gilt analog:

$$\delta x_S = \dot{x}_S \cdot \delta t, \quad \delta y_S = \dot{y}_S \cdot \delta t, \quad \delta\phi = \dot{\phi} \cdot \delta t.$$

Für die virtuelle Arbeit ergibt sich:

$$\delta W = -m \cdot \ddot{x}_S \cdot \delta x_S - m \cdot \ddot{y}_S \cdot \delta y_S - J_S \cdot \ddot{\phi} \cdot \delta\phi + F \cdot \delta x_A \,.$$

Nach Einsetzen der virtuellen Verrückungen erhält man für die Arbeit:

$$\delta W = (-m \cdot \ddot{x}_S \cdot \dot{x}_S - m \cdot \ddot{y}_S \cdot \dot{y}_S - J_S \cdot \ddot{\phi} \cdot \dot{\phi} + F \cdot \dot{x}_A) \cdot \delta t \,.$$

Da die geleistete virtuelle Arbeit verschwindet, die virtuelle Zeitspanne δt beliebig gewählt werden kann, muss der Ausdruck in der Klammer verschwinden. Daraus lässt sich die Kraft F = F(t) bei bekannten Beschleunigungen und Geschwindigkeiten ermitteln.

Lösung der Aufgabe 7.3 mithilfe von Mathcad

$L := 4\mathrm{m}$ $\quad a_A := 2\dfrac{\mathrm{m}}{\mathrm{s}^2}$ $\quad \mathrm{masse} := 10\mathrm{kg}$ $\quad J_S := \dfrac{1}{12}\cdot \mathrm{masse}\cdot L^2$ $\quad J_S = 13.333\,\mathrm{kg\,m}^2$

betrachteter Zeitbereich: $t := 0\mathrm{s}, 0.001\mathrm{s} .. 2\mathrm{s}$

Weg des Punktes A: $x_A(t) := \dfrac{a_A \cdot t^2}{2}$

Geschwindigkeit des Punktes A: $v_{xA}(t) := a_A \cdot t$

Winkel: $\phi(t) := \mathrm{atan}\left(\dfrac{\sqrt{L^2 - x_A(t)^2}}{x_A(t)}\right)$

Winkelgeschwindigkeit: $v_\phi(t) := \dfrac{d}{dt}\phi(t)$ *Winkelbeschleunigung:* $a_\phi(t) := \dfrac{d^2}{dt^2}\phi(t)$

Bewegung des Schwerpunktes:

Geschwindigkeiten: $v_{xS}(t) := \dfrac{v_{xA}(t)}{2}$ $\quad v_{yS}(t) := \dfrac{1}{2}\cdot L\cdot \dfrac{d}{dt}\sin(\phi(t))$

Beschleunigungen: $a_{xS}(t) := \dfrac{a_A}{2}$ $\quad a_{yS}(t) := \dfrac{1}{2}\cdot L\cdot \dfrac{d^2}{dt^2}\sin(\phi(t))$

Berechnung der Kräfte mit Hilfe des Newtonschen Axioms und des Momentensatzes:

Kraft in A: $F(t) := \dfrac{-J_S\cdot a_\phi(t)}{L\cdot\sin(\phi(t))} - \dfrac{\mathrm{masse}\cdot\left(a_{yS}(t) + g\right)}{\tan(\phi(t))\cdot 2} + \dfrac{\mathrm{masse}\cdot a_{xS}(t)}{2}$

Anpresskraft in B: $B(t) := masse \cdot a_{xS}(t) - F(t)$

Verlauf der Kraft F(t):

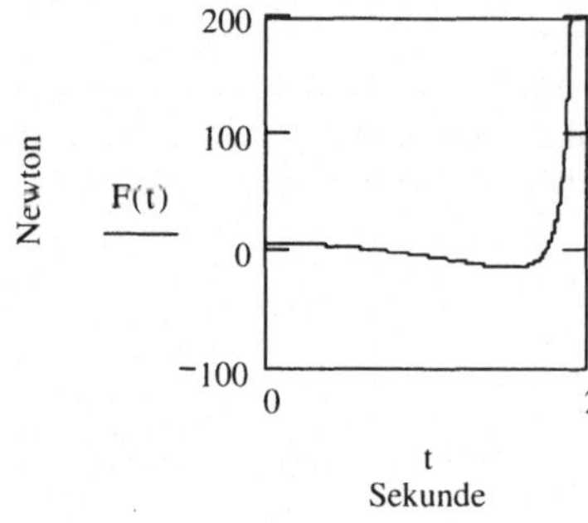

Verlauf der Kraft B(t):

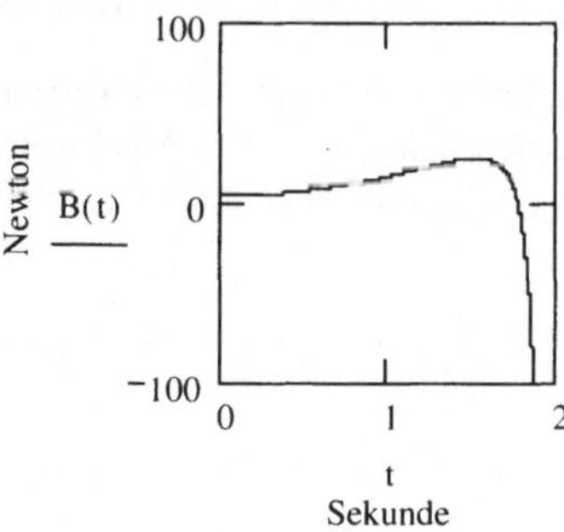

Anmerkung: Die Kraft F ist in einem begrenzten Zeitbereich negativ, d.h. sie bremst in diesem Bereich. Die Kraft B ist gegen Ende des Bewegungsvorgangs negativ, d.h. die Leiter würde sich von der Wand lösen, wenn keine entsprechende Kraft (z.B. durch ein Gleitlager) aufgenommen werden könnte.

Variante: Berechnung der Kraft F mit dem Prinzip der virtuellen Verrückungen:

$$F(t) := \frac{masse \cdot a_{xS}(t) \cdot v_{xS}(t) + masse \cdot \left(a_{yS}(t) + g\right) \cdot v_{yS}(t) + J_S \cdot a_{\phi}(t) \cdot v_{\phi}(t)}{v_{xA}(t)}$$

Es ergibt sich derselbe Kraftverlauf, auf die Darstellung wird verzichtet.

Lösung der Aufgabe 7.3 mithilfe von Matlab

Matlab m-Files für die Aufgabe 7.3

```
% Aufgabe 7.3
% Rutschende Leiter mit Masseträgheit
% Zeit bis zum Aufschlagen
L=4;                  % m
aA=2;                 % m/s^2
m=10;                 % kg
JS=m*L^2/12           % kgm^2
g=9.81;               % m/s^2
step=0.001;           % s
t=0:step:2-0.001;     % s
xA=aA.*t.^2./2;       % m
warning off MATLAB:divideByZero
% Geschwindigkeit und Beschleunigung des Punktes A
```

```
vxA=aA.*t;              % m/s
% Winkel, Winkelgeschwindigkeit und -beschleunigung
phi=atan2(sqrt(L^2-xA.^2),xA);
phiP=diff(phi)./diff(t);
lenP=1:length(phiP);
phiPP=diff(phiP)./diff(t(lenP));
lenPP=1:length(phiPP);
% Schwerpunktgeschwindigkeit und -beschleunigung
vxS=vxA(lenP)./2;
vyS=(0.5*L).*(diff(sin(phi))./diff(t));
axS=aA*ones(1,length(phiPP))/2;
ayS=diff(vyS)./diff(t(1:length(vyS)));
F=zeros(1,length(phiPP));
F=-JS.*phiPP./(L.*sin(phi(lenPP)))-...
    m.*(ayS+g) ./(2.*tan(phi(lenPP)))+m.*axS./2;
subplot(1,2,1); plot(t(lenPP),F);
axis([min(t) max(t) -100 200]);
xlabel('t / s'); ylabel('F / N');
B=zeros(1,length(phiPP));
B=m.*axS-F;
subplot(1,2,2); plot(t(lenPP),B);
axis([min(t) max(t) -100 200]);
xlabel('t / s'); ylabel('B / N');
% alternativ F mit dem Prinzip der virtuellen Verrueckungen
Fv=zeros(1,length(phiPP));
Fv=(m.*axS.*vxS(lenPP)+m.*(ayS+g).*vyS(lenPP)+...
    JS.*phiPP.*phiP(lenPP))./vxA(lenPP);
% Ende Aufgabe 7.3
```

Ausgabe im Matlab „Command Window" ohne Leerzeilen

```
JS =    13.3333
```

Darstellung des Verlaufs der Kräfte in Abhängigkeit von der Zeit siehe Mathcad-Lösung.

Lösung der Aufgabe 7.3 mithilfe von Maple

> restart;

> L:=4; aA:=2; masse:=10; JS:=1/12*masse*L^2; g:=9.807;

$$L := 4 \quad aA := 2 \quad masse := 10 \quad JS := \frac{40}{3} \quad g := 9.807$$

Weg und Geschwindigkeit des Punktes A:

```
> xA:=t->(aA*t^2)/2;
  vxA:=t->aA*t;
```

$$xA := t \rightarrow \frac{1}{2}\, aA\, t^2$$

$$vxA := t \rightarrow aA\, t$$

Winkel:

```
> Phi:=t->arctan(sqrt(L^2-xA(t)^2)/xA(t));
```

$$\Phi := t \rightarrow \arctan\left(\frac{\sqrt{L^2 - \mathrm{xA}(t)^2}}{\mathrm{xA}(t)}\right)$$

Winkelgeschwindigkeit und Winkelbeschleunigung:

```
> v_Phi:=unapply(diff(Phi(t),t)):
  a_Phi:=unapply(diff(Phi(t),t$2)):
```

Bewegung des Schwerpunktes:
Geschwindigkeiten:

```
> vxS:=t->vxA(t)/2;
  vyS:=unapply((1/2)*L*diff(sin(Phi(t)),t),t):
```

$$vxS := t \rightarrow \frac{1}{2}\, \mathrm{vxA}(t)$$

Beschleunigungen:

```
> axS:=t->aA/2;
  ayS:=unapply((1/2)*L*diff(sin(Phi(t)),t$2)):
```

$$axS := t \rightarrow \frac{aA}{2}$$

Berechnung der Kräfte mit Hilfe des Newtonschen Axioms und des Momentensatzes:

Kraft in A:

```
> F:=t->-(JS*a_Phi(t))/(L*sin(Phi(t)))-(masse*(ayS(t) + g))/(tan(Phi(t))*2) + (masse*axS(t))/2;
```

$$F := t \rightarrow -\frac{JS\ \mathrm{a\_Phi}(t)}{L\,\sin(\Phi(t))} - \frac{1}{2}\,\frac{masse\,(\mathrm{ayS}(t) + g)}{\tan(\Phi(t))} + \frac{1}{2}\, masse\ \mathrm{axS}(t)$$

Anpresskraft in B:

```
> B:=t->masse*axS(t)-F(t);
```

$$B := t \rightarrow masse\ \mathrm{axS}(t) - \mathrm{F}(t)$$

Verlauf der Kraft F(t) und Kraft B(t): (die Ausgabe wird unterdrückt)

```
> plot(F(t),t=0..2,-100..200,labels=["t","F(t)"]):
  plot(B(t),t=0..2,-100..100,labels=["t","B(t)"]):
```

Variante: Berechnung der Kraft F mit dem Prinzip der virtuellen Verrückungen:

- siehe Mathcad-Lösung

```
> F:=t->(1/vxA(t))*masse*axS(t)*vxS(t) + masse(ayS(t) + g)*vyS(t) + JS*a_Phi(t)*v_Phi(t);
```

$$F := t \rightarrow \frac{masse \ \mathrm{axS}(t)\ \mathrm{vxS}(t)}{\mathrm{vxA}(t)} + \mathrm{masse}(\mathrm{ayS}(t) + g)\ \mathrm{vyS}(t) + JS\ \mathrm{a\_Phi}(t)\ \mathrm{v\_Phi}(t)$$

Darstellung des Verlaufs der Kräfte in Abhängigkeit von der Zeit siehe Mathcad-Lösung.

Aufgabe 7.4

Für das skizzierte Schwingungssystem (siehe Bild 7.12) ermittle man:

- die Bewegungsdifferenzialgleichung für die Beschleunigung $\ddot{x}_S$ des Schwerpunkts,
- die Lehrsche Dämpfung D,
- die Eigenkreisfrequenz ohne und mit Berücksichtigung der Dämpfung,
- die Schwingung, wenn zum Zeitpunkt t = 0 s die Walze in Ruhe ist und die Kraft $F(t) = F_0 \cdot \sin(\Omega \cdot t)$ aufgeschaltet wird. Insbesondere ist die Amplitude der Dauerlösung von Interesse.

Anmerkung: Für die Berechnung des Massenträgheitsmomentes der Walze setze man näherungsweise den Außenradius R ein. Die Walze rollt auf der eingezeichneten Ebene.

Zahlenwerte: m = 50 kg, c = 4000 N/m, d = 50 Ns/m, r = 0.2 m, R = 0.45 m, F_o = 10 N, Frequenz der erregenden Kraft: f_E = 2.6 Hz

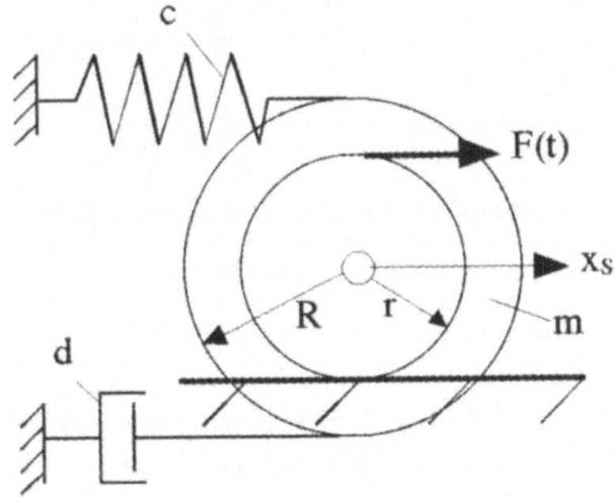

Bild 7.12 Schwingungssystem rollende Walze mit Feder, Dämpfer und Kraftanregung

Lösungsweg zu Aufgabe 7.4

- Vorbetrachtung:

Das Schwingungssystem hat zwei Bewegungsmöglichkeiten. Die Walze führt eine Translationsbewegung aus, ausgedrückt durch die Verschiebung x_S des Schwerpunktes, außerdem dreht sie sich gleichzeitig um den Winkel ϕ. Dadurch, dass die Walze auf der Ebene rollt, lässt sich eine Bewegungsgröße durch die andere ausdrücken, das System besitzt nur einen Freiheitsgrad. Wir wählen die Verschiebung x_S des Schwerpunktes als unabhängige Größe und stellen hierfür die Differenzialgleichung für die Schwingung auf. Nachdem die Differenzialgleichung aufgestellt ist, können für die Ermittlung der Schwingung die Beziehungen verwendet werden, die für das Beispiel 7.2 hergeleitet wurden.

Beim Aufstellen der Differenzialgleichung kann man so vorgehen, dass man das Freikörperbild für die Walze mit allen Kräften zeichnet, die im ausgelenkten Zustand auf die Walze wirken: Gewichts-, Feder-, Dämpferkraft, die anregende äußere Kraft und die im Kontaktpunkt wirkende Aufstands- und Haftungskraft. Dann ergeben sich aus dem Newtonschen Axiom für die Translation und dem Momentensatz für die Drehung zunächst zwei Differenzialgleichungen, die durch Eliminieren der Haftungskraft in eine Differenzialgleichung überführt werden.

Wir wollen einen anderen Weg beschreiten: Nach Aufbringen der Trägheitsterme nach d´Alembert und Anwendung des Prinzips der virtuellen Verrückungen lässt sich direkt **eine** Differenzialgleichung herleiten. Dabei geht die Haftungskraft im Aufstandspunkt der Walze gar nicht erst in die Rechnung ein. Der Vorteil dieses Verfahrens wird insbesondere bei der Behandlung von Systemen mit mehreren Massen deutlich (siehe Aufgabe 7.5). Der Leser möge zur Kontrolle auch den zuvor aufgezeigten Weg beschreiten.

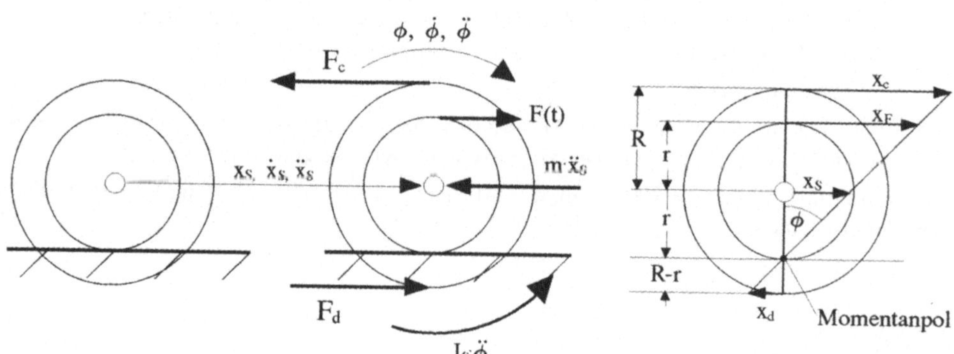

Bild 7.13a Referenzlage **Bild 7.13b** Ausgelenkte Lage **Bild 7.13c** Geometrie-Verhältnisse

- Formulieren der virtuellen Arbeit:

  Auf die Walze werden im ausgelenkten Zustand neben den rückführenden Feder- und Dämpferkräften die Trägheitsterme nach d´Alembert entgegen den tatsächlichen Beschleunigungen eingetragen (siehe Bild 7.13b). Diese Kräfte leisten an den zugeordneten virtuellen Verrückungen die Arbeit:

  $$\delta W = -m \cdot \ddot{x}_S \cdot \delta x_S - J_S \cdot \ddot{\phi} \cdot \delta\phi - F_c \cdot \delta x_c - F_d \cdot \delta x_d + F(t) \cdot \delta x_F .$$

- Formulieren der Feder- und Dämpfergesetze:

  Bei linearem Verhalten der Feder gilt:

  $$F_c = c \cdot x_c ,$$

bei linearem Verhalten des zur Geschwindigkeit proportionalen Dämpfers:

$$F_d = d \cdot \dot{x}_d \ .$$

- Formulieren der geometrischen Beziehungen:

  Das System hat nur einen Freiheitsgrad, alle Verschiebungen, Drehungen, Geschwindigkeiten, Beschleunigungen und virtuelle Verrückungen lassen sich durch die Bewegung des Schwerpunktes ausdrücken, die wir als unabhängige Größe wählen.

  Die Bewegung des Systems kann als eine Drehung um den Aufstandspunkt der Walze, den sog. Momentanpol betrachtet werden. Aus Bild 7.13c, das die Geometrie der Verrükkungen darstellt, lässt sich unmittelbar ablesen:

$$\phi = \frac{1}{r} \cdot x_s \,,\; x_c = \frac{R+r}{r} \cdot x_S \,,\; x_d = \frac{R-r}{r} \cdot x_S \,,\; x_F = 2 \cdot x_S \,.$$

  Mit den Abkürzungen

$$\gamma\_\text{Masse} = \frac{1}{r} \;,\; \gamma\_\text{Feder} = \frac{R+r}{r} \;,\; \gamma\_\text{Dämpfer} = \frac{R-r}{r} \;,\; \gamma\_\text{Kraft} = 2$$

  für die Geometrie-Faktoren wird z. B. die Drehung durch die Bewegung des Schwerpunkts wie folgt ausgedrückt:

$$\dot{\phi} = \gamma\_\text{Masse} \cdot \dot{x}_S \,,\; \ddot{\phi} = \gamma\_\text{Masse} \cdot \ddot{x}_S \text{ und } \delta\phi = \gamma\_\text{Masse} \cdot \delta x_S \,.$$

- Herleiten der Differenzialgleichung für die Bewegung des Schwerpunktes:

  Durch Einsetzen der Feder- und Dämpfergesetze sowie der geometrischen Beziehungen in den Ausdruck für die virtuelle Arbeit erhalten wir:

$$-\delta W = m \cdot \ddot{x}_S \cdot \delta x_S + J_S \cdot (\gamma\_\text{Masse})^2 \cdot \ddot{x}_S \cdot \delta x_S + c \cdot (\gamma\_\text{Feder})^2 \cdot x_S \cdot \delta x_S +$$
$$+\, d \cdot (\gamma\_\text{Dämpfer})^2 \cdot \dot{x}_S \cdot \delta x_S - F(t) \cdot (\gamma\_\text{Kraft}) \cdot \delta x_S \,.$$

  In dieser Gleichung sind alle Größen auf den Schwerpunkt bezogen, allen Termen ist der Faktor δx_S gemeinsam, er wird deshalb ausgeklammert:

$$-\delta W = [m \cdot \ddot{x}_S + J_S \cdot (\gamma\_\text{Masse})^2 \cdot \ddot{x}_S + c \cdot (\gamma\_\text{Feder})^2 \cdot x_S + d \cdot (\gamma\_\text{Dämpfer})^2 \cdot \dot{x}_S -$$
$$- F(t) \cdot (\gamma\_\text{Kraft})] \cdot \delta x_S \,.$$

  Da über den "Trick von d´ Alembert" , d. h. durch Hinzufügen der Trägheitsterme, alle Kräfte zusammen im Gleichgewicht stehen, wird bei einer virtuellen Verrückung um die Gleichgewichtslage keine Arbeit geleistet:

$$\delta W = 0 \,.$$

  Da die virtuelle Verrückung δx_S als beliebig von Null verschieden gewählt werden kann, muss der Ausdruck in eckigen Klammern verschwinden. Man erhält damit die Dgl. zu:

$$m_g \cdot \ddot{x}_S + d_g \cdot \dot{x}_S + c_g \cdot x_S = F_g(t) \,.$$

  Darin sind die generalisierten Größen:

$m_g = m + J_S \cdot (\gamma\_Masse)^2$, $d_g = d \cdot (\gamma\_Dämpfer)^2$, $c_g = c \cdot (\gamma\_Feder)^2$ und

$F_g = F \cdot (\gamma\_Kraft)$.

Es ist festzuhalten, dass in generalisierten Massen, Dämpfungen und Federsteifigkeiten die geometrischen Faktoren quadratisch eingehen, in die anregende Kraft jedoch nur linear.

Das Verfahren zur Ermittlung der generalisierten Größen soll in Aufgabe 7.5 noch weiter systematisiert werden.

Lösung der Aufgabe 7.4 mithilfe von Mathcad

Daten für das Schwingungssystem: masse := 50kg $\quad c := 4000\frac{N}{m} \quad d := 50N\cdot\frac{s}{m}$

$r := 0.2m \quad R := 0.45m \quad F_o := 10N \quad f_E := 2.6Hz$

Definition der Geometrie-Faktoren:

$\gamma\_Masse := \frac{1}{r} \quad \gamma\_Feder := \frac{R+r}{r} \quad \gamma\_Dämpfer := \frac{R-r}{r} \quad \gamma\_Kraft := 2$

Massenträgheitsmoment der Walze: $J_S := \frac{1}{2}\cdot masse\cdot R^2$

Berechnung der generalisierten Größen:

$m_g := masse + J_S\cdot(\gamma\_Masse)^2 \quad d_g := d\cdot(\gamma\_Dämpfer)^2 \quad c_g := c\cdot(\gamma\_Feder)^2 \quad F_{og} := F_o\cdot\gamma\_Kraft$

$m_g = 176.563kg \quad d_g = 78.125N\cdot\frac{s}{m} \quad c_g = 4.225\times 10^4\frac{N}{m} \quad F_{og} = 20N$

Umbenennen der Parameter, so dass die Programmierung der Lösung von Aufgabe 7.2 direkt übernommen werden kann:

$masse := m_g \quad d := d_g \quad c := c_g \quad F_o := F_{og}$

Anschließend erfolgt die Übernahme der Programmierung der Lösung von Aufgabe 7.2.

Dieser Teil der Rechnung - in Aufgabe 7.2 durch "Beginn der allgemeinen Berechnung der Schwingung" bis " Ende der allgemeinen Berechnung der Schwingung" gekennzeichnet - wird hier weggelassen. Der Leser wird auf die Dokumentation der Mathcad-Lösung von Aufgabe 7.2 verwiesen, da die Formeln die gleichen sind, es unterscheiden sich lediglich die Zahlenwerte.

Rückbenennung der Parameter entsprechend der Aufgabenstellung 7.4:

$x_S(t) := x(t) \quad x_{SD} := x_D \quad x_{SD} = 3.973mm$

Darstellung des Schwingungsverlaufs im Zeitfenster $t := 0s, 0.01s .. 25s$

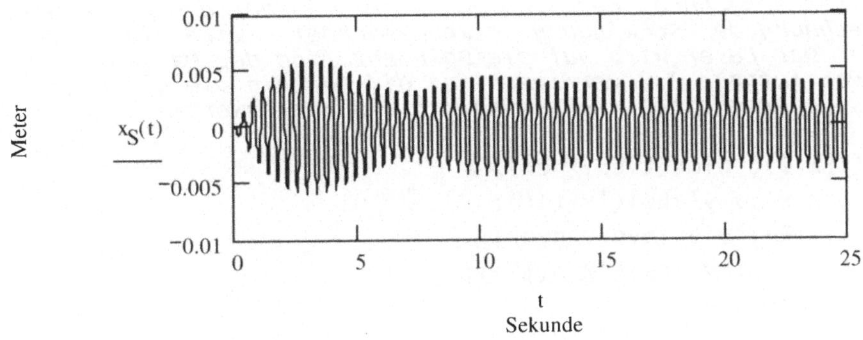

Lösung der Aufgabe 7.4 mithilfe von Matlab

Matlab m-Files für die Aufgabe 7.4

```
% Aufgabe 7.4
% Rollende Walze mit Feder, Daempfer und Kraftanregung
m=50;                          % kg
c=4000;                        % N/m
d=50;                          % Ns/m
r=0.2;                         % m
R=0.45;                        % m
F0=10;                         % N
fE=2.6;                        % Hz
% Definition der Geometrie-Faktoren
gam_m=1/r;                     % der Masse
gam_f=(R+r)/r;                 % der Feder
gam_d=(R-r)/r;                 % der Daempfung
gam_k=2;                       % der Kraft
JS=m*R^2/2                     % MTM der Walze
% generalisierte Größen
mg=m+JS*gam_m^2
dg=d*gam_d^2
cg=c*gam_f^2
F0g=F0*gam_k
% Umbenennung zur Nutzung des Skripts aus Aufgabe 7.2
m=mg; d=dg; c=cg ;F0=F0g;
% Ermittlung der abängigen Größen
Om=2*pi*fE                     % Erregerkreisfrequenz
```

Anschließend erfolgt die Übernahme der Programmierung der Lösung von Aufgabe 7.2.

Dieser Teil der Rechnung - in Aufgabe 7.2 durch „Beginn der allgemeinen Berechnung der Schwingung" bis „ Ende der allgemeinen Berechnung der Schwingung" gekennzeichnet - wird hier weggelassen. Der Leser wird auf die Dokumentation der Matlab-Lösung von Aufgabe 7.2 verwiesen, da die Formeln die gleichen sind, es unterscheiden sich lediglich die Zahlenwerte.

```
subplot(2,1,1); plot(tver,xver);
xlabel('t / s'); ylabel('x(t)');
subplot(2,1,2); plot(tver,xhver);
xlabel('t / s'); ylabel('x_h(t)');
% Ende Aufgabe 7.4
```

Ausgabe im Matlab „Command Window" ohne Leerzeilen

```
JS =        5.0625
mg =      176.5625
dg =       78.1250
cg =    42250
F0g =      20
Om =       16.3363
om0 =      15.4691
f0 =        2.4620
D =         0.0143
om =       15.4675
f =         2.4617
etha =      1.0561
xst =       4.7337e-004
Vdyn =      8.3922
xD =        0.0040
eps =      -0.2432
A =        -9.5683e-004
B =        -0.0041
```

Diagramm des Schwingungsverlaufs siehe Mathcad-Lösung.

Lösung der Aufgabe 7.4 mithilfe von Maple

> restart;

Daten für das Schwingungssystem:

> masse:=50; c:=4000; d:=50;

r:=0.2; R:=0.45; F0:=10; fE:=2.6;

$$masse := 50 \quad c := 4000 \quad d := 50$$

$$r := 0.2 \quad R := 0.45 \quad F0 := 10 \quad fE := 2.6$$

Definition der Geometrie-Faktoren:

```
> gamma_Masse:=1/r; gamma_Feder:=(R + r)/r;
  gamma_Daempfer:=(R-r)/r; gamma_Kraft:=2;
```

$$gamma\_Masse := 5.000000000 \quad gamma\_Feder := 3.250000000$$

$$gamma\_Daempfer := 1.250000000 \quad gamma\_Kraft := 2$$

Massenträgheitsmoment der Walze:

```
> JS:=1/2*masse*R^2;
```

$$JS := 5.062500000$$

Berechnung der generalisierten Größen:

```
> mg:=masse + JS*(gamma_Masse)^2; dg:=d*(gamma_Daempfer)^2;
  cg:=c*(gamma_Feder)^2; F0g:=F0*gamma_Kraft;
```

$$mg := 176.5625000 \quad dg := 78.12500000$$

$$cg := 42250.00000 \quad F0g := 20$$

Übernahme der Parameter durch die Lösung der Aufgabe 7.2:

```
> masse:=mg; d:=dg; c:=cg; F0:=F0g;
```

$$masse := 176.5625000 \quad d := 78.12500000$$

$$c := 42250.00000 \quad F0 := 20$$

Kreisfrequenz der erregenden Kraft:

```
> Omega:=2*Pi*fE;
  evalf(%);
```

$$\Omega := 5.2\,\pi$$

$$16.33628180$$

Anschließend erfolgt die Übernahme der Lösung von Aufgabe 7.2.
Dieser Teil der Rechnung – in Aufgabe 7.2 durch „Beginn der allgemeinen Berechnung der Schwingung“ bis „ Ende der allgemeinen Berechnung der Schwingung“ gekennzeichnet – wird hier weggelassen. Der Leser wird auf die Dokumentation der Matlab-Lösung von Aufgabe 7.2 verwiesen, da die Formeln die gleichen sind, es unterscheiden sich lediglich die Zahlenwerte.

Rückbenennung der Parameter entsprechend der Aufgabenstellung 7.4:

```
> xS(t):=x(t):
```

Amplitude der Dauerlösung für die Verschiebung des Schwerpunktes:

```
> xSD:=xD;
```

evalf(convert(xSD, 'units', 'm', 'mm')); *#Maple 9*

$$xSD := 0.003972653466$$

$$3.972653466$$

Darstellung des Schwingungsverlaufs im Zeitfenster: (Die Ausgabe wird unterdrückt)
> plot(x(t),t=0..25,-0.01..0.01,labels=["t","x(t)"]):

Diagramm des Schwingungsverlaufs siehe Mathcad-Lösung.

Aufgabe 7.5

Das in Bild 7.14 dargestellte Schwingungssystem besteht aus drei Massen, zwei Federn und zwei Dämpfern. Das System wird durch eine Kraft $F(t) = F_0 \cdot \sin(\Omega \cdot t)$ und ein Moment $M(t) = M_0 \cdot \sin(\Omega \cdot t)$ angeregt. Das bei Lösung von Aufgabe 7.4 angewandte Vorgehen zur Ermittlung der generalisierten Massen, Steifigkeiten usw. soll weiter verallgemeinert werden.

Ermitteln Sie:

- die generalisierten Größen und stellen Sie die Differenzialgleichung für die Bewegung des Körpers 1 auf,
- die Dauerlösung x_D für alle Verrückungen,
- den zeitlichen Verlauf von x_1, wenn Kraft und Moment zum Zeitpunkt t = 0 s auf das in Ruhe befindliche System aufgeschaltet werden.

Zahlenwerte: $m_1 = 5$ kg, $m_2 = 20$ kg, $m_3 = 15$ kg, $c_1 = 1000$ N/m, $c_2 = 500$ N/m, $d_1 = 4$ Ns/m, $d_2 = 5$ Ns/m, $r_2 = 0.3$m, $R_2 = 0.6$m, $r_3 = 0,2$m, $F_o = 10$N, $M_o = 5$Nm, Frequenz der Erregung $f_E = 1.3$ Hz

Zur Berechnung des Massenträgheitsmomentes der Rolle 2 setze man den Außenradius ein.

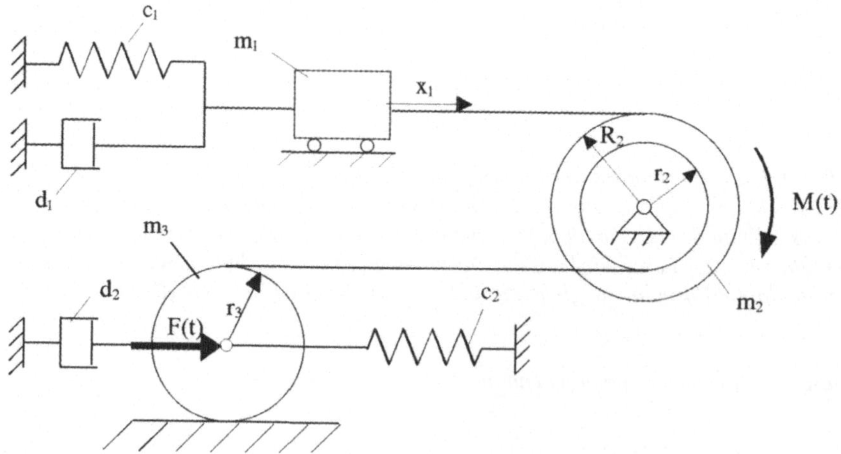

Bild 7.14 Mehrkörper-Schwingungssystem mit nur einem Freiheitsgrad

Lösungsweg zu Aufgabe 7.5

- Vorbetrachtung:

  Das in Bild 7.14 dargestellte Schwingungssystem wird durch insgesamt vier Verrückungen beschrieben:

  - die Verschiebung x_1 des Körpers 1,

  - die Drehung ϕ_2 des Körpers 2,

  - die Verschiebung x_{S3} des Schwerpunktes des Körpers 3,

  - die Drehung ϕ_3 des Körpers 3.

  Da die Körper über Seile miteinander verbunden sind, die als undehnbar betrachtet werden, lassen sich alle Verrückungen durch eine unabhängige Verrückung (Freiheitsgrad) ausdrücken. Als Freiheitsgrad des Systems wird die Verrückung x_1 gewählt.

- Formulieren der Beziehungen zwischen den Verrückungen, d. h. Ausdrücken der Verrückungen durch x_1:

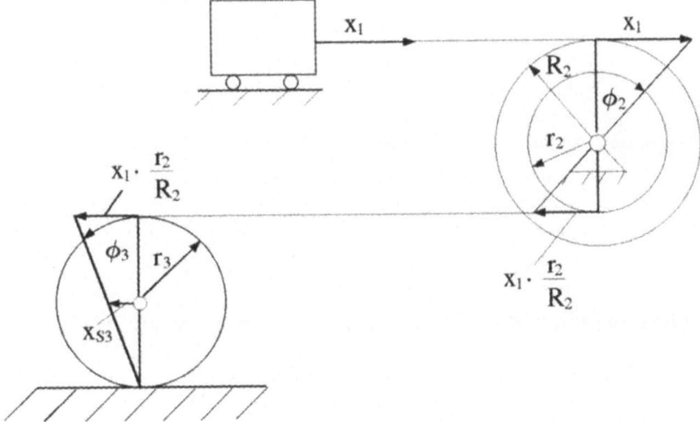

Bild 7.15 Geometrieverhältnisse am ausgelenkten System

Aus Bild 7.15 liest man unmittelbar ab:

$$\phi_2 = \frac{x_1}{R_2}, \quad x_{S3} = \frac{1}{2} \cdot x_1 \cdot \frac{r_2}{R_2}, \quad \phi_3 = \frac{1}{2 \cdot r_3} \cdot x_1 \cdot \frac{r_2}{R_2}.$$

Wir fassen alle Verrückungen im Vektor (Spaltenmatrix)

$$x = \begin{bmatrix} x_1 \\ \phi_2 \cdot r_{ref} \\ x_{S3} \\ \phi_3 \cdot r_{ref} \end{bmatrix}$$

zusammen, dabei sind die Drehungen durch Multiplikation mit einem Referenzradius r_{ref} (z.B. r_{ref} =1 m) dimensionsgleich mit den Verschiebungen gemacht. Hintergrund ist der, dass Programme unter Umständen gleiche Dimension für alle Komponenten eines Feldes fordern.

Den einzelnen Verrückungen sind Massen zugeordnet, die im Vektor

$$m = \begin{bmatrix} m_1 \\ \dfrac{J_{s2}}{r_{ref}^{\,2}} \\ m_3 \\ \dfrac{J_{S3}}{r_{ref}^{\,2}} \end{bmatrix}$$

zusammengefasst sind. Auch hier werden alle Komponenten dimensionsgleich gemacht.

Mithilfe der oben abgeleiteten Faktoren lässt sich der Zusammenhang der Verrückungen über

$x = \gamma\_Masse \cdot x_1$ darstellen, worin $\gamma\_Masse = \begin{bmatrix} 1 \\ \dfrac{r_{ref}}{R_2} \\ \dfrac{1}{2} \cdot \dfrac{r_2}{R_2} \\ \dfrac{1}{2} \cdot \dfrac{r_2}{R_2} \cdot \dfrac{r_{ref}}{r_3} \end{bmatrix}$.

Für Beschleunigungen, Geschwindigkeiten und virtuelle Verrückungen gilt dann:

$\ddot{x} = \gamma\_Masse \cdot \ddot{x}_1$, $\dot{x} = \gamma\_Masse \cdot \dot{x}_1$, $\delta x = \gamma\_Masse \cdot \delta x_1$.

Für die Dämpfer gilt analog:

$x_d = \gamma\_Dämpfer \cdot x_1$ mit $x_d = \begin{bmatrix} x_{d1} \\ x_{d2} \end{bmatrix}$, wobei in diesem speziellen Falle

$\gamma\_Dämpfer = \gamma\_Feder$

gilt, da die Dämpfer an denselben Stellen angebracht sind wie die Federn.

Schließlich werden die beiden anregenden Kraftgrößen (Kraft und Moment) zum Vektor Kraft zusammengefasst mit:

$Kraft = \begin{bmatrix} F(t) \\ \dfrac{M(t)}{r_{ref}} \end{bmatrix}$, wobei das Moment wiederum dimensionsgleich mit F(t) gemacht

wurde. Für die Verschiebung der Kraft bzw. Drehung des Momentes gilt:

$$x_F = \gamma\_Kraft \cdot x_1 \ , \quad \text{worin} \quad \gamma\_Kraft = \begin{bmatrix} -\frac{1}{2} \cdot \frac{r_2}{R_2} \\ \frac{r_{ref}}{R_2} \end{bmatrix} .$$

Das Minuszeichen erklärt sich daraus, dass sich infolge der Verschiebung x_1 eine Verschiebung x_{S3} (Angriffspunkt der Kraft F(t)) ergibt, die der Kraft entgegengesetzt ist. Das zweite Element wurde wiederum dimensionsgleich gemacht.

- Formulieren der virtuellen Arbeit, Ermittlung der generalisierten Größen:

Es sind wie bei Lösung der Aufgabe 7.4 d´ Alembert-Terme, Feder- , Dämpferkräfte und anregende Kräfte/Momente einzutragen, die an den virtuellen Verrückungen Arbeit leisten. Einsetzen der Geometriebeziehungen und der Feder- und Dämpfergesetze liefert:

$-\delta W = [m_g \cdot \ddot{x}_1 + d_g \cdot \dot{x}_1 + c_g \cdot x_1 - F_g(t)] \cdot \delta x_1$ und mit $\delta W = 0$

die Differenzialgleichung für x_1 durch Nullsetzen des Klammerausdrucks:

$$m_g \cdot \ddot{x}_1 + d_g \cdot \dot{x}_1 + c_g \cdot x_1 = F_g(t) .$$

Die einzelnen Schritte sollen hier nicht durchgeführt werden, dies sei dem Leser überlassen. Wir verallgemeinern direkt die bei der Lösung von Aufgabe 7.4 gewonnenen Beziehungen für die generalisierten Größen. Da mehrere Körper, Federn, Dämpfer, anregende Kräfte/Momente vorhanden sind, ist hier entsprechend zu summieren.

Es ergeben sich damit:

$$m_g = \sum_{i=1}^{n_m} m_i \cdot (\gamma\_Masse_i)^2 \ , d_g = \sum_{i=1}^{n_d} d_i \cdot (\gamma\_Dämpfer_i)^2 \ , c_g = \sum_{i=1}^{n_c} c_i \cdot (\gamma\_Feder_i)^2$$

$$\text{und } F_g(t) = \sum_{i=1}^{n_F} Kraft_i(t) \cdot \gamma\_Kraft_i \ .$$

Darin entspricht n_m der Anzahl der Verrückungen der Massen (hier: 4), n_d der Anzahl der Dämpfer (hier: 2), n_c der Anzahl der Federn (hier: 2) und n_F der Anzahl der erregenden Kräfte/ Momente (hier: 2). Da anregende Kraft und anregendes Moment mit der gleichen Zeitfunktion wirken, lässt sich die Zeitfunktion abspalten, die angegebene Beziehung gilt deshalb auch für die Amplituden der Anregung.

Anmerkung: Bei der Bildung der Produkte zur Berechnung der generalisierten Größen fällt der Referenzradius r_{ref} wieder heraus.

- Berechnung der Schwingung:

Nachdem die generalisierten Größen ermittelt sind, liegt die Differenzialgleichung wiederum in der Form vor, wie sie in Aufgabe 7.2 für den Schwinger mit einem Freiheitsgrad gelöst wurde. Es wird deshalb wiederum diese Lösung übernommen und direkt in den Rechengang kopiert. Vorher werden die Größen entsprechend umbenannt.

Lösung der Aufgabe 7.5 mithilfe von Mathcad

ORIGIN:= 1

$m_1 := 5kg$ $m_2 := 20kg$ $m_3 := 15kg$ $r_2 := 0.3m$ $r_3 := 0.2m$ $R_2 := 0.6m$

$c_1 := 1000\frac{N}{m}$ $c_2 := 500\frac{N}{m}$ $d_1 := 4\frac{N \cdot s}{m}$ $d_2 := 5\frac{N \cdot s}{m}$ $r_{ref} := 1m$

$F_o := 10N$ $M_o := 5N \cdot m$ $f_E := 1.3Hz$

Anmerkung: Der Referenzradius wird benötigt, um die Komponenten der verwendeten Felder dimensionsgleich zu machen.

Vorgehen zur Ermittlung der generalisierten Masse:

Anzahl der Verrückungen: $n_m := 4$

Massenträgheitsmomente: $J_2 := \frac{m_2 \cdot R_2^2}{2}$ $J_3 := \frac{m_3 \cdot r_3^2}{2}$

Bilden des Feldes (Spaltenmatrix), das die Massenterme enthält, wobei die Terme, die Massenträgheiten repräsentieren, über Division durch r_{ref}^2 dimensionsgleich mit den übrigen Werten gemacht werden.

$Masse_1 := m_1$ $Masse_2 := \frac{J_2}{r_{ref}^2}$ $Masse_3 := m_3$ $Masse_4 := \frac{J_3}{r_{ref}^2}$

Bilden der geometrische Beziehungen für die Verrückungen, die durch x_1 ausgedrückt werden, wobei die den Drehungen zugeordneten Werte durch Multiplikation mit r_{ref} dimensionsgleich mit den übrigen Werten gemacht werden, die sich auf Translationen beziehen:

$\gamma\_Masse_1 := 1$ $\gamma\_Masse_2 := \frac{r_{ref}}{R_2}$ $\gamma\_Masse_3 := \frac{r_2}{R_2} \cdot \frac{1}{2}$ $\gamma\_Masse_4 := \frac{r_2}{R_2} \cdot \frac{r_{ref}}{2 \cdot r_3}$

Feld, das die Massenterme enthält: $Masse = \begin{pmatrix} 5 \\ 3.6 \\ 15 \\ 0.3 \end{pmatrix} kg$ *Feld, das die Geometrieterme enthält:* $\gamma\_Masse = \begin{pmatrix} 1 \\ 1.667 \\ 0.25 \\ 1.25 \end{pmatrix}$

Berechnung der generalisierten Masse: $m_g := \sum_{i=1}^{n_m} Masse_i \cdot (\gamma\_Masse_i)^2$ $m_g = 16.406kg$

Anmerkung: Bei der Bildung des Produktes fällt der Referenzradius r_{ref} heraus. Dies gilt auch für die Berechnung der übrigen generalisierten Größen.

Vorgehen zur Berechnung der generalisierten Steifigkeit:

Anzahl der Federn: $n_c := 2$

Feld, das die Federsteifigkeiten enthält:

$$\text{Feder} := \begin{pmatrix} c_1 \\ c_2 \end{pmatrix}$$

$$\text{Feder} = \begin{pmatrix} 1 \times 10^3 \\ 500 \end{pmatrix} \frac{N}{m}$$

Feld, das die Geometrien für die Federwege enthält:

$$\gamma\_\text{Feder} := \begin{pmatrix} 1 \\ \gamma\_\text{Masse}_3 \end{pmatrix}$$

$$\gamma\_\text{Feder} = \begin{pmatrix} 1 \\ 0.25 \end{pmatrix}$$

Berechnung der generalisierten Steifigkeit: $c_g := \sum_{i=1}^{n_c} \text{Feder}_i \cdot (\gamma\_\text{Feder}_i)^2$ $\quad c_g = 1.031 \times 10^3 \frac{N}{m}$

Vorgehen zur Berechnung der generalisierten Dämpfung:

Anzahl der Dämpfer: $n_d := 2$

Feld, das die Dämpfungskonstanten enthält:

$$\text{Dämpfer} := \begin{pmatrix} d_1 \\ d_2 \end{pmatrix}$$

Feld, das die Geometrien für die Dämpferwege enthält:

$$\gamma\_\text{Dämpfer} := \begin{pmatrix} 1 \\ \gamma\_\text{Masse}_3 \end{pmatrix}$$

Berechnung der generalisierten Dämpferkonstante:

$$d_g := \sum_{i=1}^{n_d} \text{Dämpfer}_i \cdot (\gamma\_\text{Dämpfer}_i)^2 \qquad d_g = 4.313 \frac{N \cdot s}{m}$$

Vorgehen zur Berechnung der generalisierten Kraft:

Anzahl der anregenden Kräfte/Momente: $n_F := 2$

Anmerkung: Es gehen die auf den Köper 3 wirkende Kraft und das auf den Körper 2 wirkende Moment ein. Dabei muss das Moment durch r_{ref} *dividiert werden, um die Dimensionsgleichheit aller Elemente des Feldes zu erreichen.*

Feld, das die Amplituden der anregenden Kräfte und Momente enthält:

$$\text{Kraft} := \begin{pmatrix} F_o \\ \dfrac{M_o}{r_{ref}} \end{pmatrix} \qquad \text{Kraft} = \begin{pmatrix} 10 \\ 5 \end{pmatrix} N$$

Feld, das die Geometrien für die Wege bzw. Winkel der anregenden Kräfte/Momente enthält:

$$\gamma\_Kraft := \begin{pmatrix} \gamma\_Masse_3 \\ \gamma\_Masse_2 \end{pmatrix} \qquad \gamma\_Kraft = \begin{pmatrix} 0.25 \\ 1.667 \end{pmatrix}$$

Berechnung der Amplitude der generalisierten Kraft:

$$F_g := \sum_{i=1}^{n_F} Kraft_i \cdot \gamma\_Kraft_i \qquad F_g = 10.833N$$

Mit der Berechnung von m_g, c_g, d_g und F_g ist die Aufgabe auf den bekannten Schwinger mit einem Freiheitsgrad zurückgeführt (siehe Aufgabe 7.2).

Es kann der Berechnungsteil von Aufgabe 7.2 wiederum direkt übernommen werden, wenn folgende Umbenennung durchgeführt wird:

$$masse := m_g \qquad c := c_g \qquad d := d_g \qquad F_o := F_g$$

Es folgt der Teil "allgemeine Berechnung der Schwingung" entsprechend der Lösung der Aufgabe 7.2, der wiederum hier weggelassen wird.

Rückbenennung der Parameter entsprechend der Aufgabenstellung 7.5:

$$x_1(t) := x(t) \qquad x_{1D} := x_D$$

Amplitude der Dauerlösung für die Verschiebung der Masse 1: $x_{1D} = 149.455mm$

Berechnung der Amplituden der Dauerlösungen für die übrigen Verrückungen:

Drehung der Rolle 2: $\phi_{2D} := x_{1D} \cdot \gamma\_Masse_2 \cdot \frac{1}{r_{ref}}$ $\qquad \phi_{2D} = 14.272Grad$

Verschiebung des Schwerpunktes der Walze 3: $x_{S3D} := x_{1D} \cdot \gamma\_Masse_3$ $\qquad x_{S3D} = 37.364mm$

Drehung der Walze 3: $\phi_{3D} := x_{1D} \cdot \gamma\_Masse_4 \cdot \frac{1}{r_{ref}}$ $\qquad \phi_{3D} = 10.704Grad$

Darstellung des Verlaufs der Schwingung von Körper 1 im Zeitfenster $t := 0s, 0.01s .. 30s$

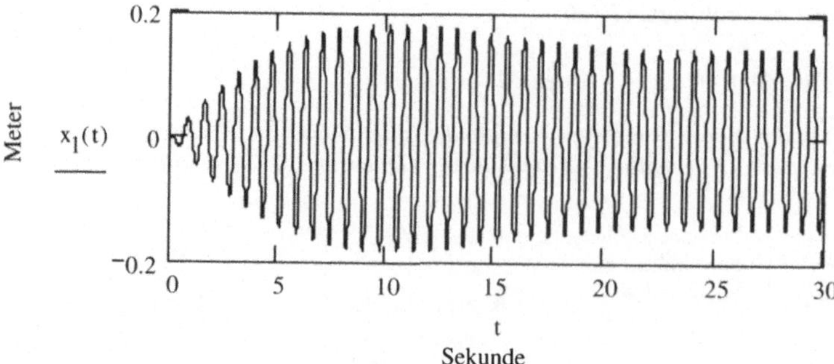

Lösung der Aufgabe 7.5 mithilfe von Matlab

Matlab m-Files für die Aufgabe 7.5

```
% Aufgabe 7.5
% Rolle, Walze, Masse mit Feder, Daempfer und Kraftanregung
m1=5; m2=20; m3=15;           % kg
c1=1000; c2=500;              % N/m
d1=4; d2=5;                   % Ns/m
rref=1; r2=0.3; r3=0.2;       % m
R2=0.6;                       % m
F0=10;                        % N
M0=5;                         % Nm
fE=1.3;                       % Hz
% generalisierte Masse mg
nm=4;              % Anzahl der Verrueckungen
J2=m2*R2^2/2;      % MTM der Masse 1 (Rolle)
J3=m3*r3^2/2;      % MTM der Masse 3 (Walze)
m=[m1; J2/rref^2; m3; J3/rref^2] % Massenträgheiten
gam_m=[1; rref/R2; r2/(R2*2);r2*rref/(R2*2*r3)]
mg=sum(m.*gam_m.^2)
% generalisierte Steifigkeit cg
nc=2                   % Anzahl der genaralisierten Steifgkeiten
c=[c1;c2]              % Spaltenmatrix der Federsteifigkeiten
gam_c=[1; gam_m(3)] % Geometriefaktoren der Federwege
cg=sum(c.*gam_c.^2) % genaralisierte Steifigkeit
% genaralisierte Daempfung dg
nd=2
d=[d1;d2]
gam_d=[1; gam_m(3)]
dg=sum(d.*gam_d.^2)
% generalisierte Kraft Fg
nF=2
F=[F0; M0/rref]
gam_F=[gam_m(3); gam_m(2)]
Fg=F'*gam_F
% Umbenennung zur Nutzung des Skripts aus Aufgabe 7.2
m=mg; d=dg; c=cg ;F0=Fg;
% Ermittlung der abängigen Größen
```

Es folgt der Teil "allgemeine Berechnung der Schwingung" entsprechend der Lösung der Aufgabe 7.2, der wiederum hier weggelassen wird.

```
x1ver=x(tver,D,om0,om,A,B,xD,Om,eps); % Verlauf von x1
plot(tver,x1ver);
xlabel('t / s'); ylabel('x_1(t)');
x1D=xD                        % Weg-Amplitude, eingeschwungenen
phi2D=x1D*gam_m(2)/rref       % Winkelamplitude, eingeschw.
xS3D=x1D*gam_m(3)             % Weg-Amplitude, eingeschwungenen
phi3D=x1D*gam_m(4)/rref       % Winkelamplitude, eingeschw.
% Ende Aufgabe 7.5
```

Ausgabe im Matlab „Command Window“ ohne Leerzeilen und Spaltenmatrizen als Zeilenmatrizen ausgedruckt

```
m =         5.0000    3.6000   15.0000    0.3000
gam_m =     1.0000    1.6667    0.2500    1.2500
mg =       16.4063
nc =        2
c =      1000         500
gam_c =     1.0000    0.2500
cg =        1.0313e+003
nd =        2
d =         4     5
gam_d =     1.0000    0.2500
dg =        4.3125
nF =        2
F =        10     5
gam_F =     0.2500    1.6667
Fg =       10.8333
Om =        8.1681
om0 =       7.9282
f0 =        1.2618
D =         0.0166
om =        7.9272
f =         1.2616
etha =      1.0303
xst =       0.0105
Vdyn =     14.2270
xD =        0.1495
eps =      -0.4949
A =        -0.0710
B =        -0.1355
x1D =       0.1495
phi2D =     0.2491
```

```
xS3D =      0.0374
phi3D =     0.1868
```

Diagramm des Schwingungsverlaufs siehe Mathcad-Lösung.

Lösung der Aufgabe 7.5 mithilfe von Maple

```
> restart;
  m1:=5; m2:=20; m3:=15;
  r2:=0.3; r3:=0.2;R2:=0.6;
  c1:=1000; c2:=500;
  d1:=4; d2:=5;
  F0:=10; M0:=5; fE:=1.3;
```

$$m1 := 5 \quad m2 := 20 \quad m3 := 15$$

$$r2 := 0.3 \quad r3 := 0.2 \quad R2 := 0.6$$

$$c1 := 1000 \quad c2 := 500$$

$$d1 := 4 \quad d2 := 5$$

$$F0 := 10 \quad M0 := 5 \quad fE := 1.3$$

Ermittlung der generalisierten Masse:

Anzahl der Verrückungen:

```
> nm:=4;
```

$$nm := 4$$

Massenträgheitsmoment:

```
> J2:=1/2*m2*R2^2; J3:=1/2*m3*r3^2;
```

$$J2 := 3.600000000$$

$$J3 := 0.3000000000$$

Datenfelder (arrays) für Massen und Geometrien:

```
> Mass:=<m1, J2, m3, J3>; gamma_Masse:=<1, 1/R2, r2/(2*R2), r2/(R2*2*r3)>;
```

$$Mass := \begin{bmatrix} 5 \\ 3.600000000 \\ 15 \\ 0.3000000000 \end{bmatrix} \quad gamma\_Masse := \begin{bmatrix} 1 \\ 1.666666667 \\ 0.2500000000 \\ 1.250000000 \end{bmatrix}$$

Berechnung der generalisierten Masse:

```
> mg:=sum('Mass[i]*(gamma_Masse[i])^2','i'=1..nm);
```

$$mg := 16.40625000$$

Vorgehen zur Berechnung der generalisierten Steifigkeit:

Anzahl der Federn:

```
> nc:=2;
```

$$nc := 2$$

Datenfelder (arrays) für Federsteifigkeiten und Geometrien der Federwege:

```
> Feder:=<c1, c2>; gamma_Feder:=<1, gamma_Masse[3]>;
```

$$Feder := \begin{bmatrix} 1000 \\ 500 \end{bmatrix} \quad gamma\_Feder := \begin{bmatrix} 1 \\ 0.2500000000 \end{bmatrix}$$

Berechnung der generalisierten Steifigkeit:

```
> cg:=sum('Feder[i]*(gamma_Feder[i])^2','i'=1..nc);
```

$$cg := 1031.250000$$

Vorgehen zur Berechnung der generalisierten Dämpfung:
Anzahl der Dämpfer:

```
> nd:=2;
```

$$nd := 2$$

Datenfelder (arrays) für Dämpfungskonstanten und Geometrien:

```
> Daempfer:=<d1, d2>; gamma_Daempfer:=<1, gamma_Masse[3]>;
```

$$Daempfer := \begin{bmatrix} 4 \\ 5 \end{bmatrix} \quad gamma\_Daempfer := \begin{bmatrix} 1 \\ 0.2500000000 \end{bmatrix}$$

Berechnung der generalisierten Dämpferkonstante:

```
> dg:=sum('Daempfer[i]*(gamma_Daempfer[i])^2','i'=1..nd);
```

$$dg := 4.312500000$$

Vorgehen zur Berechnung der generalisierten Kraft:

Anzahl der anregenden Kräfte/Momente:

```
> nF:=2;
```

$$nF := 2$$

Datenfelder (arrays) für Amplituden und Geometrien:

```
> Kraft:=<F0, M0>; gamma_Kraft:=<gamma_Masse[3], gamma_Masse[2]>;
```

$$Kraft := \begin{bmatrix} 10 \\ 5 \end{bmatrix} \quad gamma\_Kraft := \begin{bmatrix} 0.2500000000 \\ 1.666666667 \end{bmatrix}$$

Berechnung der Amplitude der generalisierten Kraft:

```
> Fg:=sum('Kraft[i]*gamma_Kraft[i]','i'=1..nF);
```

$$Fg := 10.83333334$$

Mit der Berechnung von mg, cg, dg und Fg ist die Aufgabe auf den bekannten Schwinger mit einem Freiheitsgrad zurückgeführt (siehe Aufgabe 7.2).Es kann der Berechnungsteil von Auf-

gabe 7.2 wiederum direkt übernommen werden, wenn folgende Umbenennung durchgeführt wird:

```
> masse:=mg; d:=dg; c:=cg; F0:=Fg;
```

$$masse := 16.40625000 \quad d := 4.312500000$$

$$c := 1031.250000 \quad F0 := 10.83333334$$

Es folgt der Teil "allgemeine Berechnung der Schwingung" entsprechend der Lösung der Aufgabe 7.2, der wiederum hier weggelassen wird.

Rückbenennung der Parameter entsprechend der Aufgabenstellung 7.4:

```
> x1(t):=x(t):
```

Amplitude der Dauerlösung für die Verschiebung der Masse 1:

```
> x1D:=xD;
  evalf(convert( x1D, 'units', 'm', 'mm' )); #Maple 9
```

$$x1D := 0.1494553783$$

$$149.4553783$$

Berechnung der Amplituden der Dauerlösungen für die übrigen Verrückungen:

Drehung der Rolle 2:

```
> Phi_2D:=x1D*gamma_Masse[2];
  convert( Phi_2D, 'units', 'rad', 'arcdeg' );
```

$$Phi\_2D := 0.2490922972$$

$$14.27193734$$

Verschiebung des Schwerpunktes der Walze 3:

```
> xS3D:=x1D*gamma_Masse[3];
  evalf(convert( xS3D, 'units', 'm', 'mm' ));
```

$$xS3D := 0.03736384458$$

$$37.36384458$$

Drehung der Walze 3:

```
> Phi_3D:=x1D*gamma_Masse[4];
  convert( Phi_3D, 'units', 'rad', 'arcdeg' );
```

$$Phi\_3D := 0.1868192229$$

$$10.70395300$$

Darstellung des Verlaufs der Schwingung von Körper 1: (Die Ausgabe wird unterdrückt)

```
> plot(x1(t),t=0..30,-0.2..0.2,labels=["t","x1(t)"]):
```

Diagramm des Schwingungsverlaufs siehe Mathcad-Lösung

8 Übungsaufgaben

Die hier aufgeführten Übungsaufgaben sollen den Leser zu selbständigem Arbeiten anregen. Der Lösungsweg wird deshalb nicht mehr angegeben. Die Lösungen sind jedoch zur Kontrolle im Internet verfügbar über www.vieweg.de, dann auf "Sevice für Privatkunden",→Downloads.

8.1 Übungsaufgaben zu Kapitel 1

Übungsaufgabe 1.1

Der skizzierte Rahmen A-B-C-D ist in A eingespannt gelagert. In D greift ein Seil an, das über eine Rolle geführt ist, die in E gelagert ist. Der Radius der Rolle sei vernachlässigbar klein gegenüber den anderen Abmessungen. Am anderen Ende des Seiles ist ein Körper vom Gewicht G = 15 kN befestigt.

Die Koordinaten (in Metern) der Punkte A, D und E sind in Klammern angegeben.

Ermitteln Sie zunächst die Seilkraft als Vektor und anschließend die Auflagerkräfte und Auflagermomente in A.

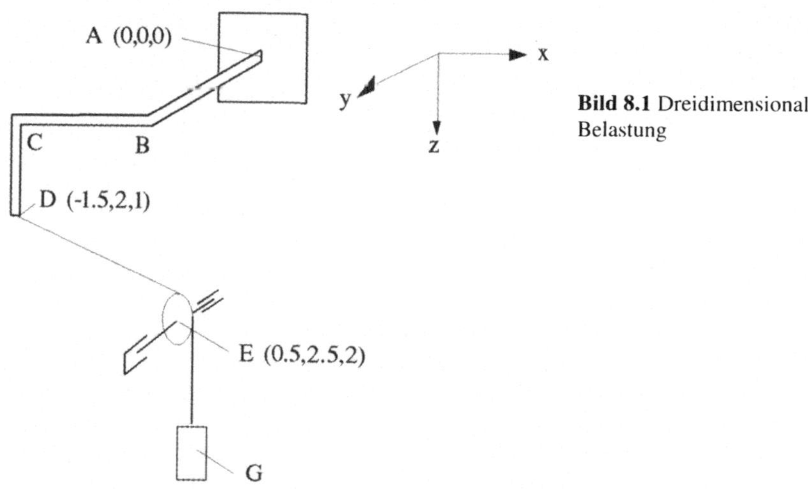

Bild 8.1 Dreidimensionaler Rahmen mit Belastung

Übungsaufgabe 1.2

Die Skizze (Bild 8.2) gibt die Kräfteverhältnisse an einer Welle wieder. F_1 und F_2 sind Kräfte, die über Zahnräder eingeleitet werden. F_1 weist in x-Richtung, F_2 liegt in der x-z-Ebene, der Winkel zwischen F_2 und der x-Achse ist α. R_1 und R_2 sind die Radien der entsprechenden Zahnräder. Die Welle ist an den Enden A und B gelagert, wobei in A alle drei Kraftkomponenten aufgenommen werden können, in B ist ein in y-Richtung verschiebliches Lager angebracht, sodass nur Komponenten in x- und z-Richtung aufgenommen werden können.

Ermitteln Sie unter der Voraussetzung, dass F_1 gegeben ist, die Zahnradkraft F_2 und die Auflagerkräfte.

Zahlenwerte: $F_1 = 10$ kN, $a = b = c = 0.2$m , $R_1 = 0.1$ m, $R_2 = 0.15$ m, $\alpha = 20^\circ$

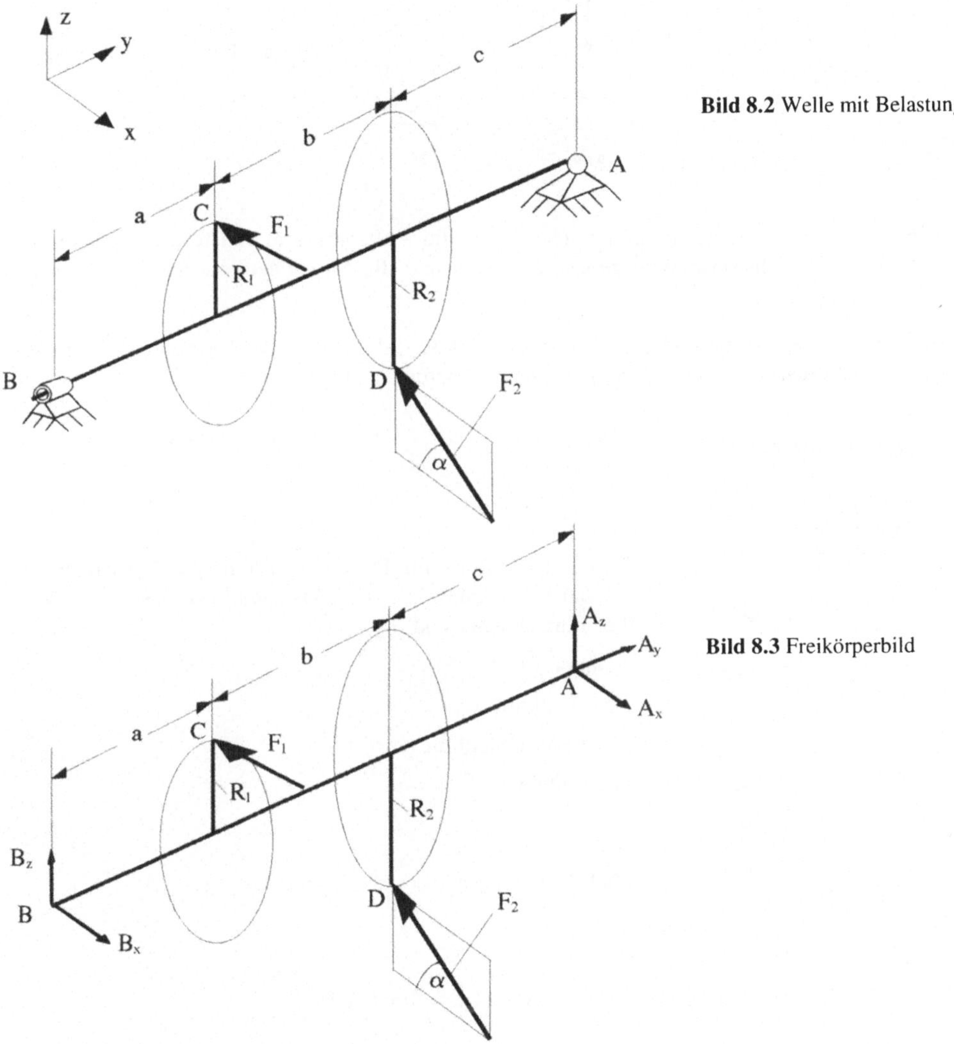

Bild 8.2 Welle mit Belastung

Bild 8.3 Freikörperbild

8.2 Übungsaufgaben zu Kapitel 2

Übungsaufgabe 2.1

Der beidseitig gelenkig gelagerte Balken (Bild 8.4) ist wie skizziert mit zwei Einzellasten und einem Moment belastet.

Es sind die Auflagerkräfte A und B sowie Q- und M-Linie zu ermitteln.

Zahlenwerte: $F_1 = 2$ kN, $F_2 = 5$ kN, $M_o = 6$ kNm, a = 2 m

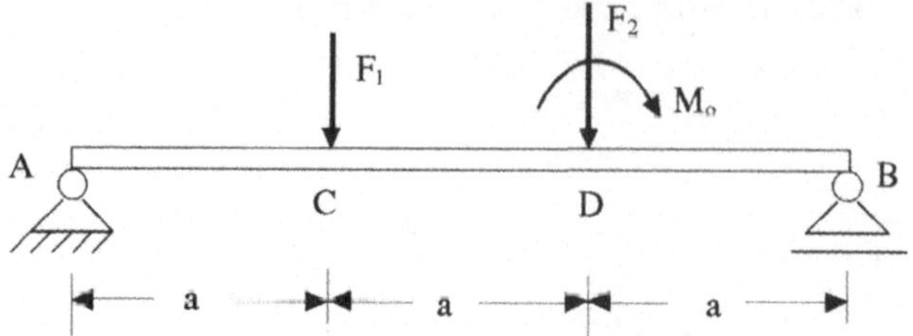

Bild 8.4 Balken mit Belastung

Hinweis: Berechnen Sie auf herkömmliche Weise die Auflagerkräfte und formulieren Sie die Querkraft als bereichsweise vorgegebene Funktion und die Momentenlinie durch Integration der Querkraftlinie.

Überlegen Sie dabei insbesondere, wie das Moment M_o, das sich in der Momentenlinie an der Stelle seiner Einwirkung einen Sprung bewirkt, zu berücksichtigen ist.

Übungsaufgabe 2.2

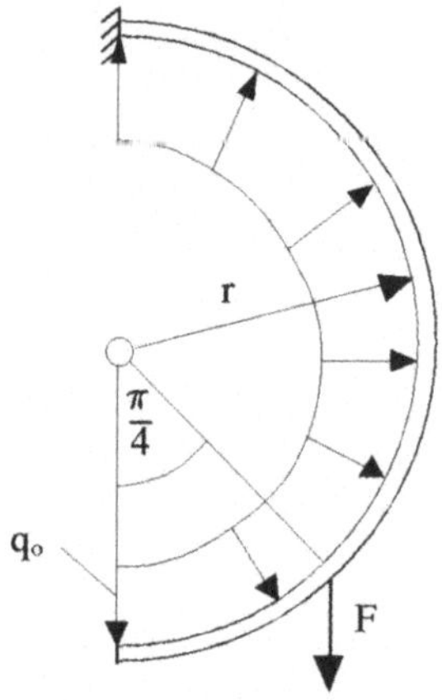

Für den Kreisbogen mit Radius r = 1.5 m unter konstanter radialer Streckenlast $q_o = 1.5$ kN/m und Einzellast F = 2kN (bei Winkel $\pi/4$) sind

- Querkraft-,
- Normalkraft-
- und Momentenlinie

zu ermitteln.

Bild 8.5 Kreisbogen in der Ebene mit Belastung

Hinweis: Es sind zwei Lastfälle in geeigneter Weise zu überlagern

Übungsaufgabe 2.3

Der in B eingespannte Bogen (Bild 8.6) ist in C mit einer vertikalen Einzellast belastet und trägt zusätzlich die konstante Streckenlast q_o.

Ermitteln Sie den Verlauf der Schnittgrößen über den Bogen.

Zahlenwerte: r = 1.5 m, F = 2 kN, $q_o = 2$ kN/m, $\gamma = \pi/4$, $\delta = \pi$

Hinweis: Es sind wiederum zwei Lastfälle in geeigneter Weise zu überlagern.

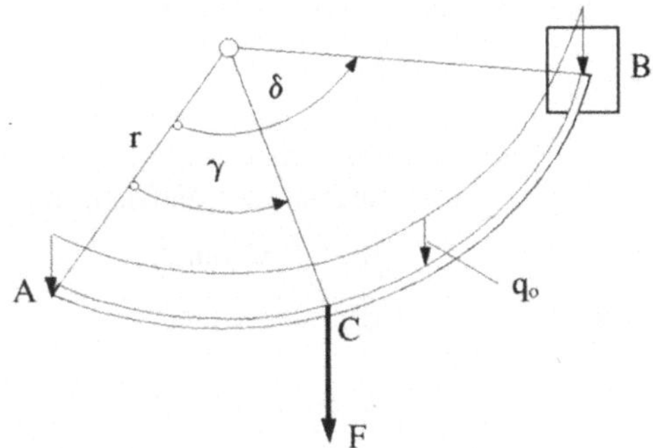

Bild 8.6 Bogen mit Belastung senkrecht zur Bogenebene

8.3 Übungsaufgaben zu Kapitel 3

Übungsaufgabe 3.1

Das skizzierte Profil ist mit $M_y = 400$ Nm belastet.

Ermitteln Sie die maximale Biegespannung und die Stelle, wo sie auftritt.

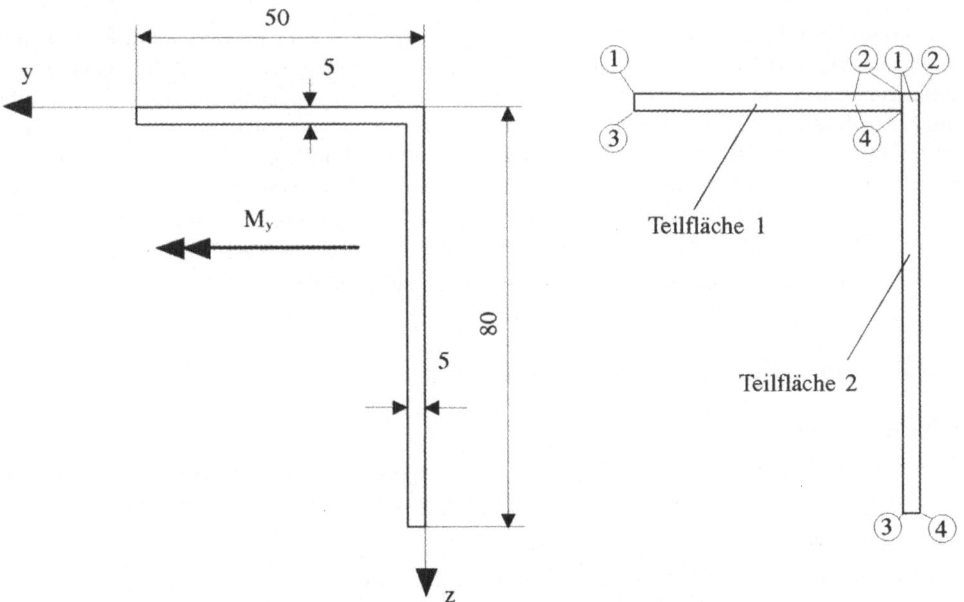

Bild 8.7 Profil mit Belastung

Bild 8.8 Vorschlag für die Zerlegung des Querschnitts in Teilflächen

Übungsaufgabe 3.2

Ein räumlicher Spannungszustand ist durch die auf den Würfel eingezeichneten Spannungen gegeben.

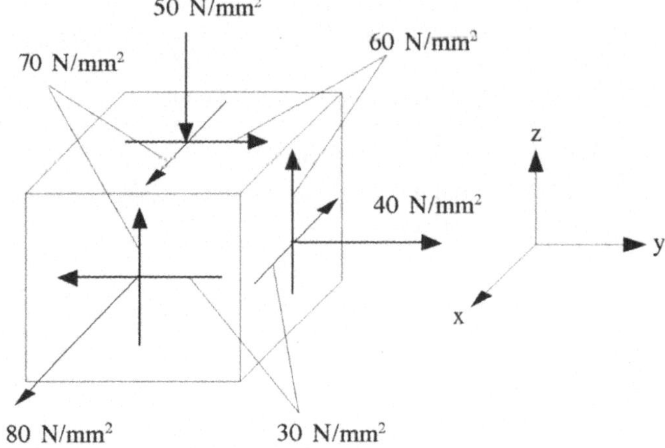

Die Komponenten der Spannungen sind danach:

$\sigma_x = 80$ N/mm²,

$\sigma_y = 40$ N/mm²,

$\sigma_z = -50$ N/mm²,

$\tau_{xy} = -30$ N/mm²,

$\tau_{xz} = 70$ N/mm²,

$\tau_{yz} = 60$ N/mm².

Bild 8.9 Räumlicher Spannungszustand

Anmerkung zur Frage der Vorzeichen: Die Spannungen σ sind positiv, wenn es sich um Zugspannungen handelt. Im vorliegenden Fall ist die Spannung σ_z eine Druckspannung und deshalb negativ. Die Schubspannungen sind durch zwei Indizes gekennzeichnet, der erste gibt die Normalenrichtung der Schnittfläche an, der zweite die Richtung der Spannung. Die Schubspannungen sind positiv, wenn sie am positiven Schnittufer (die Normale weist von der Fläche weg) in die positive Richtung weist, die durch den zweiten Index gekennzeichnet ist. Im vorliegenden Falle weist die Schubspannung τ_{xy} am positiven x-Schnittufer (x-Achse weist vom Würfel weg) in die negative y-Richtung (zweiter Index: y). Sie ist damit negativ.

Für den Spannungszustand sind die Hauptspannungen zu ermitteln.

8.4 Übungsaufgaben zu Kapitel 4

Übungsaufgabe 4.1

Eine Leiter (Bild 8.10) liegt in A an einer senkrechten glatten Wand an und in B an einer um α geneigten rauen Wand (Haftungskoeffizient μ_o). In C (Abstand x vom Punkt B) befindet sich eine Person vom Gewicht G.

Für welchen Winkel β rutscht die Leiter auf der schiefen Ebene nach oben? Ist Rutschen nach unten möglich?

Zahlenwerte: $\alpha = 20^\circ$, $x = 0.75 \cdot L$, $\mu_o = 0.4$

Hinweis: Die Länge L und das Gewicht G können beliebig angenommen werden, da sie nicht in das Ergebnis eingehen. Das Gewicht der Leiter wird vernachlässigt.

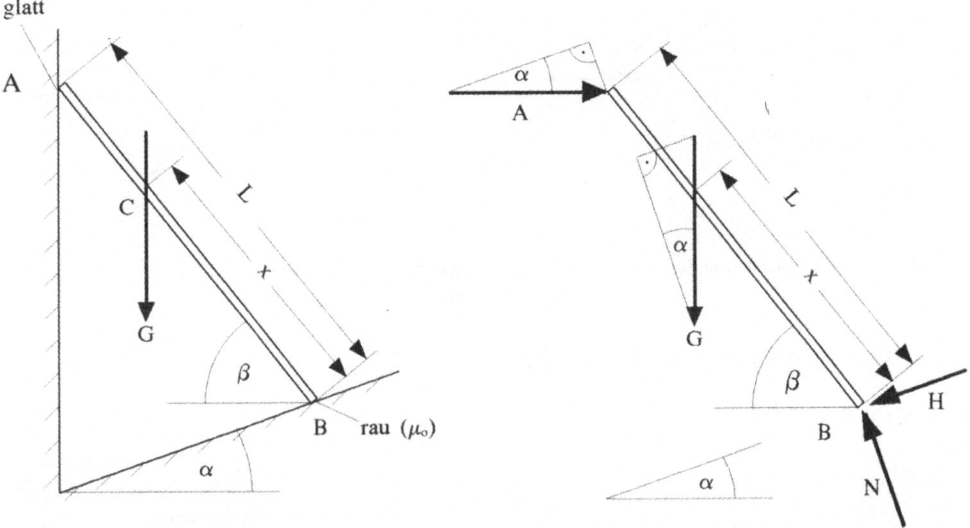

Bild 8.10 Leiter mit Führungsflächen

Bild 8.11 Freikörperbild mit Kräften bei Bewegungstendenz auf der schiefen Ebene nach oben

Im Freikörperbild ist die Haftungskraft H nach unten gerichtet eingezeichnet, dies entspricht einer Bewegungstendenz in B auf der schiefen Ebene nach oben, für die der Grenzfall des Haftens zu ermitteln ist. In einem zweiten Schritt ist anzunehmen, dass in B eine Bewegungstendenz nach unten vorliegt, die Haftungskraft ist dann nach oben gerichtet einzutragen.

Hinweis zur Ermittlung der Kräfte A, N und H:

Es ist zweckmäßig, zunächst A aus der Summe aller Momente um B zu bestimmen, da hierbei die Kräfte N und H nicht in die Gleichgewichtsbedingung eingehen. Danach werden aus dem Kräftegleichgewicht in den entsprechenden Richtungen die Kräfte H und N ermittelt.

Übungsaufgabe 4.2

Für das skizzierte System (Bild 8.12) sind die Grenzwinkel α_{Gr_u} und α_{Gr_o} zu bestimmen, bei der die auf der schiefen Ebene liegende Kiste nach unten bzw. nach oben zu rutschen beginnt. Der Haftungskoeffizient in der Kontaktebene zwischen Kiste und schiefer Ebene ist μ_o.

Zahlenwerte: G = 500 N, F = 250 N, M_o = 100 Nm, r = 0.5 m, μ_o = 0.2

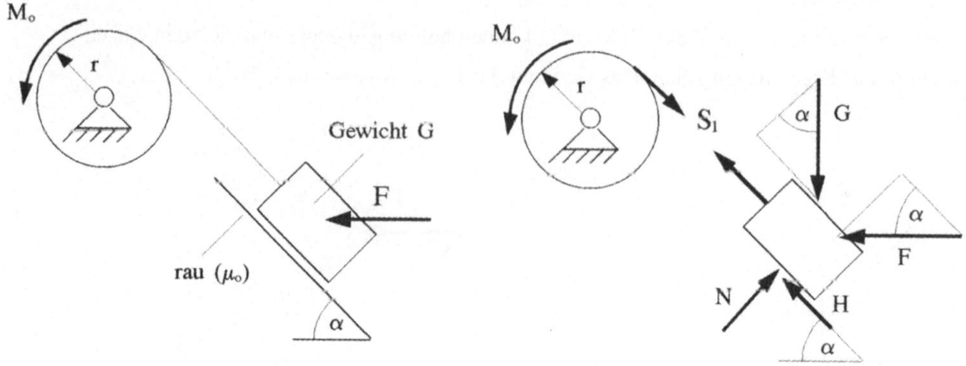

Bild 8.12 System zwischen Haften und Gleiten

Bild 8.13 Freikörperbild bei Rutschtendenz nach unten

8.5 Übungsaufgaben zu Kapitel 5

Übungsaufgabe 5.1

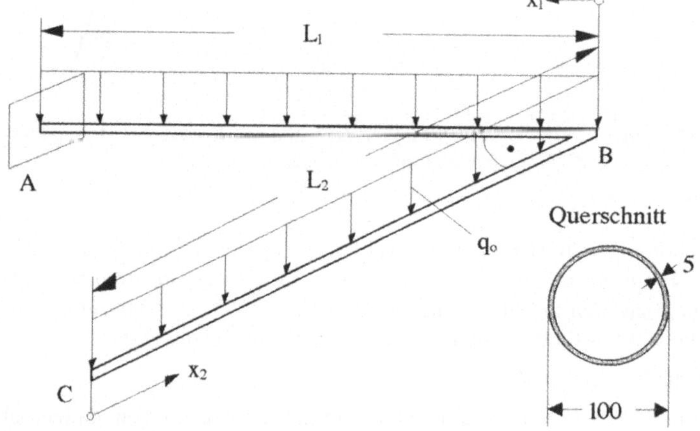

Für den skizzierten Winkelträger (Teile rechtwinklig zueinander) ermittle man die vertikale Verschiebung w_C des Punktes C.

Zahlenwerte:
$E = 210\,000\ N/mm^2$,
$G = 80\,000\ N/mm^2$,
$L_1 = 1.2$ m, $L_2 = 1.4$ m,
$q_o = 0.6$ kN/m

Bild 8.14 Winkelträger mit Belastung

Übungsaufgabe 5.2

Ermitteln Sie für den mit q_o belasteten statisch unbestimmt gelagerten Halbkreisbogen (Bild 8.15)

- die Stabkraft S,
- die Momentenlinie,
- die Absenkung w_B des Punktes B.

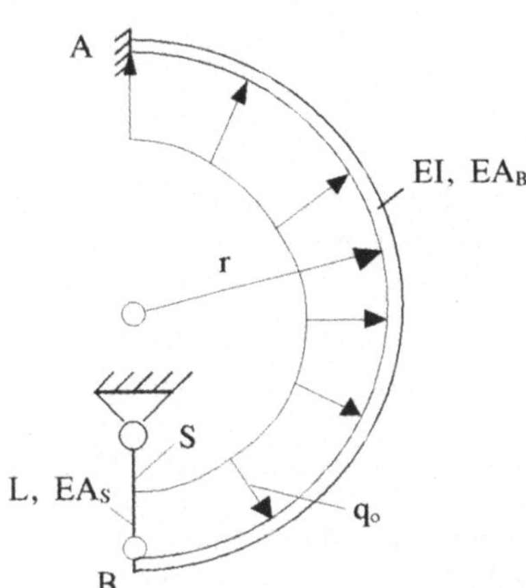

Betrachten Sie dazu zwei Fälle:

Die Normalkraft-Verformung des Bogens wird

a) vernachlässigt,

b) berücksichtigt.

Zahlenwerte: $q_o = 1.5$ kN/m, r = 1.5 m, L = 0.75 m,
E = 210 000 N/mm², I = 691 cm⁴,
$A_B = 34.5$ cm², $A_S = 15$ cm²

Bild 8.15 Statisch unbestimmter Halbkreisbogen

8.6 Übungsaufgaben zu Kapitel 6

Übungsaufgabe 6.1

Ein Stein wird von einem Turm der Höhe h = 20 m unter einem Winkel $\alpha = 30°$ mit der Geschwindigkeit v_o = 30 m/s abgeworfen.

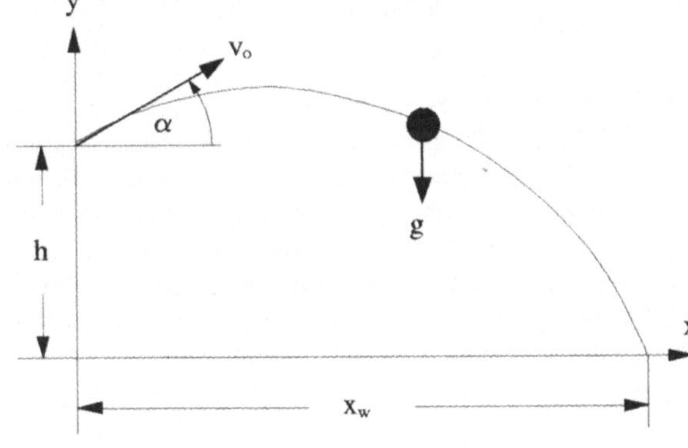

Ermitteln Sie

- die Flugbahn und stellen Sie diese grafisch dar,
- die Zeit t_w bis zum Aufschlag des Steines auf den Boden,
- die Wurfweite x_w.

Hinweis: Der Einfluss des Luftwiderstandes wird vernachlässigt.

Bild 8.16 Schiefer Wurf bei Abwurf von einem Turm aus

Übungsaufgabe 6.2

Die Kurbel AB dreht sich mit konstanter Winkelgeschwindigkeit ω_o (Bild 8.17)

Gesucht sind der Verlauf von Geschwindigkeit und Beschleunigung des Kolbens K in Abhängigkeit von der Zeit für eine Umdrehung. Der Verlauf ist jeweils grafisch darzustellen.

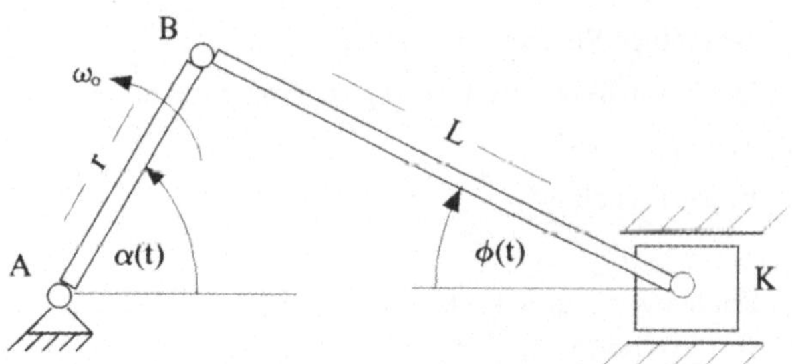

Zahlenwerte: r = 1 m, L = 2 m, $\omega_o = 2\ \pi/s$

Bild 8.17 Kurbeltrieb mit Vorgabe konstanter Winkelgeschwindigkeit für AB

8.7 Übungsaufgaben zu Kapitel 7

Übungsaufgabe 7.1

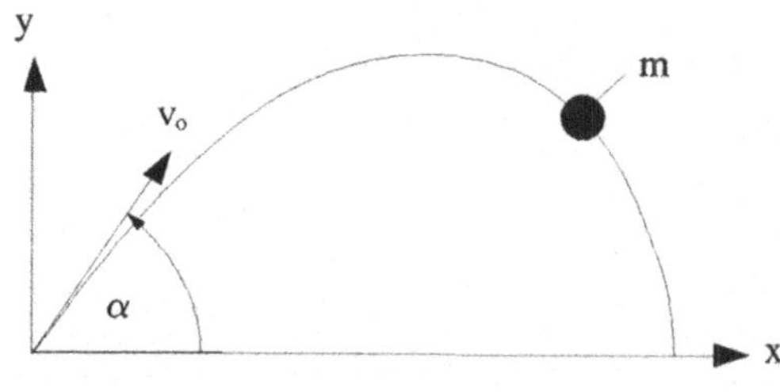

Bild 8.18 Schiefer Wurf mit Luftwiderstand

Ein Stein der Masse m wird unter einem Winkel α mit der Geschwindigkeit v_o abgeworfen.

Ermitteln Sie die Flugbahn unter Berücksichtigung des Luftwiderstandes. Die aus dem Luftwiderstand resultierende Kraft wird als quadratisch zur Geschwindigkeit des Steines angenommen.

Es gelte: $F = \kappa \cdot v^2$.

Zahlenwerte: m = 1 kg, $\alpha = 30^o$, $v_o = 30$ m/s, $\kappa = 0.01\ Ns^2/m^2$

Lösungshinweis: Entwickeln Sie ein Programm, mit dem Sie in Schritten von $\Delta t = 0.01$ s aus der augenblicklichen Geschwindigkeit die Widerstandskraft berechnen, die der Geschwindigkeit entgegen wirkt. Ermitteln Sie aufgrund dieser Kraft und der Gewichtskraft die Beschleunigungen in x - und y- Richtung. Berechnen Sie unter der Annahme, dass im betrachteten Zeitintervall die Widerstandskraft näherungsweise als konstant betrachtet werden kann, den Zuwachs an Geschwindigkeit in x- und y-Richtung, wobei Sie wiederum näherungsweise die Geschwindigkeit als konstant im Zeitintervall annehmen. Setzen Sie dabei als Geschwindigkeit das arithmetische Mittel aus Geschwindigkeit am Anfang und am Ende des Zeitintervalls ein.

Vergleichen Sie für den Fall ohne Luftwiderstand ($\kappa = 0$) die exakte Lösung mit der Lösung des von Ihnen entwickelten Näherungsverfahrens.

Übungsaufgabe 7.2

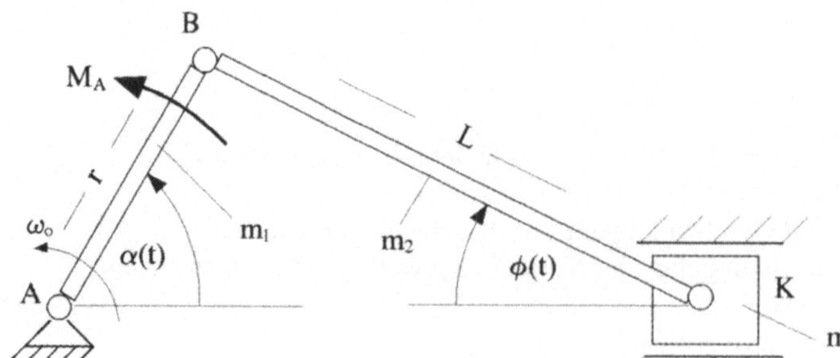

Bild 8.19 Kurbeltrieb mit Antrieb durch veränderliches Moment

Die Kurbel AB (Bild 8.19) dreht sich mit konstanter Winkelgeschwindigkeit ω_0. Gesucht ist das dazu erforderliche Moment M_A in Abhängigkeit von der Zeit für eine Umdrehung.

Zahlenwerte: $r = 1$ m, $L = 2$ m, $\omega_0 = 2\pi$/s, $m_1 = 1$ kg, $m_2 = 2$ kg, $m_K = 5$ kg

Der Verlauf ist über eine Drehung grafisch darzustellen. Die Gewichtskräfte sollen dabei nicht berücksichtigt werden.

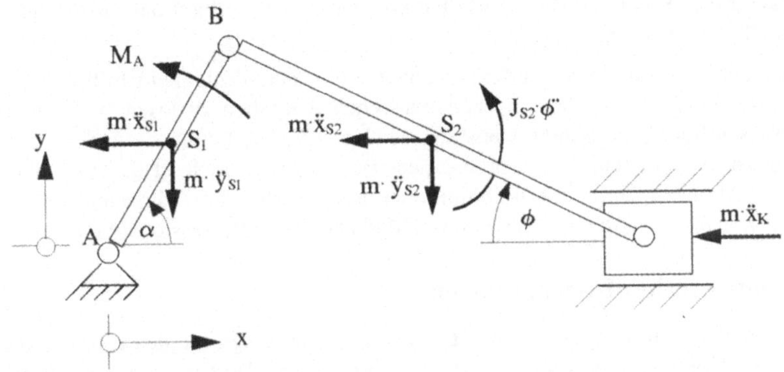

Bild 8.20 Kurbeltrieb mit Antriebsmoment und Trägheitskräften nach d´Alembert

Lösungshinweis: Es wird empfohlen – wie dargestellt – die Trägheitsterme nach d´ Alembert anzubringen und das Gleichgewicht anschließend mit Hilfe des Prinzips der virtuellen Verrükkungen zu formulieren.

Weitere Hinweise: Der d´ Alembert-Term $J_{A1} \cdot \ddot{\alpha}$ entfällt, da sich die Kurbel AB mit konstanter Winkelgeschwindigkeit dreht!

Zur Berechnung der virtuellen Verrückungen sei beispielhaft angegeben: $\delta x_{S1} = \frac{dx_{S1}}{dt} \cdot \delta t$,

damit: $\delta x_{S1} = \dot{x}_{S1} \cdot \delta t$.

9 Einführung in Mathcad

Im Folgenden sollen diejenigen Informationen zum Einsatz von Mathcad gegeben werden, die den Nutzer in die Lage versetzen, die Beispielaufgaben im Text und die Übungsaufgaben des entsprechenden Anhanges zu lösen. Darüber hinaus bietet Mathcad viele weitere Möglichkeiten, die hier aus Platzgründen nicht behandelt werden können. Dazu wird auf das ausführliche Handbuch des Herstellers verwiesen.

Mathcad ist eine Rechensoftware, die insbesondere Ingenieuren und Technikern hilft, die bei der Durchführung Ihrer Projekte anfallenden mathematischen Aufgaben zu lösen. Vorteilhaft ist, dass dabei im Wesentlichen die Schreibweise der Mathematik übernommen werden kann, die Programmierung ist deshalb sehr leicht zu erlernen. Besonders einfach ist das Schreiben von Formeln. Die aus Mathcad stammenden Definitionen usw. werden im Folgenden in Rahmen dargestellt. Alle Beispiele wurden mit der Version Mathcad 2001i Professional berechnet.

Einfügen von erläuternden Kommentaren

In die Lösung der Aufgaben mit Mathcad wurden Kommentare eingefügt, die den Lösungsweg erläutern sollen. Diese Kommentare werden z. B. über **Einfügen, Textbereich** initialisiert. Mathcad schaltet auch automatisch auf Texteingabe um, wenn ein Leerzeichen eingegeben wird. Kommentare werden durch kursive Schreibweise optisch von Mathcad-Anweisungen unterschieden.

Definitionen/Zuweisungen

Mit dem Definitionssymbol := werden Variablen Werte zugewiesen. Die Eingabe des Symbols erfolgt über die Eingabe des Doppelpunktes auf der Tastatur (oder über eine Symbolleiste, auf die später eingegangen wird).

So wird durch Eingabe des Definitionssymbols der Variablen „Masse" der Wert 15kg zugewiesen, durch Eingabe des herkömmlichen Gleichheitszeichens der Wert ausgegeben, den die Variable besitzt:

Masse := 15kg   Masse = 15kg

Dabei muss auf die Reihenfolge geachtet werden, da Mathcad das Arbeitsblatt von oben nach unten abarbeitet und die in einer Zeile stehenden Elemente von links nach rechts. So führt die Änderung der Reihenfolge

Masse = ▮   Masse := 15kg

dazu, dass der Wert für Masse (links) noch nicht ausgegeben werden kann, da die Definition erst „später" (d.h. rechts davon) erfolgt. Mathcad kennzeichnet den Fehler dadurch, dass es den Wert offen lässt, zusätzlich wird die Variable „Masse" mit roter Schrift dargestellt. Klickt man die Variable an, so erläutert Mathcad den Fehler:

Masse = ▪ Masse := 15kg

Diese Variable bzw. Funktion ist oben nicht definiert.

Berücksichtigung der Dimension von Variablen

Es wird unbedingt angeraten, alle verwendeten Parameter mit ihren Dimensionen einzugeben. Mathcad berücksichtigt bei der Berechnung die Dimensionen und bietet so eine große Hilfe bei der Suche von Fehlern. So mancher Fehler lässt sich durch Überprüfung der Dimension des Ergebnisses auffinden.

Es lassen sich auch neue Dimensionen definieren, z. B:

$kN := 1000N$

Die Dimensionen eines Ergebnisses lassen sich ändern. So wird in

$\sigma := 10 \frac{N}{mm^2}$ $\sigma = 1 \times 10^7 Pa$

zunächst die vorher in N/mm^2 definierte Spannung als Ergebnis in Pascal ausgegeben. Will man die Dimension ändern, klickt man das Ergebnis an, und es erscheint rechts von Pa ein schwarzes Quadrat, das man nach Anklicken mit der gewünschten Dimension überschreiben kann. Dabei verschwindet zwischenzeitlich der Zahlenwert, der ja neu berechnet werden muss.

$\sigma = 1 \times 10^7 \cdot Pa$ ▪ ⇒ $\sigma = \blacksquare \frac{N}{mm^2}$ ⇒ $\sigma = 10 \frac{N}{mm^2}$

Symbolleisten

Die Eingabe kann wesentlich vereinfacht werden, indem man die verschiedenen Symbolleisten nutzt, die Mathcad zur Verfügung stellt. Sie können über **Ansicht, Symbolleisten** und die entsprechende Auswahl aktiviert/deaktiviert werden. Dies kann auch über die einzelnen Schaltflächen der Symbolleiste **Rechnen** geschehen. Im Folgenden sind einige der Symbolleisten abgebildet:

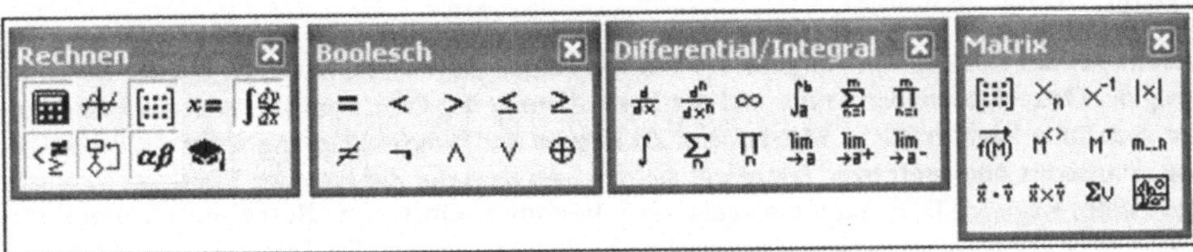

Taschenrechner

sin	cos	tan	ln	log
n!	i	|x|	√	ⁿ√
e^x	$\frac{1}{x}$	( )	x^2	x^Y
π	7	8	9	/
⁞	4	5	6	×
÷	1	2	3	+
:=	.	0	−	=

Symbolik

→	▪→	Modifikator
gleit	komplex	annehm.
auflösen	vereinf.	ersetzen
faktor	entwick.	koeff
sammeln	reihe	teilbruch
fourier	laplace	ztrans
invfourier	invlaplace	invztrans
M^T →	M^{-1} →	|M| →

Griechisch

α	β	γ	δ	ε	ζ	η
θ	ι	κ	λ	μ	ν	ξ
ο	π	ρ	σ	τ	υ	φ
χ	ψ	ω	Α	Β	Γ	Δ
Ε	Ζ	Η	Θ	Ι	Κ	Λ
Μ	Ν	Ξ	Ο	Π	Ρ	Σ
Τ	Υ	Φ	Χ	Ψ	Ω	

So haben wir beispielsweise beim Bilden von mm^2 das Symbol x^2 aus der Symbolleiste **Taschenrechner** benutzt.

Indizes

Hier sind zwei Fälle zu unterscheiden. Handelt es sich um Elemente von Feldern, d. h. Matrizen, Vektoren (Spaltenmatrizen), so ist der Index letzlich immer eine Zahl. Vor der Eingabe des Zahlenindex ist in der Symbolleiste **Matrix** das Symbol x_n anzuklicken. Daneben kann man z. B. eine Kraft F als maximal kennzeichnen, indem man die Bezeichnung F_{max} wählt. Man kann diesen Index als „optisch" bezeichnen, da „max" nur optisch etwas tiefer gesetzt ist. In Mathcad wird diese Art der Indizierung aktiviert, indem man die Taste für den Dezimalpunkt drückt. Diese „optische" Indizierung ist jedoch nur nach einem Buchstaben möglich, da diese Taste nach einer Zahl gedrückt den Dezimalpunkt liefern muss. Auch die Indizierung einer bereits „optisch indizierten" Größe als Feldgröße ist möglich, was bei der Lösung der Aufgaben mehrfach angewendet wurde.

So bezeichnet z. B. S_{v_i} (siehe Aufgabe 5.4) die i-te Komponente eines Feldes, in dem die virtuellen (und deshalb mit „v" indizierten) Stabkräfte zusammengefasst sind. Dabei ist die Reihenfolge der Indizierung - wie dem Beispiel zu entnehmen – einzuhalten: Die Indizierung zur Kennzeichnung der Komponente eines Feldes erfolgt zum Schluss!

Felder

Bereits bei der Lösung von Aufgabe 1.1 werden Felder verwendet, wie z. B. bei der Beschreibung der Ortsvektoren, der Kräfte und der Formulierung des Gleichungssystems zur Ermittlung der gesuchten Lagerkräfte in Matrixform. Zu Beginn der Programmierung sollte unbedingt der sog. Startindex überprüft bzw. festgelegt werden, mit dem die Zählung der Elemente innerhalb des Feldes beginnt. Dies kann entweder über **Rechnen, Optionen, Berechnung, Startindex (ORIGIN)** erfolgen oder über eine entsprechende Anweisung. So legt z. B. die Definition ORIGIN:=1 fest, dass die Zählung der Feldkomponenten mit 1 beginnt (siehe z. B. Beginn der Lösung von Aufgabe 1.1). Für die Definition von Feldern ist es zweckmäßig die Symbolleiste **Matrix** einzusetzen. Als Beispiel sei hier die Definition des Vektors F_B in Aufgabe 1.1 angeführt. Nach Eingabe von F und der „optischen“ Indizierung mit B wird das Definitions-Gleichheitszeichen eingegeben, danach die Matrix in der Symbolleiste **Matrix** angeklickt, im erscheinenden Menü die Zahl der Zeilen mit 3, der Spalten mit 1 angegeben. Nach Bestätigung durch OK erscheint der Vektor mit drei Platzhaltern, die anschließend mit den gültigen Werten überschrieben werden:

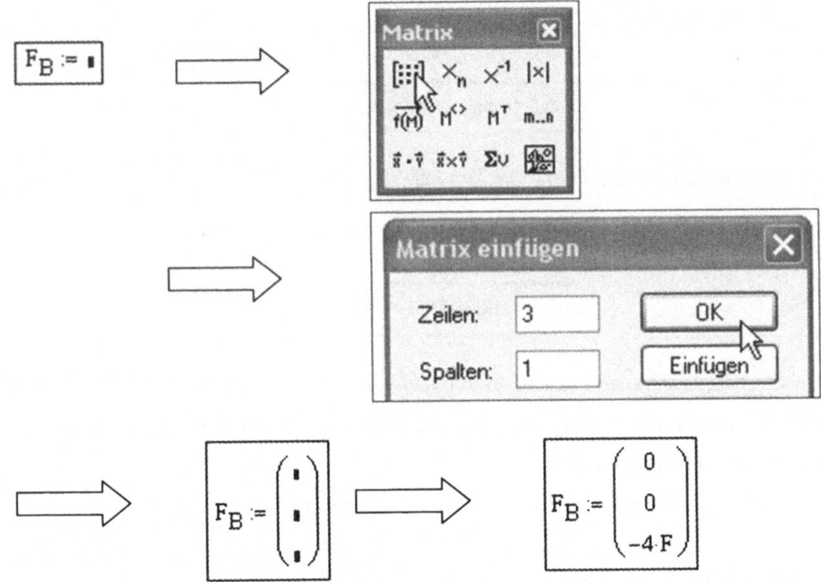

Die Symbolleiste **Matrix** enthält Operatoren, mit denen z. B. Punkt- und Kreuzprodukt von Vektoren gebildet werden können (siehe oben).

So ist in $rs := -(r_{AB} \times F_B + r_{AD} \times F_D + M_C + M_E)$ siehe Aufg. (1.1) das Operatorzeichen „x“ für das Vektorprodukt nach Eingabe von r_{AB} bzw. r_{AD} durch Anklicken des entsprechenden Symbols in der Symbolleiste **Matrix** eingefügt worden.

Verwendung von vordefinierten Funktionen, Prozeduren

Mathcad bietet eine Vielzahl von Funktionen an, von denen hier nur einige aufgeführt werden, die bei der Lösung der Aufgaben verwendet wurden:

- erweitern(A,B) : Matrizen oder Vektoren A, B mit gleicher Zahl der Zeilen werden in einer Matrix angeordnet.

  Beispiel aus Aufg. 1.1: $Smatr := erweitern(r_{AG} \times S_{4E}, r_{AH} \times S_{5E}, r_{AH} \times S_{6E})$

  Es wird die Matrix des Gleichungssystems aus den drei Vektoren zusammengesetzt, die sich aus den entsprechenden Vektorprodukten ergeben.

- llösen(M,v): Bestimmung des Lösungsvektors x, so dass $M \cdot x = v$.

  Beispiel aus Aufg. 1.1: $x := \text{llösen}(Smatr, rs)$

  Es werden die Auflagerkräfte (Komponenten von x) aus der Matrix des Gleichungssystems Smatr und der rechten Seite rs ermittelt.

- eigenwerte(M): Berechnung der Eigenwerte der Matrix M.

  Beispiel aus Aufgabe 3.3: $\sigma_H := \text{eigenwerte}(\sigma_{xy})$

  Es werden die Hauptspannungen σ_H des Tensors σ_{xy} ermittelt.

- eigenvektoren(M): Es werden die Eigenvektoren der Matrix M ermittelt.

  Beispiel aus Aufgabe 3.3: $e_{\xi\eta} := \text{eigenvektoren}(\sigma_{xy})$

  Es werden die Hauptrichtungen des Spannungstensors σ_{xy} ermittelt, dargestellt als Vektoren, wobei die entsprechenden Spalten der Matrix $e_{\xi\eta}$ den Vektoren entsprechen, die in die Richtung der Hauptspannungen weisen.

- wurzel(ausdr,var): Bestimmung der Nullstelle eines Ausdruckes (einer Funktion).

  Beispiel aus Aufg. 4.2: $\beta_{Gr\_o1} := \text{wurzel}(f(\beta), \beta, 0.5, 0.6)$

  Ermittlung des Grenzwinkels β_{Gr_o1} als Argument der Funktion $f(\beta)$. Dabei sind 0.5 und 0.6 Werte für β, für welche die Funktionswerte $f(\beta)$ (in der Nähe der gesuchten Nullstelle) unterschiedliches Vorzeichen haben, so dass die gesuchte Nullstelle zwischen diesen beiden β-Werten liegen muss.

Programmierung

Mathcad bietet über die Symbolleiste **Programmieren** ein sehr einfach zu handhabendes Werkzeug, das mehrfach zur Lösung von Aufgaben herangezogen wurde. Es sollen hier nur zwei Beispiele für deren Anwendung aufgeführt werden.

So wurde z.B. in Aufgabe 2.2 die Streckenlast q(x) bereichsweise definiert, die dann als **eine** Funktion für die weitere Behandlung der Aufgabe betrachtet werden kann.

Beispiel aus Aufgabe 2.2:

$$q(x) := \begin{array}{|l} q_0 \ \text{if} \ x \le a \\ \left(q_0 + q_1 \cdot \dfrac{x-a}{L-a}\right) \ \text{if} \ x > a \end{array}$$

Zur Programmierung der Funktion:

Nach Eingabe des Definitions-Gleichheitszeichens wird in der Symbolleiste **Programmieren** der Befehl **+1 Zeile** angeklickt. Danach erscheint ein senkrechter Balken mit zwei schwarzen Quadraten als Platzhalter. Diese werden mit den beiden Anweisungen überschrieben, wobei das **if** der bedingten Anweisung durch Anklicken des entsprechenden Feldes in der Symbolleiste **Programmieren** erfolgt. Die wesentlichen Schritte sind im Folgenden in der entsprechenden Reihenfolge dargestellt:

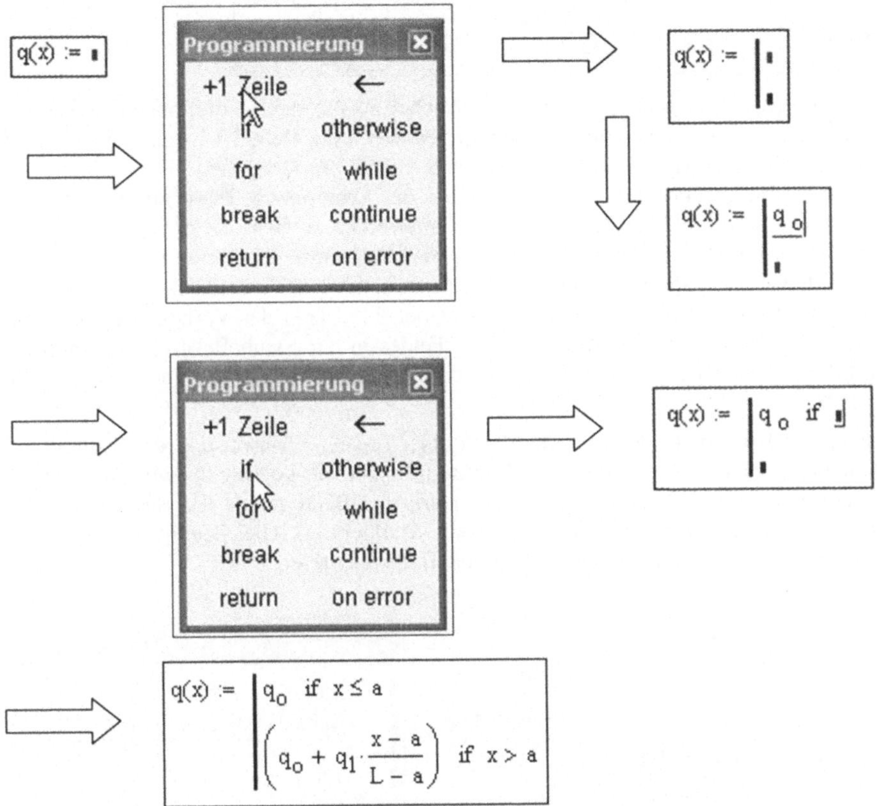

Anmerkung: Das „≤" Zeichen wird aus der Symbolleiste **Boolesch** importiert.

Als zweites Beispiel soll das Programm zur Ermittlung der Schwerpunktskoordinaten aus Aufgabe 3.1 angeführt werden, wobei nicht mehr alle Schritte optisch dargestellt werden.

$$
yzs(yz) := \left| \begin{array}{l} \text{for } i \in 1..n \\ \quad \left| \begin{array}{l} s \leftarrow \sum_{j=1}^{4} yz_{i,j} \\ yzs_i \leftarrow \frac{s}{4} \end{array} \right. \\ yzs \end{array} \right.
$$

Aufgabe des Programms ist es, die Koordinate y oder z des Schwerpunktes eines Rechteckes zu ermitteln. Es handelt sich um eine Prozedur mit dem Argument yz, einem doppelt indizierten Feld, das entweder die y oder die z- Koordinaten der Eckpunkte des Rechteckes enthält. Der erste Index (i) kennzeichnet das betrachtete Rechteck, der zweite

Index (j = 1..4) die Eckpunkte. Die Koordinate des Schwerpunktes ergibt sich als das arithmetische Mittel der Koordinaten aller Eckpunkte.

Die letzte Zeile gibt an, dass mit yzs die Koordinate des Schwerpunktes ausgegeben wird, die einfach indiziert ist, wobei der Index i wiederum die Zugehörigkeit zum Rechteck kennzeichnet. Der folgende Ausschnitt aus Mathcad zeigt den Aufruf der Prozedur zur Berechnung der y- und z- Koordinaten der Schwerpunkte für ein Profil, das offensichtlich aus zwei Rechtecken zusammengesetzt ist (Details: siehe Aufgabe 3.1)

$$y_s := yzs(y) \qquad z_s := yzs(z) \qquad y_s = \begin{pmatrix}20\\15\end{pmatrix} mm \qquad z_s = \begin{pmatrix}30\\22.5\end{pmatrix} mm$$

Hinweise zur Programmierung der Prozedur: Nach Eingabe des Definitions-Gleichheitszeichens wird wiederum in der Symbolleiste **Programmieren** der Befehl **+1 Zeile** angeklickt. Es erscheint der senkrechte Balken mit zunächst zwei schwarzen Quadraten als Platzhalter. Das obere Quadrat wird angeklickt und danach **for** aus der Symbolleiste **Programmieren** importiert. Die in der ersten Zeile erscheinenden Platzhalter durch „i" bzw. „1..n" zu überschreiben, wobei die beiden Punkte „.." durch Drücken der Semikolontaste der Tastatur erzeugt werden! Mit dem Anklicken von **for** wurde gleichzeitig eine Zeile eingerückt, in der die Summen (s) der vier Koordinaten ermittelt wird. Dabei wird über den Pfeil (←) der Variablen s die Summe zugewiesen. Der Pfeil wird über Anklicken des Feldes in der Symbolleiste **Programmieren** importiert. Ein Gleichheitszeichen als Zeichen für eine Zuweisung gibt es innerhalb eines Programms nicht!

Anschließend soll innerhalb der for-Schleife in einer separaten Zuweisung das arithmetische Mittel gebildet werden. Die erforderliche Zusatzzeile innerhalb des Blocks wird über den Befehl **+1 Zeile** erzeugt, wobei vorher ggf. durch mehrfaches Betätigen der Leertaste, die darüber liegende Zeile vollständig markiert ist (Haken als Markierung). Gleichzeitig wird der Block innerhalb der for-Schleife durch einen senkrechten Balken markiert.

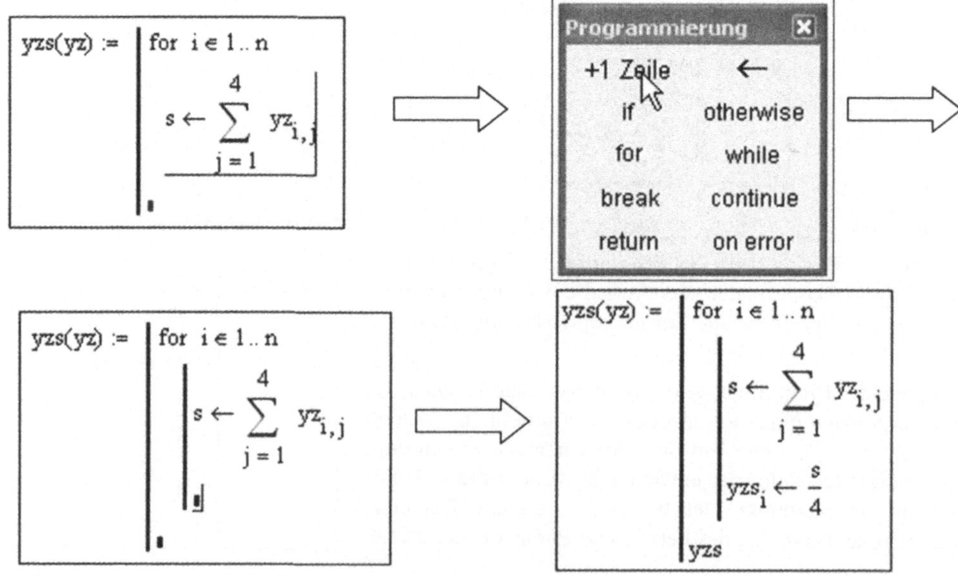

Diagramme

Mit Mathcad lassen sich sehr einfach Ergebnisse grafisch darstellen.

Es gibt mehrere Wege, das Tool zu aktivieren. Soll ein x-y-Diagramm dargestellt werden (siehe das abgebildete Beispiel aus Aufgabe 4.1), so kann dies z. B. über **Einfügen, Diagramm, x-y-Diagramm** geschehen. Danach erscheint ein Fenster mit zwei Platzhaltern für die Bezeichnung der Abszisse und der Ordinate, die im konkreten Fall mit α für die Abszisse und $H(\alpha)$ und $H_{max}(\alpha)$ für die Ordinate überschrieben werden. Dabei ist nach $H(\alpha)$ ein Komma einzugeben, damit mit $H_{max}(\alpha)$ die zweite Kurve benannt werden kann, die dargestellt werden soll.

Die Grafik kann formatiert werden, wobei z. B. die Darstellung der Kurven in unterschiedlichen Farben und Strichstärken erfolgen kann. Auch die Angabe von Dimensionen (Radiant, Newton) kann auf diese Weise vorgegeben werden (siehe nebenstehendes Diagramm). Das **Format**-Menü ruft man am einfachsten auf, indem man die Grafik mit der rechten Maustaste anklickt und dann die entsprechende Zeile.

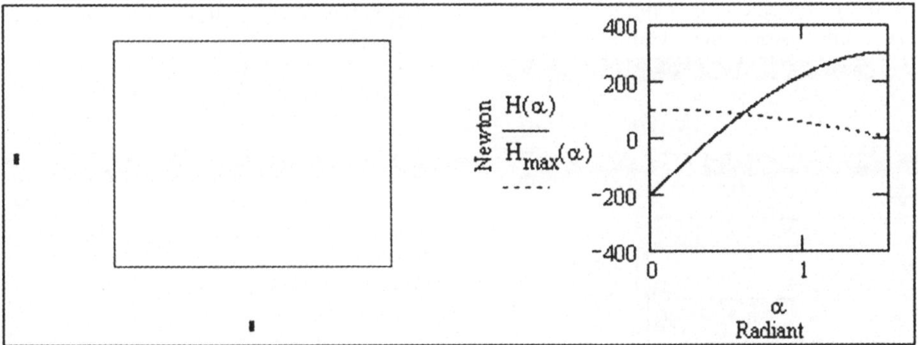

Abschließende Bemerkungen

Diese knappen Informationen können nur einen kleinen Ausschnitt der Möglichkeiten wiedergeben, die das Programm Mathcad für den Anwender bereitstellt. Diese Informationen sollten jedoch dem Anfänger genügen, die im Text wiedergegebenen Mathcad-Lösungen der Aufgaben nachzuvollziehen. Dabei sind die einzelnen Schritte, die im allgemeinen Lösungsweg systematisch zusammengestellt wurden, in aufeinanderfolgende Mathcad-Anweisungen bzw. Programme umgesetzt. Da dies eine Fehlerquelle für den Anfänger ist, sei noch einmal darauf hingewiesen, dass Mathcad das Arbeitsblatt von oben nach unten und innerhalb einer Zeile von links nach rechts abarbeitet und dass dies bei der Platzierung logisch aufeinanderfolgender Anweisungen unbedingt zu berücksichtigen ist!

10 Einführung in Matlab

Wie im Abschnitt zu Mathcad wird auch hier nur eine kurze Einführung in die Bedienung von Matlab anhand der Version 6.5 gegeben. Die Arbeitsweise von Matlab wird mithilfe von Beispielen erläutert.

Bei MATLAB (MATrix-LABoratoy) handelt es sich um eine umfangreiche Software zur Lösung mathematischer Probleme, in deren Fokus die Matrizenalgebra und –analysis steht. Matlab ist eine Programmiersprache mit Werkzeugen zur Datenvisualisierung, welche nicht nur im Batchbetrieb sondern auch interpretierend Zeile für Zeile im Dialogbetrieb genutzt werden kann. Aufgrund seiner Programmierspacheneigenschaft lässt sich ein Matlab-Skript nicht immer leicht lesen, insbesondere im Falle komplexer mathematischer Ausdrücke. Andererseits brauchen nur für spezielle Ausgaben Formatierungsregeln erlernt werden, so dass man ohne Einarbeitung sehr schnell Ergebnisse erzielen kann.
Matlab 6.5 bietet eine Arbeitsumgebung mit den Fenstern „Command Window", „Workspace" bzw. „Current History" und „Command History" (siehe unten).

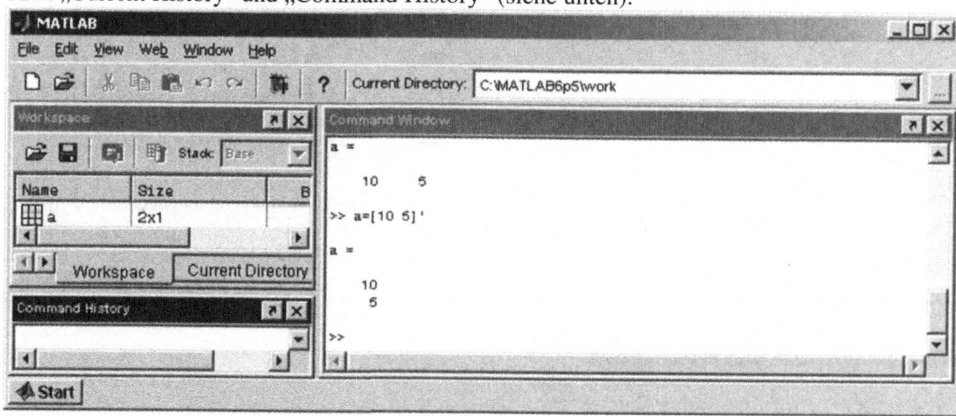

Matlab 6.5 Arbeitsumgebung

Im Command Window werden eingegebene Befehle und ihre Ergebnisse oder Folgen angezeigt.
Weiterhin können in einem Editorfenster Matlab-Befehlsabfolgen in Form von einfachen Textdateien bearbeitet und sehr komfortabel auf Fehler untersucht werden (siehe unten).

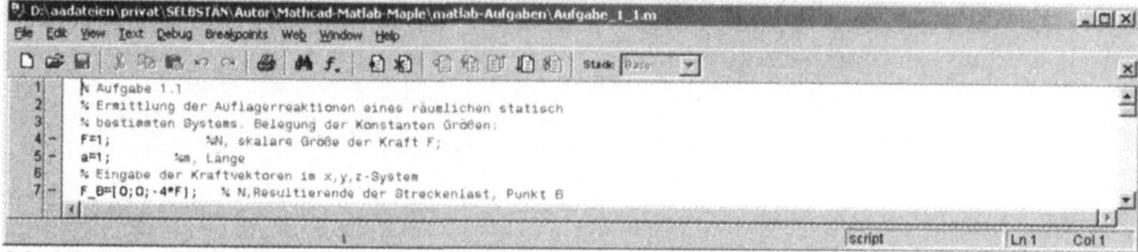

Matlab 6.5 m-File-Editor

Die Matlab-Skripte werden in Textdateien mit der Endung .m gespeichert. Beim erstmaligen „Run“ werden sie compiliert und können somit in akzeptabler Zeit auch umfgangreichere Berechnungen mit großen Matrizen ausführen.
Beachtet werden muss, dass im aktuellen Workspace die selbst definierten Funktions- oder Variablennamen die vom Programm vorgegebenen Namen überschreiben. Damit Skript-Dateien (m-Files) oder Variablen aus anderen Arbeitsbereichen genutzt werden können, müssen diese zunächst in den aktuellen Arbeitsbereich geladen oder der Pfad zu dem entsprechenden Verzeichnis bekanntgemacht werden. In der Version 6.5 gibt es hierzu eine Benutzerführung.
Zu jeder Matlab-Funktion erhält man durch Voranstellen des Wortes „help“ eine ausführliche Beschreibung der entsprechenden Funktion im Command Window (siehe unten). Es steht jedoch auch ein zusätzliches Helpdesk zur Verfügung. Von selbst in m-Files geschrieben Funktionen, die in den Arbeitsbereich geladen wurden, wird beim help-Aufruf der erste Text-Block ausgegeben. Texte und Kommentare sind hinter dem erstmalig in einer Zeile vorkommenden %-Zeichen zu setzen.

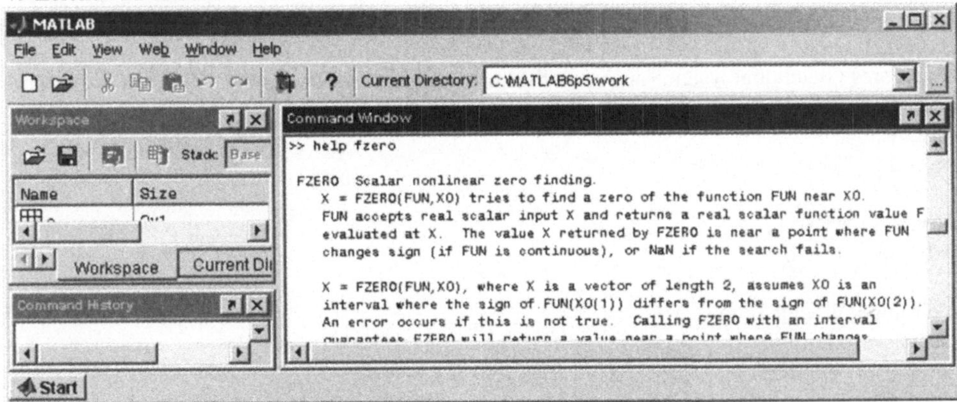

help fzero: Beschreibung der Funktion fzero

In diesem Buch wurden für die Lösungen der Aufgaben mit Matlab ausschließlich numerische Methoden bzw. Funktionen angewandt. Das symbolische Lösen von mathematischen Gleichungen kann mithilfe der „Symbolic Math Toolbox“ erledigt werden, die aber nicht im einfachen Lieferumfang inbegriffen ist. In der „Student Edition“ ist sie allerdings neben einer Reihe anderer Toolboxen enthalten.

Bevor nun einige wichtige Funktionen beschrieben werden, soll noch erwähnt werden, dass Matlab Klein- und Großbuchstaben unterscheidet.
Alle Variablen sind Matrizen, wenn auch häufig 1x1-Matrizen. Somit sind nahezu alle elementaren Operationen oder Funktionen vektorwertig (matrizenwertig):

```
a=[1   2   3;   4   5   6]
a =
   1   2   3
   4   5   6
>> sin (a)
ans =
   0.8415   0.9093   0.1411
  -0.7568  -0.9589  -0.2794
```

```
>> b=[ 3; 1; 0.1]
b =
   3.0000
   1.0000
   0.1000
>> a*b
ans =
   5.3000
  17.6000
```

Sollen keine Matrizenoperationen, sondern elementweise skalare Operationen ausgeführt werden, so ist dem jeweiligen Operanden ein Punkt voranzusetzen:

```
b.^2
ans =
   9.0000
   1.0000
   0.0100
```

Ein lineares Gleichungssystem (auch unterbestimmte) wird durch „Links-"Division der rechten Seite (Zielvektor) durch die Koeffizientenmatrix gelöst:

```
» a=[2 1;5 -1]
a =     2    1
        5   -1
» RechteSeite=[0; 1]
RechteSeite =    0
                 1
» Loesung=a\RechteSeite
Loesung =    0.1429
            -0.2857
```

Neben dem Lösen linearer Geichungssysteme bietet Matlab eine Vielzahl von Standardfunktionen an. Außerhalb des Standardumfanges gibt es eine große Anzahl von Toolboxen mit Erweiterungen. Geradezu unermesslich ist die Anzahl von frei im Web verfügbaren Matlab-Lösungen.

In den Beispielaufgaben werden häufig komplexe Ausdrücke, wie z.B. Integranden, in Form von Funktionen geschrieben. Dies dient der Übersichtlichkeit, spart Wiederholungen und vermindert Fehlermöglichkeiten. Es gibt zwei Arten der Funktionsformulierung:

1. Bildung von Funktionen (function) in externen m-files:

m-File a_plus_b:

```
function c=a_plus_b(a,b)
% a_plus_b ist die Summe aus a und b
c=a+b;
```

Command Window:

```
>> a_plus_b(4,5)
ans =    9
```

2. Bildung von Inline-Funktionen innerhalb des Skriptes:

Command Window:

```
>> d_minus_e=inline('d-e','d','e')
d_minus_e =    Inline function:
               d_minus_e(d,e) = d-e
>> d_minus_e(12,9)
```

ans = 3

Zu beachten ist, dass inline-Funktionen nicht kaskadiert, also von Funktionen aufgerufen werden können. Funktionen in m-Files müssen den gleichen Namen tragen wie die Datei.

Numerische Integrationen werden mit den Matlab-Funktionen „quad" und „trapz" vorgenommen. Genauere Ergebnisse liefert der für „quad" angewandte Algorithmus, jedoch ist dieser in stückweise glatten Funktionen nur für diese Stücke einzeln anwendbar, also nicht über Unstetigkeitsstellen hinweg. Hierfür wurde der einfache Trapezformel-Algorithmus in „trapz" genutzt.

Ableitungen werden mithilfe von Differenzenquotienten numerisch differenziert. Dies hat zur Folge, dass die Ergebnismatrix ein Element weniger besitzt. Daher dürfen bei der gemeinsamen Darstellung der Funktion und Ihrer Ableitungen höchstens die Elementeanzahl der höchsten Ableitungen aufgerufen werden. Der n-te Wert der 1. Ableitung der Funktion $(dy(x)/dx)_n$ liegt in der Mitte zwischen x_n und x_{n+1}. Der Benutzer muss sich entscheiden, ob er den oberen oder der unteren Differenzenquotienten an der gleichen Stelle x annimmt. Dieser Fehler wurde bei hoher Elementezahl als vernachlässigbar hingenommen, obgleich er erkennbar ist.

Command Window:

```
x=0:0.1:0.9
x =   0   0.1000   0.2000   0.3000   0.4000   0.5000   0.6000   0.7000   0.8000   0.9000
>> y=2.*x.^2-3.*x
y =   0  -0.2800  -0.5200  -0.7200  -0.8800  -1.0000  -1.0800  -1.1200  -1.1200  -1.0800
>> dy=diff(y)./diff(x)
dy =  -2.8000  -2.4000  -2.0000  -1.6000  -1.2000  -0.8000  -0.4000  -0.0000   0.4000
>> plot(x(1:length(dy)),y(1:length(dy)),x(1:length(dy)),dy)
```

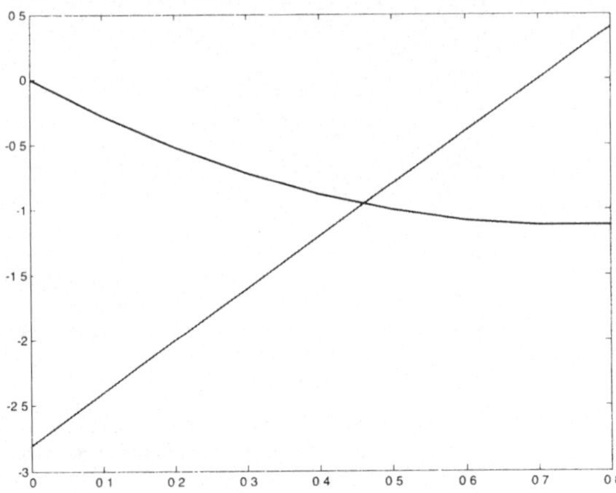

Die Plots erscheinen in einem gesonderten Fenster, aus dem sie gespeichert, ausgedruckt oder exportiert werden können. Beschriftungen mit Formelsatz können über $\mathrm{Te_X}$-Befehle vorgenommen werden.

Für weitere Hinweise zur Matlab-Nutzung muss an dieser Stelle auf die Literatur verwiesen werden und die vielfältigen Unterlagen, die im Internet zu finden sind.

11 Einführung in Maple

Maple gehört zu der Gruppe der Computeralgebraprogrammen (CAS) und hat sich dort weltweit zu einem der erfolgreichsten und mächtigsten Programmen seiner Art entwickelt. Es wird heute nicht nur in Wissenschaft und Technik zur Lösung komplexer Aufgaben eingesetzt, sondern auch vermehrt in der Lehre, um Schülern und Studenten den Zugang zur Mathematik und ihrer Anwendung auf „alltägliche Probleme“ zu erleichtern. Diese Einführung kann und möchte nur einen kurzen Einblick in die Bedienung von Maple geben, da Maple inzwischen weit über 3.500 Kommandos bzw. Routinen beinhaltet. In diesem Zusammenhang soll deshalb auf die Originaldokumentationen, die Online-Hilfe und die entsprechenden Internetseiten verwiesen werden. (http://www.mapleapps.com)

Benutzeroberfläche

Die aktuelle Maple-Version 9 bietet eine neue Benutzeroberfläche mit einem in Java entwickelten Benutzerinterface.

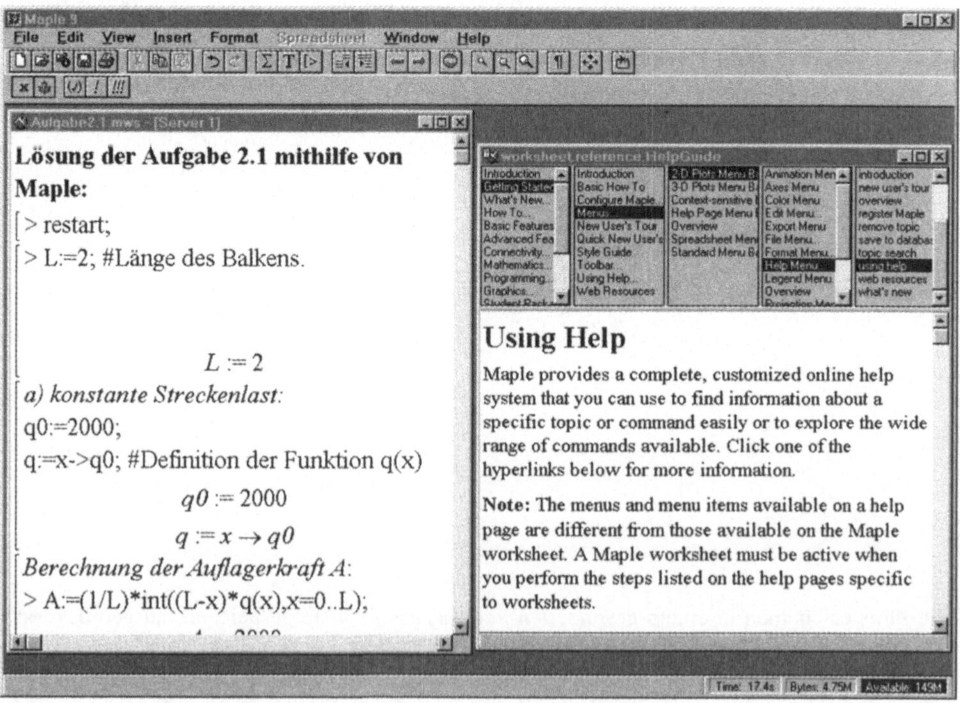

Maple 9 Classic Worksheet

Dieses neue Interface benötigt aber weit mehr Ressourcen als frühere Versionen. Wer nun auf seinem älteren bzw. langsameren Rechner trotzdem Maple mit einer akzektablen Lade- und Reaktionszeit nutzen möchte, kann die *Classic Worksheet* genannte Oberfäche aufrufen. Diese, zu den früheren Maple-Versionen nahezu identische Oberfläche, wird in diesem Buch beschrieben und verwendet.

Maple ist ein interaktives und zeilenorientiertes Programm, d. h. der Benutzer gibt Befehle ein und das Programm antwortet direkt auf diese Befehle. Das System zeigt mit dem >-Zeichen innerhalb des Arbeitsblatts (*worksheet*) seine Bereitschaft zur Befehlsannahme an. Die Befehle müssen mit einem Semikolon oder Doppelpunkt abgeschlossen werden. Während das Semikolon gefolgt von ENTER oder RETURN die Ausführung des Befehls und die Anzeige des Ergebnisses bewirkt, unterdrückt der Doppelpunkt die Ausgabe. Mit den Pfeiltasten oder der Maus bewegt man sich innerhalb der Befehlszeilen bzw. auf dem Arbeitsblatt. Über die Menüleiste werden Arbeitsblätter geöffnet, gespeichert und gedruckt (File), verschiedene Formate eingestellt (Format) oder Editierhilfen (Edit) gegeben.

Obwohl Maple sehr viele Befehle beim Starten automatisch zur Verfügung stellt, müssen viele Befehle durch den Aufruf so genannter *Packages* erst geladen werden. Ohne Aufruf des Package linalg würde z.B. der Befehl *eigenvalues* nicht funktionieren. Aktiviert wird das notwendige Package mit

```
> with(linalg);
```

Hilfe in Maple

Maple stellt eine umfangreiche Online-Hilfe zur Verfügung. Im Helpmenu gibt es mehrere Möglichkeiten nach Begriffen oder Objekten zu suchen. So sucht Topic Search nach Themen zu dem angegebenen Begriff, Full Text Search dagegen den Begriff in allen Hilfeseiten.

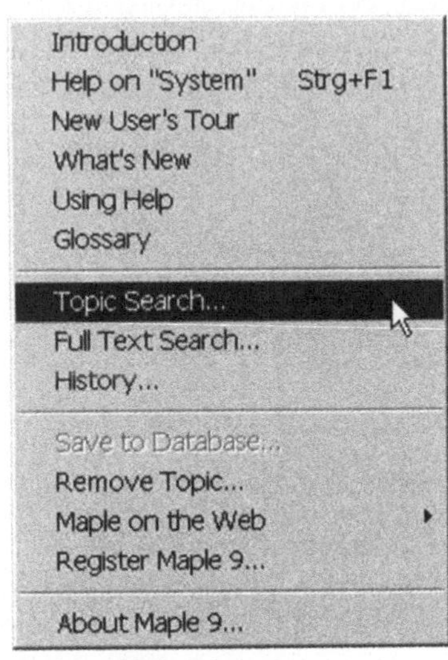

Maple 9 Helpmenu

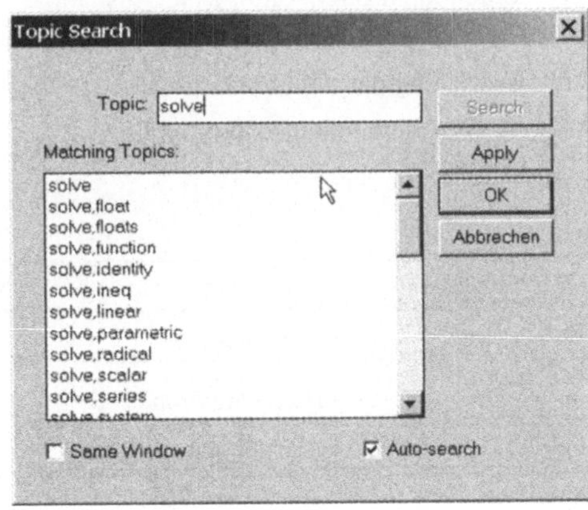

Maple 9 Topic Search

Eine andere Möglichkeit ist die direkte Eingabe nach dem Prompt ohne abschließendes Semikolon:

> ?solve

Funktionen und Symbole

Maple besitzt einige hundert mathematische Funktionen, von denen hier ein paar ausgewählte aufgeführt werden. Die ausführliche Beschreibung oder fehlende Funktionen entnehme der Leser bitte den entsprechenden Dokumentationen bzw. der Online-Hilfe:

> ?inifunctions

Maple-Befehl	Bedeutung
abs(expr)	Absolutbetrag von *expr*
ln(x), log[a](x)	Natürlicher Logarithmus, Logarithmus zur Basis a
sin(x), cos(x), tan(x)	Trigonometrische Funktionen (Argument in Bogenmaß)
arcsin(x), arccos(x)	Arkusfunktion (Ausgabe in Bogenmaß)
sqrt(x)	Quadratwurzel von x
exp(x)	Exponentialfunktion

Mathematische Funktionen

In Maple gibt es mehrere Konstanten bzw. Symbole deren Werte bzw. Bedeutung nicht geändert werden kann oder sollte. Eine Ausnahme ist die Umbennung der imaginären Einheit **I** in **i** für das gewohnte Symbol des Flächenträgheitsmoments:

> interface(imaginaryunit=i);

Weitere Konstanten und Symbole mit:

> ?ininames

Maple-Konstante	Bedeutung
Pi	Kreiszahl π
I	Imaginäre Einheit $\sqrt{-1}$
infinity	Unendlich ∞

Konstanten und Symbole

Datentypen

Wir wollen hier die wichtigsten Datentypen, die in den Lösungen vorkommen, und ihre Eigenschaften vorstellen.

Folgen –sequences

Eine Aufzählung von Maple-Objekten, die durch Kommata voneinander getrennt wird, bildet eine Folge. Die Reihenfolge und eventuelle Wiederholungen bleiben erhalten:

```
> sequence1:=1,2,2,a,2*x=1;
```

$$sequence1 := 1, 2, 2, a, 2\,x = 1$$

```
> sequence2:=seq(2*i,i=1..5);
```

$$sequence2 := 2, 4, 6, 8, 10$$

```
> sequence1;
```

$$1, 2, 2, a, 2\,x = 1$$

```
> sequence1[5];
```

$$2\,x = 1$$

Listen –lists

Eine Liste wird durch den Einschluss einer Folge durch eckige Klammern gebildet. Auch hier bleiben die Reihenfolge sowie mehrfach vorkommende gleiche Objekte erhalten.

```
> list1:=[a,b,c,x+y];
```

$$list1 := [\,a, b, c, x + y\,]$$

```
> list2:=[1,2,2,list1[]];
```

$$list2 := [\,1, 2, 2, a, b, c, x + y\,]$$

```
> list2[5];
```

$$b$$

Mengen –sets

Mengen werden durch den Einschluss einer Folge durch geschweifte Klammern gebildet. Die Reihenfolge der Objekte bleibt nicht zwingend erhalten und mehrfach vorkommende gleiche Objekte werden entfernt.

```
> set1:={green,blue,2,2,1,2*x+1=5};
```

$$set1 := \{\,1, 2, green, blue, 2\,x + 1 = 5\,\}$$

```
> set1[3];
```

$$green$$

Tabellen –tables

In einer Tabelle können beliebig viele Objekte unter einem gemeinsamen Namen aufgeführt werden. Die Indizes können ebenfalls beliebig sein. Die Größe der Tabelle muss vorher nicht festgelegt werden, sondern kann bei Bedarf vergrößert werden. Es lassen sich so auch mehrdimensionale Tabellen erzeugen.

```
> table1:=table([a=Länge,b=Breite,h=Höhe]);
```

$$table1 := \text{table}([h = Höhe,\ b = Breite,\ a = Länge])$$

```
> table1[h];
```

$$Höhe$$

```
> indices(table1); entries(table1);
```

$$[h],\ [b],\ [a]$$

$$[Höhe],\ [Breite],\ [Länge]$$

Felder – arrays

Felder sind eine spezielle Form der Tabellenstruktur mit einigen Einschränkungen:

Sie müssen deklariert werden und die Anzahl der Einträge muss festgelegt sein.

Als Indizes kommen nur ganze Zahlen in Frage.

```
> arr1:=array(1..2,1..2);
```

$$arr1 := \text{array}(1 .. 2,\ 1 .. 2,\ [\ ])$$

```
> arr1[1,1]:=2*x; arr1[1,2]:=8;
```

$$arr1_{1,1} := 2\,x \qquad arr1_{1,2} := 8$$

```
> arr1;evalm(arr1); oder print(arr1);
```

$$arr1 \qquad \begin{bmatrix} 2\,x & 8 \\ arr1_{2,1} & arr1_{2,2} \end{bmatrix}$$

Zeichenketten –strings

Eine Zeichenkette wird begrenzt durch doppelte Anführungszeichen. Zeichenketten können keine Werte zugewiesen werden.

```
> str:="Dies ist eine Zeichenkette !";
```

str := "Dies ist eine Zeichenkette !"

```
> str; str[1..4];
```

"Dies ist eine Zeichenkette !" "Dies"

Arbeiten mit Maple

Die unten aufgeführten Befehle oder Operatoren sind nur wichtigsten für das Verständnis der Lösungen. Ausführliche Beschreibungen entnehme der Leser auch hier der Online-Hilfe.

Befehl, Operator	Beschreibung	Eingabe	*Ausgabe*
+, -, *, /	Grundrechenarten	> 3 + 4 / 2;	*5*
^	Potenz	> a^3;	a^3
:=	Variablenzuweisung	> wert:=5;	*wert:=5*
->	Funktionsdefinition	> f:=x->x^2;	$f:=x \rightarrow x^2$
evalf	Fließkommadarstellung	> evalf(3/4);	*0.75000000*
||	Verkettungsoperator	> a||b;	*ab*
solve	symbolische Lösung von Gleichungen	> solve(3*x=a,x);	*a/3*
fsolve	numerische Lösung von Gleichungen	> fsolve(3*x=4);	*1.333333*
diff	Ableitung	> diff(x^2,x);	*2x*
int	Integration	> int(x^2,x);	$x^3/3$
plot	Graphische Darstellung	> plot(f(x),x);	

Grundbefehle und Anweisungen

Befehle oder Anweisungen, die mehrmals hintereinander ausgeführt werden sollen, werden in eine Schleife eingebettet. Die Berechnung der ersten zehn Quadratzahlen sieht dann so aus:

```
> for n from 1 to 10 do
  n^2
  od;
```

1 4 9 16 25 36 49 64 81 100

Dies ist natürlich nur ein einfaches Beispiel. Weitergehende Beispiele für komplexere Schleifen und die nötigen Anweisungen finden sich in der Online-Hilfe mit:

> ?statements

Literaturverzeichnis

Literatur zur Technischen Mechanik:

Berger: Technische Mechanik für Ingenieure 1, Vieweg, Braunschweig/Wiesbaden 1991

Berger: Technische Mechanik für Ingenieure 2, Vieweg, Braunschweig/Wiesbaden 1994

Berger: Technische Mechanik für Ingenieure 3, Vieweg, Braunschweig/Wiesbaden 1998

Böge: Technische Mechanik, Vieweg, , Braunschweig/Wiesbaden 2003, 26. Auflage

Dankert, Dankert: Technische Mechanik, Teubner, Stuttgart 1995, 2. Auflage

Gross, Hauger, Schnell: Technische Mechanik 1, Springer Berlin/Heidelberg/New York 1995, 5. Auflage

Gross, Hauger, Schnell, Wriggers: Technische Mechanik 4, Springer Berlin/Heidelberg/New York 2002, 4. Auflage

Hauger, Schnell, Gross: Technische Mechnik 3, Springer Berlin/Heidelberg/New York 1999, 7. Auflage

Holzmann, Meyer, Schumpig: Technische Mechanik Teil 1, Teubner Stuttgart 2000, 9. Auflage

Holzmann, Meyer, Schumpig: Technische Mechanik Teil 2, Teubner Stuttgart 2000, 8. Auflage

Kühhorn, Silber: Technische Mechanik für Ingenieure, Hüthig Verlag, Heidelberg 2000

Schnell, Gross, Hauger: Technische Mechanik 2, Springer Berlin/Heidelberg/New York 2002, 7. Auflage

Zimmermann: Technische Mechanik multimedial, Fachbuchverlag Leipzig 2000

Literatur zu Mathcad:

Ancona: Computational Methods for Applied Science and Engineering, Rinton Press 2003

Benker: Practical Use of Mathcad, Springer 1999

Fausett: Numerical Methods Using Mathcad, Prentice Hall 2001

Kyranov: The Mathcad 2000i Handbook, Charles River Media 2002

Larsen: Introduction to Mathcad 2000, Prentice Hall 2000

Rao: Applied Numerical Methods for Engineers and Scientists Prentice Hall 2002

Auf folgender Webside sind weitere Dokomente und Literatur bezüglich Mathcad zu finden: http://www.mathcad.com

Literatur zu Matlab:

Benker: Mathematik mit MATLAB. Springer-Verlag Berlin Heidelberg 2000.

Biran, Adrian, Moshe Breiner: MATLAB 5 für Ingenieure. Addison-Wesley-Longman Bonn [u.a.] 1999.

Grupp, Frieder und Florian: MATLAB 6.5 für Ingenieure, Grundlagen und Programmierbeispiele. Oldenboug Verlag München 2002.

Hanselman, Duane, Bruce Littlefield: Mastering MATLAB 5, A Comprehensive Tutorial and Reference. The MATLAB Curriculum Series. Prentice-Hall, Inc. New Jersey USA 1998.

Hoffmann, Josef, Urban Brunner: MATLAB und TOOLS für die Simulation dynamischer Systeme. Addison-Wesley München [u.a.] 2002.

Robbins, Tom (Publ.): The sudents edition of MATLAB: Version 5, user´s guide. Prentice-Hall, Inc. New Jersey USA 1997.

Überhuber, Christoph, Stefan Katzenbeisser: Matlab 6.5, Eine Einführung. Springer Verlag Wien New York 2002.

Website der Firma The MathWorks, auf der umfangreiche downlodbare Handbücher und andere Dokumente zu finden sind:
http://www.mathworks.com/access/helpdesk/help/techdoc/matlab.shtml

Literatur zu Maple:

Kofler, Bitsch, Komma: Maple, Pearson Studium, München 2002, 5. Auflage

Eikelberg: Einführung in die Arbeit mit Maple V, Fachbuchverlag Leipzig im Carl-Hanser Verlag, München/Wien 1998

Enns, McGuire: Computer algebra recipes for classical mechanics, Birkhäuser Boston/Basel/Berlin 2003

Maple 9 Getting Started Guide. Toronto: Maplesoft, a division of Waterloo Maple Inc., 2003.

Maple 9 Learning Guide. Toronto: Maplesoft, a division of Waterloo Maple Inc., 2003.

Sachwortverzeichnis

A

Ableitung 141f., 162
Achsensymmetrie 61
Amplitude 155, 157, 163
Anfangsbedingungen 155, 157f.
Anpresskraft 92, 152f.
Antriebsmoment 180
Arbeit 107, 152, 153, 160, 162ff.
Auflagerkräfte 2, 3, 11, 37, 114, 131ff., 160, 162, 171ff., 185
Auflagerreaktionen 1, 11, 17f., 129, 131
äußere Arbeit 107
Axiom von Newton 151, 159

B

Bahnkurve 142f., 147
Balken 2, 17, 26f., 37, 61, 74, 107, 114f., 129, 131f., 172f., 186f., 194
Balken-Stab-Struktur 2, 17
Beschleunigung 141ff., 146ff., 159ff., 178
Bewegung 141ff., 151, 161, 165f.
Bewegungsdifferenzialgleichung 156, 163
Bewegungsdifferenzialgleichungen 155
Bewegungstendenz 94, 100, 176
Biegebeanspruchung 63, 75
Biegemoment 26, 44, 74f., 107, 131
Biegesteifigkeit 107
Bogen 43f., 51ff., 123, 173, 174
Bogenelement 43, 51

D

d'Alembert 159ff., 164, 180
Dämpfer 155, 163, 167, 169, 170
Dämpferkonstante 155
Dämpferkraft 156, 164
Dehnsteifigkeit 107
Deviations-Flächenträgheitsmoment 61
Differenzialgleichung 156ff., 164ff., 169, 170
Differenzieren 142, 146, 149f.,
Drehmatrix 80
Drehung 114, 164f., 167, 169, 180
Drehwinkel 86
Dynamik 160
dynamische Vergrößerung 157

E

Eigenkreisfrequenz 157, 163
Eigenvektoren 80, 185
Einheitsvektor 3, 142, 147
Einheitsvektoren 3, 5, 11, 80, 141
Einspannung 129
Einssystem 130ff.
Einzellasten 2, 172
Energiesatz 151, 153, 159

F

Feder 155f., 163ff., 167, 169
Federgesetz 156
Federsteifigkeit 155
Flächenträgheitsmomente 61ff., 65
Formänderungsenergie 107f., 108
Freiheitsgrad 158, 160, 164f., 167, 170
Freikörperbild 2, 6, 11, 17, 92ff., 99f., 108, 114f., 129, 132, 161f., 164, 172, 176f.
Frequenz 156f., 163, 166
Führungskräfte 141

G

Gelenke 1
Gelenkkräfte 160
Gemischtverband 114, 131
Gesamtlösung 158
Geschwindigkeit 141ff., 146ff., 160, 165, 178f.
Gewicht 11, 100, 108, 156, 171, 175f.
Gleichgewicht 1, 3, 18, 26, 52, 93f., 114f., 132, 160, 165, 180, 194
Gleichgewichtsbedingung 1, 176
Gleichungen 1, 4, 18, 38, 129, 159
Gleichungssystem 3, 4, 11, 108, 183, 184f.
Greifer 146
Grenzfall 92, 101, 176
Grenzwinkel 92ff., 100, 176

H

Haften 92ff., 99, 100, 177
Haftung 92, 194
Haftungskoeffizient 92, 94, 100, 175f.
Haftungskraft 92ff., 164, 176
Handhabungsautomat 146
Hauptachsen 61f., 80f.,
Hauptrichtungen 80f., 185
Hauptspannungen 79ff., 86, 175, 185
Hebelarm 43f., 100
Hebelarme 43
homogene Lösung 156f.

I

innere Kräfte 1, 160
Integration 26, 45, 115f., 132f., 151, 161, 173
Integrationskonstanten 157
Intervall 153

K

Kartesische Koordinaten 141
Kinematik 141, 148, 195
kinematisch 1
kinetische Energie 151, 160
Komponenten 1, 3f., 6, 18, 43, 61, 115, 141f., 147, 168, 171, 175, 185
Kontaktebene 92, 94, 176
Kontaktkraft 161
Koordinatensystem 61, 65, 79f., 86
Koordinatenursprung 146
Kraft- und Momentenbelastung 1
Kräftegleichgewicht 18, 176
Kreisbahn 142
Kreisbogen 43, 51ff., 123, 173, 194
Kreisfrequenz 158
Kurbel 178, 180
Kurbeltrieb 179f.

L

Lager 108, 130, 171
Lehrsches Dämpfungsmaß 157
Luftwiderstand 179

M

Massen-Kräfte 160
Massenträgheitsmoment 159
Massepunkt 146, 151f.
Matrix 3, 4, 80f., 183ff.
Mechanismen 1
Mechanismus 17f.
Momente 2ff., 18, 26, 52, 100, 107, 152, 159, 160, 162, 169f., 176
Momentengleichgewicht 3, 11, 18, 27, 52, 94, 114, 162
Momentensatz 159, 162, 164

N

Näherungsrechnung 153
natürliche Koordinaten 141
Normakraft 44
Normal-Spannung 61
Nullsystem 129ff.

O

Ortsvektor 3, 11, 141f.

P

Partikularlösung 157
Phasenverschiebung 157f.
Platte 11, 108
Polarkoordinaten 141f., 146f.
potenzielle Energie 151
Potenzial 152f.
Prinzip der virtuellen Verrückungen 160,
Prinzip der virtuellen Kräfte 130
Profil 61ff., 74f., 174, 187

Q

Querkraft 26
Querkraftverformung 107, 131
Querschnitt 61f.

R

Rahmen 171, 181
Randbedingungen 160, 162
Rauhigkeit 92
rechte Seite 3, 11, 108
Reibung 92, 194
Reibungskraft 152f.
Resultierende 100f.
Rotationsenergie 160
Rutschen 92ff., 99f., 175

S

Schnittbild 18
Schnittkraft 18
Schnittkräfte 1, 17, 43
Schnittmoment 18
Schubspannungen 78, 81, 175
Schwerpunkt 2, 11, 61, 65, 75, 159f., 165
Schwingungssystem 155f., 158, 163f., 166f.,
Seilkraft 171
singulär 1
Spaltenmatrix 168
Spannung 61f., 65, 75, 79, 86, 175, 182
Spannungstensor 78ff., 87
Stab 2, 11, 17, 100, 132, 162
Stabkraft 17f., 115, 131f., 177
Stabkräfte 2f., 5f., 11, 107, 115f., 131ff., 183
statisch Überzählige 129f.
statisch unbestimmt 129f., 177
statisch unbestimmte Rechnung 1
statische Verschiebung 157
Streckenlast 2, 26, 28, 37, 43f., 51, 53, 114, 123, 173, 185
Struktur 1ff., 17f., 107, 131, 157
Systemmatrix 1, 3f., 108

T

Teilsystem 129f.
Torsion 51f.
Torsionssteifigkeit 107
Trägheits-Terme 160, 164
Transformation 62, 75, 80f.
Translationsbewegung 164
transzendente Gleichung 92

U

Überlagerung 130f.
Übersetzungsrolle 94
Unbekannte 18, 160

V

Vektoren 3, 5, 142, 147, 183ff.
Vektorgleichungen 1
Verdrehungen 107f., 194
Verformungen 107, 131
Verrückung 160, 162, 165ff.
Verschiebungen 107f., 129f., 160, 165, 168, 194
Verträglichkeitsbedingung 130
virtuelle Formänderungsenergie 107
virtuelle Kraft 107ff.

W

Welle 171f.
Winkelbeschleunigung 148, 162
Winkelgeschwindigkeit 146, 148f., 160, 178ff.
Wirkungslinie 101

Z

Zahnräder 171
Zeit 141ff., 146ff., 160ff., 178, 180
Zugspannungen 78, 175